高等职业教育"十一五"精品课程规划教材

电子商务网站管理与维护

孙　博　编著
马　记　主审

北京邮电大学出版社
·北京·

内容简介

电子商务网站管理与维护是开展电子商务活动的关键环节，是电子商务专业学生主要掌握的知识和岗位技能的重要部分。本书运用系统的观点和实用操作方法详细介绍了电子商务网站管理与维护的各方面内容，包括网站管理的主要任务、管理方法、网站管理维护的技术操作等。本书还较详细地介绍了基于Windows Server 2003的中、小型企业网站，中、小型电子商务网站中常用服务器的安装和配置方法。

本书可以作为高职院校电子商务专业的教材，也可以作为企业管理人员了解网站建设和管理维护工作的参考书。

图书在版编目(CIP)数据

电子商务网站管理与维护/孙博编著.—北京：北京邮电大学出版社，2008

ISBN 978-7-5635-1663-6

Ⅰ.电… Ⅱ.孙… Ⅲ.电子商务—网站—管理 Ⅳ.F713.36 TP393.092

中国版本图书馆CIP数据核字(2008)第172204号

书　　名：电子商务网站管理与维护
作　　者：孙　博
责任编辑：艾莉莎
出版发行：北京邮电大学出版社
社　　址：北京市海淀区西土城路10号(邮编：100876)
发 行 部：电话：010-62282185　传真：010-62283578
E-mail：publish@bupt.edu.cn
经　　销：各地新华书店
印　　刷：北京市梦宇印务有限公司
开　　本：787 mm×1 092 mm　1/16
印　　张：14.5
字　　数：359千字
印　　数：1—3 000册
版　　次：2008年11月第1版　2008年11月第1次印刷

ISBN 978-7-5635-1663-6　　定　价：25.00元

· 如有印装质量问题，请与北京邮电大学出版社发行部联系 ·

前　言

高等职业教育类的应用型电子商务专业人才应具备3个方面的专业技能，即能够使用电子商务沟通工具或电子商务平台完成电子商务贸易活动；能够完成一般的电子商务网站的设计、网页的制作及网页的更新、维护工作；能够独立或协作完成中、小型电子商务网站中的各种服务器和网络设备的管理、维护工作。本书的内容主要针对培养学生的上述3个方面的专业技能所需的各种知识、操作技能而编制。

本教材从技术的先进性与实用性出发，系统地介绍了网站的管理与维护的基础知识及中、小型电子商务网站常用服务器的搭建和管理维护技术。本书为了适应电子商务专业学生在实际工作中的需要，内容编排上注重实践操作，书中运用了大量的操作截图，但由于实际应用中软件的版本不同，读者在具体操作时可能遇见的界面与书中不完全相符，这时请读者按照设置内容完成操作要点即可实现正确的配置，读者也可参考软件的使用手册完成设置过程。本书的知识体系共由4个模块组成：网站基础、网站安全、网站管理、网站维护。网站基础部分是为对网络基础知识掌握不足或对网站各服务器搭建掌握不熟练的读者准备的，对于以上知识和操作完全掌握的读者可越过本部分。网站安全部分包括网站的安全概述、网络病毒和防病毒系统、黑客与反黑客技术、外部安全和防火墙技术、Web站点的安全技术5章内容，这一部分主要解决电子商务网站最重要的问题——安全问题，也是网站管理、网站维护的基础内容。网站管理部分包括服务器的管理、MMC与组策略、网络管理命令和网络管理工具的使用3章内容，这一部分主要进行网站管理知识的讲授和网站管理技能的练习。网站维护这一部分包括系统恢复与性能监视、数据备份与恢复、文件系统与磁盘管理、系统更新4章内容。

教材的重点内容包括网站服务器搭建、网络防病毒系统、Web站点安全技术、服务器的管理、网络管理命令和网络管理工具、数据备份与恢复6章内容。难点内容包括网站服务器搭建、Web站点安全技术、网络防病毒系统管理等方面的内容。

电子商务网站管理与维护的知识和技能的专业性较强、内容比较难，要求学生扎实掌握该门课程的先修课：计算机网络基础、电子商务网页设计等。

本书知识结构和技能操作介绍逐步深入、通俗易懂，突出理论联系实际，力求从网站管理和维护方面对未来从事的职业建立起完整的知识和技能体系，适合高职、高专等应用型高等院校作为讲授网站管理与维护知识的课程教材或参考教材，也可作为全国计算机技术与软件专业技术资格（水平）考试“网络管理员”和“网络工程师”理论和实践部分的参考资料。

教学建议：

1. 多安排实践教学，且每一节理论教学都会紧接着安排一节或两节的实践教学。

2. 实践教学注重与企业实际应用相结合。在对学生进行实践教学时往往因为在实验室进行而与企业实际网络、设备环境相脱节，变成一种理想化的实践。为了能够使课堂实践与企业实际相结合，每一节的实践教学都设计一个企业实际应用情景，让同学们根据实际应用情况分析自己应采用什么样的解决办法，这样有助于提高学生分析、解决问题的能力。

3. 实施“有效教学、有效能力”的教学理念，对重点、难点内容采用理论教学反复讲解、实践教学反复练习的方法，加强学生对该部分知识和技能的理解和掌握。

本书由石家庄邮电职业技术学院孙博老师主笔编著，马记老师审阅全稿。书中有作者大量的实践经验和多年对电子商务网站运营研究历程及教学经验积累。此教材在出版前曾作为讲义多次使用，效果良好。

感谢同教研室的谷斌、赵保柱、苏艳玲等老师，在教材编著过程中提供各方面的支持和帮助。

电子商务是当今更新最快的领域之一，电子商务知识和技术在不断地更新。希望能和读者及时交流，并向我们提出改进意见，共同前进。

作　者

目　录

第1篇　网站基础

第6章　黑客与反黑客技术

第7章　外部安全和防火墙技术

第8章 Web站点的安全技术

第3篇 网站管理

第9章 服务器的管理

第10章　MMC与组策略

第11章　网络管理命令和网络管理工具的使用

第4篇　网站维护

第12章　系统恢复与性能监视

第13章　数据备份与恢复

第 1 篇

网站基础

本部分内容主要是针对计算机网络基础、服务器搭建、网络管理基础等知识和操作掌握不够熟练的读者而设计的。主要包括网站的概述性介绍、网站服务器的搭建、网络管理基础等 3 部分内容。

第1章 概述

本章旨在向读者介绍中、小型企业网络和中、小型电子商务网站一般情况下所拥有的服务器种类,以及服务器上所采用的操作系统,使读者对网站内的各个服务器有一个总体印象。

1.1 服务器设备

服务器设备是电子商务网站的硬件设施,是电子商务网站的运行基础。中、小型企业网站或中、小型电子商务网站的服务器设备不一定像大型的企业或电子商务网站一样大而全。由于资金、人员或者技术等原因,有些中、小型企业或网站没有能力运营所有服务器,这些中、小企业或网站就采取租用或者托管的方式来实现低成本应用。本节主要以中、小型企业自有服务器设备为主进行介绍。

由于服务器硬件升级速度较快,为防止主流配置与实际不符,本书在此不介绍当前服务器设备的主流配置,而是介绍中、小型企业网站,电子商务网站所需的各服务器在硬件配置时应注意的方面。对于目前主流服务器的配置,读者可以到各大服务器生产商的网站查看相关信息。比较大的服务器制造商主要有 HP、IBM、DELL、联想、华硕、曙光、浪潮、同方、微星、方正、长城、五舟、SUN、技嘉等。

中、小型企业或电子商务网站在选用服务器设备时应注意服务器的可用性、易管理性和扩展性。对于预算不是很宽裕的中、小型企业来讲,资金是首要问题。这时应该注意服务器的初始采购成本只占企业总体拥有成本的一部分,而后期的硬件升级费用、管理维护费用、人员费用等可能会接近或者超过初始的采购成本。所以,价格低廉、易于管理、稳定可靠的服务器产品才更适合中、小型企业,可以为企业降低总体拥有成本。

除了从成本、可用性、管理性和扩展性等几个方面考虑外,服务器还需要对症下药,做好规划选型,明确企业自身需要提升的方向,做到有的放矢,充分利用资金,避免出现不适用或者资源的闲置浪费现象。从中、小型企业对服务器的应用方面来看,初期业务量并不大,需要服务器操作的强度也许不是很大,但是需要应用的种类很多,比如一台服务器要同时兼备数种角色,这时候一款通用型服务器是最好的选择。但是随着网络规模的不断扩大,各种业务彼此分开,服务器需要处理的业务量也不断增大,这时候就有必要根据不同应用选购配置不同的服务器,以获得更优的性能和稳定性。

通用型服务器要求 CPU、内存、网卡、硬盘、电源等方面都比较好。CPU 方面应采用服务器专用的至强系列处理器,要求核心频率、二级缓存、前端总线等方面都尽可能要好一些。

主板方面采用的芯片组与CPU型号相匹配，且前端总线频率与CPU前端总线频率相匹配，主板最少应有两个CPU插槽。内存最好采用全缓冲内存，内存容量方面应较大，因为内存的大小对系统的性能有很大的影响。网卡要采用性能较好的服务器专用网卡。硬盘方面根据实际数据量选择硬盘容量，推荐采用带数据校验如RAID 0/1/5/6的高速服务器硬盘。电源至少采用带荣誉的双电源系统，对于电源不能确保稳定的机房环境，要配置UPS电源。

对于中、小型企业，中、小型电子商务网站最基本的专用型服务器主要有文件服务器、数据库服务器、邮件服务器、Web服务器。这些服务器配置要求的侧重点不同，下面就逐一对这几种服务器的配置需求侧重点进行简要分析。

文件服务器是用来提供网络用户访问文件、目录的并发控制和安全保密措施的局域网服务器。在企业中需要共享一些文件，如PPT、软件等，内网用户需要通过共享方式，外网用户通过FTP的方式进行文件的下载或者上传。文件服务器要承载大容量数据在服务器和用户磁盘之间的传输，所以，首先对于网速具有较高要求。由于文件服务器主要应用于局域网环境，目前服务器上一般都有1 000 Mbit/s以太网用于内网，再用1 000 Mbit/s以太网用于外网。其次是对磁盘的要求比较高，文件服务器要进行大量数据的存储和传输，所以对磁盘子系统的容量和速度都有一定的要求。选择高转速、高接口速度、大容量缓存的磁盘，并且组建磁盘阵列，如RAID-0、RAID-5、RAID-6，可以有效提升磁盘系统传输文件的速度。除此之外，大容量的内存可以减少读写硬盘的次数，为文件传输提供缓冲，提升数据传输速度。文件服务器对于CPU等其他部件的要求不是很高。另外邮件服务器的各硬件配置可参照上述的文件服务器。

数据库服务器是存储网站数据的中心，对于一些网站，Web服务器、邮件服务器等都要向数据库服务器读取存储数据。当然，对于一些小型企业或者小型网站来说，没有专门的数据库服务器，而是分别在Web服务器或邮件服务器上。前面说的只是单独的数据库服务器的情况，一般对于数据库服务器并发事务比较多，最好使用多核的CPU或多块CPU，CPU主频不一定很高但多核或多块CPU很重要。在内存方面，数据库服务器对于内存的规格和容量要求比较高，高容、高速的内存可以有效节省处理器访问硬盘的时间，提高服务器的性能。同时，一些数据库产品如Oracle对于硬件的要求比较高，如安装Windows版本的Oracle 10g要求至少需要1 GB物理内存，所以数据库服务器的内存容量往往也是多多益善。对于速度优先的数据库服务器来说，CPU和内存是应该被首先保证的。在硬盘方面，数据库中的信息需要经常扩展更新，这就要求需要有大量的存储空间。同时，高速的磁盘子系统也可以提高数据库服务器查询应答的速度，这就要求磁盘具有高速的接口和转速，目前主流应用的存储介质有万转或者15 000转的SAS硬盘或SCSI硬盘等。数据库服务器对于数据安全的要求当然也不容忽视，除了日常备份等操作之外，RAID阵列技术在提升磁盘子系统的同时也可以提高数据的安全性，目前在数据库服务器应用最多的RAID技术有RAID 1/5/6等。另外，数据库服务器一个特殊的情况在于，要有一个高效、可靠的备份子系统，所以一般情况下要有备份磁带机或其他备份设备，尤其对于电子商务网站，数据库的备份和保护就更为重要。

Web服务器是企业、网站最基本或最核心的服务器。选择Web服务器时，不仅要考虑目前的需求，还要考虑将来可能需要的功能，因为更换Web服务器通常要比安装标准软件困难得多。大多数Web服务器主要是为一种操作系统进行优化的，有的只能运行在一种操作系统上,所以选择Web服务器时,还需要和操作系统联系起来考虑。由于Web服务器为它的客户提供的数据类型通常是机密的,静态Web目录页比大多数根据需要进行更新的动态页对CPU的处理能力要求少。例如,像微软的Active Server Pages(ASP),因此首先考虑的优先部件包括“多网卡优化”和“高速磁盘I/O优化”。Web服务器通常要求有较好的并发用户支持能力。所谓Web服务器的并发用户支持能力是指Web服务器在同一时刻可以允许的用户连接数。所支持的用户数主要由系统的硬件配置、网络出口带宽和应用复杂性等方面决定。综合各方面因素,Web服务器按优先顺序保证的应该是网络带宽、磁盘、内存,然后是CPU。

当然对于各类服务器来说,网络的带宽必须是被最先考虑的,如果带宽不够的话,配置再好的服务器也不能够提供服务。

另外,对于中、小型企业内部网站或者中、小型电子商务网站,交换机、路由器、防火墙等网络设备也是必不可少的,这些网络设备是保证网络正常运行的基础。对于网络设备的相关知识在计算机网络课程有相关的介绍。

1.2 服务器操作系统

目前市场上的服务器操作系统产品主要有:UNIX,Linux,微软的Windows Server 2000,Windows Server 2003,Windows Server 2008等。本书主要以Windows Server 2003为例对网站管理维护进行讲解。下面简单介绍Windows Server 2003的版本特征,同时介绍一下它的前一个版本的服务器操作系统Windows Server 2000。

1.2.1 Windows Server 2000

Windows 2000是由微软公司发行于1999年年底的Windows NT系列的32位视窗操作系统。起初称为Windows NT 5.0。英文版于1999年12月19日上市,中文版于2000年春季上市。Windows 2000是一个可中断的、图形化的及面向商业环境的操作系统,为单一处理器或对称多处理器的32位Intel x86计算机而设计。它的用户版本在2001年8月被Windows XP所取代;而服务器版本则在2003年4月被Windows Server 2003所取代。

Windows 2000有4个版本。

Windows 2000 Professional,即专业版,用于工作站及笔记本式计算机。它的原名就是Windows NT 5.0 Workstation。最高可以支持两个均衡的多处理器,最低支持64 MB内存,最高支持4 GB内存。

Windows 2000 Server,即服务器版,面向小型企业的服务器领域。它的原名就是Windows NT 5.0 Server。支持每台机器上最多4个处理器,最低支持128 MB内存,最高支持4 GB内存。

Windows 2000 Advanced Server,即高级服务器版,面向大、中型企业的服务器领域。它的原名就是Windows NT 5.0 Server Enterprise Edition。最高可以支持8个处理器,最低支持128 MB内存,最高支持8 GB内存。

Windows 2000 Datacenter Server,即数据中心服务器版,面向最高级别的可伸缩性、可用性与可靠性的大型企业或国家机构的服务器领域。8 路或更高处理能力的服务器(最高可以支持 32 个处理器),最低支持 256 MB 内存,最高支持 64 GB 内存。

另外,微软提供了限量版的 Windows 2000 Advanced Server Limited Edition,发行于 2001 年,用于运行于 Intel 的 IA-64 架构的安腾(Itanium)纯 64 位微处理器上。

1.2.2 Windows Server 2003

Windows Server 2003 是微软公司在 2003 年 4 月份推出的网络操作系统,它集成了 Windows 2000 Server 操作系统的优点,同时在安全性、可靠性、稳定性、易用性,以及与 Internet的集成性等方面有一定提升,对于小、中型和大型企业网络,Windows Server 2003 都可以提供一个较高性能、较高可靠性、较高安全性和较易于管理的解决方案。概括起来,Windows Server 2003 具有以下新特性。

多任务:多任务即同时运行多个应用程序。Windows Server 2003 可以非常协调地同时运行多个应用程序。一个程序终止不会影响其他程序继续运行。Windows Server 2003 与 Windows 2000 相比,增强了其运行多任务的协调性。

大内存:Windows Server 2003 的所有版本均加大对内存的支持,最大可以支持 512 G 内存。

多处理器:Windows Server 2003 所有版本均支持多处理器,最多可支持 64 个处理器,这两项的改进大大增强了 Windows Server 2003 系统的性能。

即插即用:Windows Server 2003 相对于以前的 Windows 版本来说,增强了对硬件的识别能力,能自动识别大部分硬件并自动安装驱动程序,使在安装新硬件时更方便。同时,Windows Server 2003 还可以通过驱动程序签名技术对硬件进行识别,避免安装与系统不兼容的硬件的驱动程序,增强了系统的自我保护功能。

群集:群集技术可以使多台安装了 Windows Server 2003 企业版的服务器组成一个服务器群(群集)。任何一台计算机出现故障时,其他服务器会继续为用户提供服务,增强了整个网络系统的可用性,提供了服务器容错功能。Windows Server 2003 企业版最多支持 8 个结点的群集。

文件系统:Windows Server 2003 将原来的 NTFS 5.0 文件系统升级为 NTFS 6.0,除了保留原来的文件安全、文件加密、文件压缩和磁盘配额功能外,更增强了文件安全性和数据存储性能。

服务质量:服务质量即对网络通信带宽的保障,Windows Server 2003 特殊改进了服务质量,从而使其更适合远程传输实时的多媒体信息。

远程桌面终端服务和远程协助:远程桌面和终端服务功能可以使管理员远程管理服务器,增强了服务器的易管理性。远程协助可以使企业用户通过网络协同工作,提高工作效率。

邮件服务:邮件服务是 Windows Server 2003 系统的新增功能,这使得 Windows Server 2003 系统本身就可以提供邮件服务,而不需要再借助于其他邮件服务程序。

IPv6:IPv6 技术是下一代互联网的核心技术,与现在所使用的 IPv4 相比,其在地址数量、安全性、地址配置等方面更加完善。Windows Server 2003 提供了对 IPv6 技术的支持,用户可以非常方便地安装 IPv6 协议并通过此协议进行网络通信。

无线网络:随着计算机网络的日益普及,无线网络技术日益被人们所重视,Windows Server 2003 增强了对无线网络的支持。

Microsoft .NET Framework:Microsoft .NET Framework 是一种新型计算平台,其设计目的是为了在 Internet 高度分布式环境中简化应用程序开发。默认情况下,Microsoft .NET Framework 会自动安装在 Windows Server 2003 操作系统中,这增强了系统的开发性能。

Windows Server 2003 服务器操作系统共有4个版本,下面对4个版本的区别进行简单的介绍。

1. Windows Server 2003 Web Edition(Web 版)

这个版本是专门针对 Web 服务优化的,它支持双路处理器,2 GB 的内存。该产品同时支持 ASP .NET,DFS 分布式文件系统,EFS 文件加密系统,IIS 6.0,智能镜像,ICF 因特网防火墙,IPv6,Microsoft .Net Framework,NLB 网络负载均衡,PKI,Print Services for UNIX,RDP,远程 OS 安装(非 RIS 服务),RSoP 策略的结果集,影子复制恢复(Shadow Copy Restore),VPN 和 WMI 命令行模式等功能。Windows Server 2003 Web Edition 唯一和其他版本不同的是,它仅能够在 AD 域中作为成员服务器,而不能够作为 DC 域控制器。可以架构各种网页应用、XML 页面服务和 IIS 6.0,轻松、迅速地开发各种基于 XML 及 ASP .NET 服务项目的平台。

2. Windows Server 2003 Standard Edition(标准版)

针对中、小型企业的核心产品,它也是支持双路处理器,4 GB 的内存。它除了具备 Windows Server 2003 Web Edition 所有功能外,还支持像证书服务、UDDI 服务、传真服务、IAS 因特网验证服务、可移动存储、RIS、智能卡、终端服务、WMS 和 Services for Macintosh,支持文件和打印机共享,提供安全的网络联接。

3. Windows Server 2003 Enterprise Edition(企业版)

这个产品被定义为新一代高端产品,它最多能够支持8路处理器、32 GB 内存和28个结点的集群。它是 Windows Server 2003 Standard Edition 的扩展版本,增加了 Metadirectory Services Support、终端服务会话目录、集群、热添加(Hot-Add)内存和 NUMA 非统一内存访问存取技术。这个版本还另外增加了一个支持64位计算的版本。

全功能的操作系统支持多达8个处理器,提供企业级的功能,例如8结点的集群,支持32 GB 内存。支持英特尔安腾(Itanium)处理器。将推出支持64位计算机的版本,可以支持8个64位处理器以及64 GB 的内存。

4. Windows Server 2003 Datacenter Edition(数据中心)

像以往一样,这是个一直代表微软最高性能的产品,它的市场对象一直定位在最高端应用上,有着极其可靠的稳定性和扩展性能。它支持高达8-32路处理器,64 GB 的内存、2-8结点的集群。与 Windows Server 2003 Enterprise Edition 相比,Windows Server 2003 Datacenter Edition 增加了一套 Windows Datacenter Program 程序包。这个产品同样也为另外一个64位版本做了支持。

它是微软迄今为止提供的功能较为强大的服务器操作系统,支持32路处理器和64 GB 内存,同时提供8点集群和负载均衡,提供64位处理器平台,可支持惊人的64路处理器和512 GB 的内存。

第2章 网站服务器的搭建

2.1 Web服务器

Web服务是Internet和Intranet中最为重要、最为常见的网络服务，不仅可以直接用于信息发布，而且还是资料查询、数据处理、网络办公、远程教育、视频点播、BBS和网络聊天室等诸多应用的基本平台，甚至还可用于实现电子邮件服务。利用Web服务，公司和个人能够迅速且廉价地通过互联网向全球用户提供服务，建立全球范围的联系，在更加广泛的范围内寻找可能的合作伙伴。所以，Web服务器一般在企业中最先被部署。

Windows Server 2003下IIS(Internet Information Server)6.0作为应用程序服务的重要组成部分，可用于搭建Web服务、FTP服务、NNTP服务、SMTP服务和Internet打印服务。IIS(Internet信息服务)是Windows Server 2003的内置组件，因此，如果没有极为特殊的要求，完全可以使用Windows Server 2003来直接搭建Web服务器。

2.1.1 安装IIS 6.0

在Windows Server 2003中，IIS 6.0的安装既可以在【管理你的服务器】窗口中以添加【应用程序服务器】的方式完成，也可以在【控制面板】中，以【添加/删除Windows组件】的方式实现。

2.1.2 IIS 6.0的基本配置

如图2-1所示，打开【管理你的服务器】窗口，在【应用程序服务器】栏中单击【管理此应用程序服务器】超级链接，即可打开【应用程序服务器】控制台窗口，对Web服务器进行各种必要的配置和管理。

1. 设置IP地址和端口

如图2-2所示，当安装完成IIS的Web组件后，就会自动创建一个【默认网站】，并且默认绑定计算机拥有的所有IP地址。当需要在一台计算机中创建多个虚拟网站时，就必须取消默认网站对所有IP地址的绑定，而只为它指定一个IP地址。

Web服务的默认端口号为【80】。如果使用该端口提供Web服务，当利用Web浏览器访问Web网站时，就只需键入域名而无须键入端口号，如http://www.163.com。如果将Web服务器的端口号修改为其他值，如【8010】，就必须在URL中同时指定相应的端口号才行，如 http://www.163.com:8010。因此，当修改 Web 服务默认的端口号后，只有知道该端口号才能访问，所以对于公网用户的 Web 服务，不要更改服务端口号。修改 Web 服务的端口号比较简单，只需在【网站】选项卡的【TCP 端口】文本框中键入指定的端口号即可。

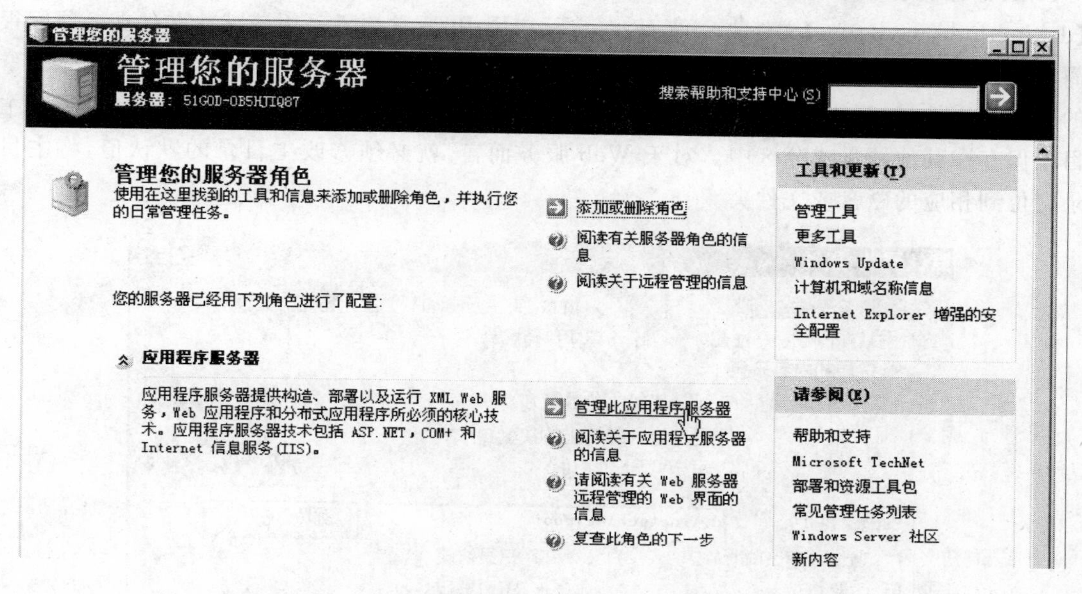

图 2-1　打开【应用程序服务器】管理界面

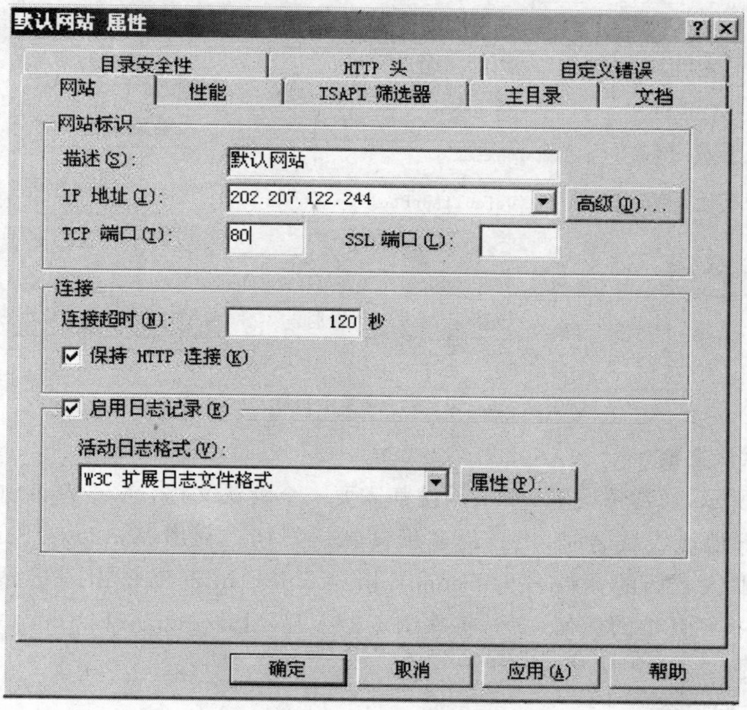

图 2-2　设置 IP 地址和端口号

2. 设置主目录

如图 2-3 所示，所谓主目录，是指保存 Web 网站的文件夹，当用户访问该网站时，Web 服务器将自动从该文件夹中调取相应的文件显示给用户。默认的 Web 主目录为【d:\inetpub\wwwroot】文件夹。然而，在实际应用中，通常均不采用该默认文件夹。原因很简单，将数据文件和操作系统放在同一磁盘中，会有失去安全保障等问题，并且当保存大量的音视频文件时，可能造成磁盘或分区的空间不足。所以，应当将作为数据文件的 Web 主目录保存在其他硬盘或分区中。对于 Web 服务而言，就必须修改主目录的默认值，将主目录定位到相应的磁盘或文件夹。

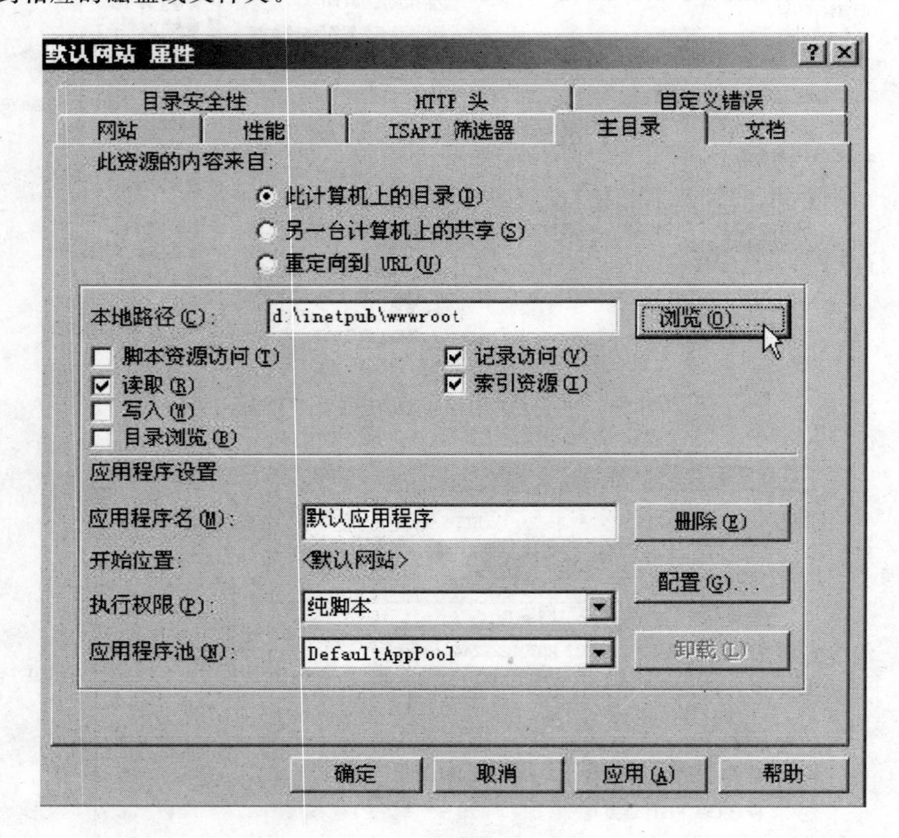

图 2-3 设置主目录

3. 设置默认文档

如图 2-4 所示，通常情况下，Web 网站都需要一个默认文档，当在 Web 浏览器中键入该 Web 网站的 IP 地址或域名时，将自动显示该默认文档。利用 Windows Server 2003 搭建 Web 网站时，默认文档的文件名为 Default. htm，index. htm，Default. asp 或 iisstart. htm。如果系统无法找到其中的任何一个，将在浏览器上显示【Directory Listing Denied】(目录列表被拒绝)的提示。

4. 设置访问安全

如图 2-5 所示，由于 Web 网站从某种意义上代表着机构的形象，甚至作为网络办公的平台，其中往往保存着非常重要的数据资料，因此，Web 网站也往往会受到人们(包括黑客)的格外关注，其安全性也就显得越来越重要。

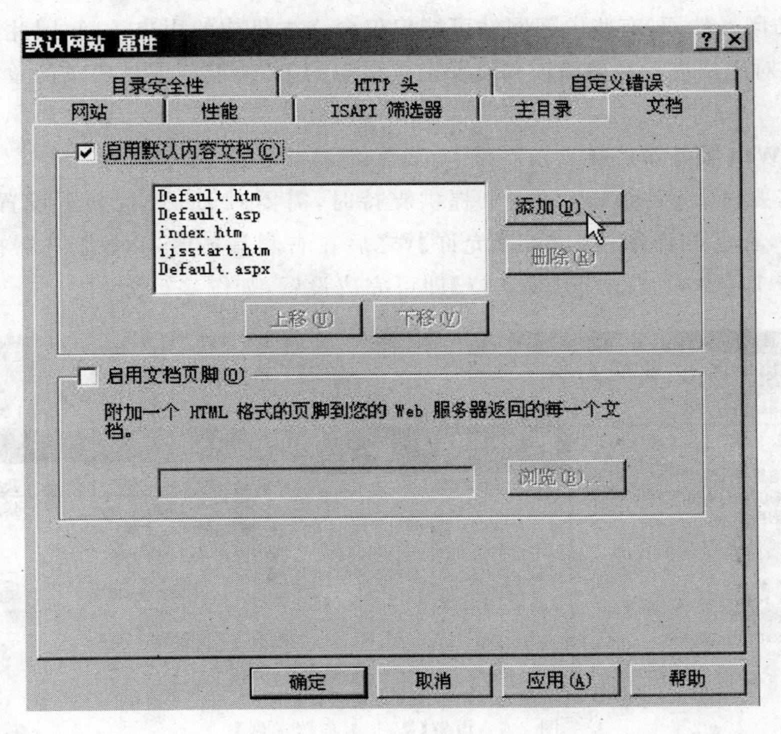

图 2-4　在【文档】选项卡中设置默认文档

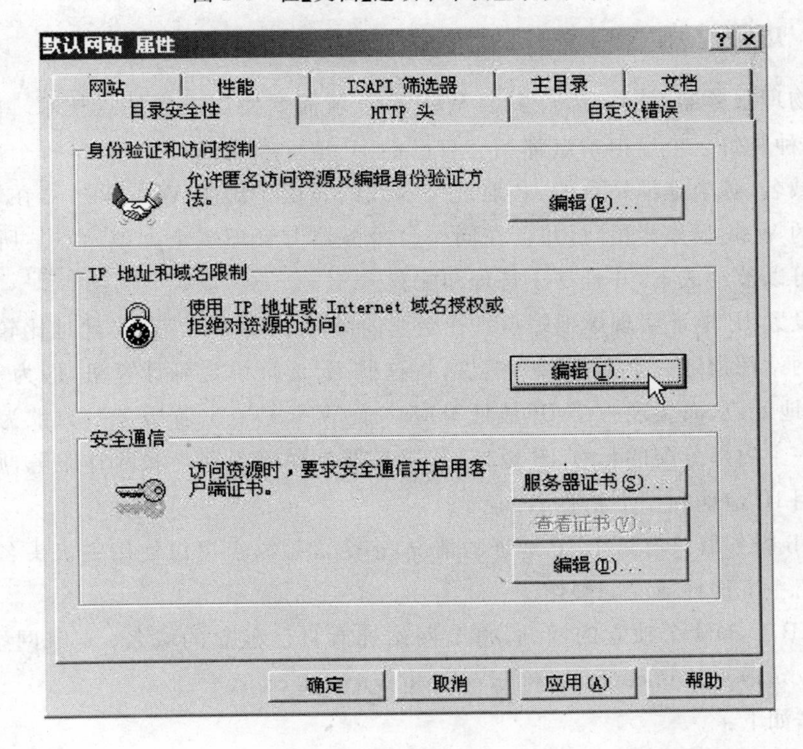

图 2-5　设置目录安全性

默认状态下，任何用户都可以访问 Web 服务器，也就是说，Web 服务器实际上允许用户以匿名方式访问。然而，有些内部网站可能仅仅允许本机构的用户访问，因此，对于内网的 Web 服务器，对用户进行身份验证和设置授权访问的 IP 地址范围是比较简单、有效的保护方式。

5. 设置 Web 服务器扩展

当 IIS 需要对 asp，aspx 互动网页提供支持时，需要对 IIS 进行如下设置，单击【Web 服务器扩展】，在右侧详细框内单击【允许】，之后在右侧具体的 Web 服务器扩展条目（如 Active Server Pages）上右击选择【支持】即可完成设置，如图 2-6 所示。

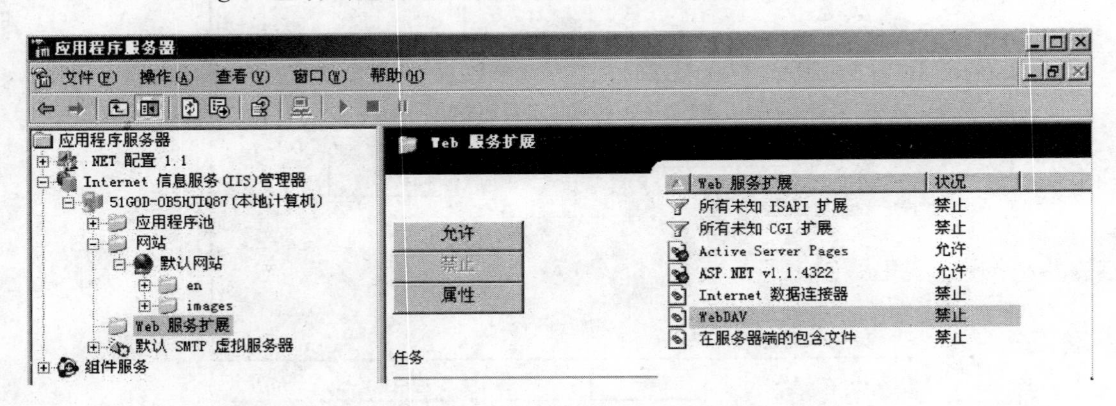

图 2-6 设置【Web 服务器扩展】

2.1.3 虚拟站点

在一台物理服务器上同时运行多个 Web 站点就需要使用虚拟站点技术。虚拟站点有两种情况：一种是每一个虚拟站点都拥有自己的 IP 地址和域名；另一种是每个虚拟站点只拥有自己的域名，各个虚拟站点的 IP 地址是一致的。由于虚拟 Web 服务器在性能和表现上都与独立的 Web 服务器相同，并且在同一台服务器上管理多个虚拟站点。所以，使用虚拟站点不但可以节约成本，并且易于管理和配置。

规划并设置 IP 地址实现虚拟站点。在企业内部网中，如果公有 IP 地址比较充裕，不妨为每个虚拟网站都指定一个 IP 地址，然后，将这些 IP 地址绑定到计算机，即为一台服务器指定多个 IP 地址，从而实现一个 IP 地址对应一个 Web 站点。若服务器只欲为内部服务，则可只绑定一个内部分配的私有 IP 地址；若服务器欲同时为网内和网外服务，则可以同时绑定一个公用 IP 地址和一个私有 IP 地址。

对于 Web 服务器只有一个 IP 地址的情况，多个虚拟站点可以使用主机头名进行区分。下面详细介绍一下这种情况的操作。

例如：A，B，C，D 4 个独立的网站，每个网站拥有自己独立的域名。4 家网站域名分别为：www.a.com，www.b.com，www.c.com 和 www.d.com。

具体操作如下：

(1) 如图 2-7 所示，在服务器上为 4 家公司建立文件夹，作为 Web 站点主目录。假设站点文件在 F:\web 目录下，各网站主目录内都有名为 default. htm 的企业首页。

F:\web\a　　A 网站的主目录

F:\web\b　　B 网站的主目录

F:\web\c　　C 网站的主目录

F:\web\d　　D 网站的主目录

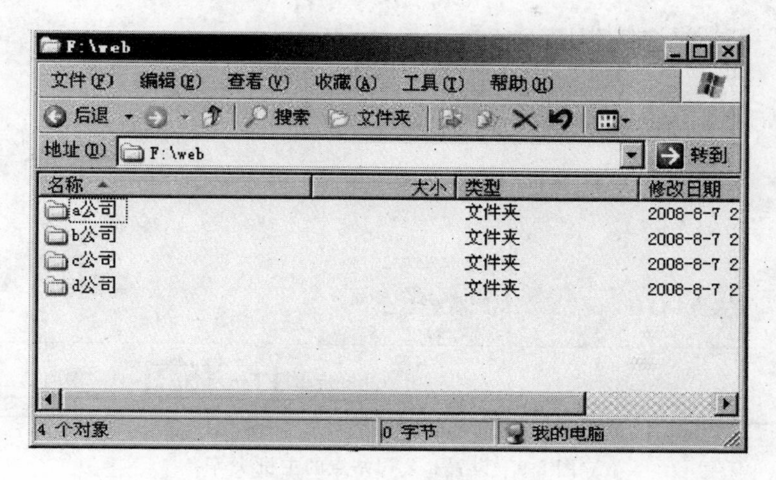

图 2-7　4 家公司的主目录

(2) 如图 2-8 所示，分别为 4 家公司建立独立的 Web 站点，4 者最大的不同是使用了不同的主机头名。以 a 公司网站为例，右击【网站创建向导】→【新建网站】。

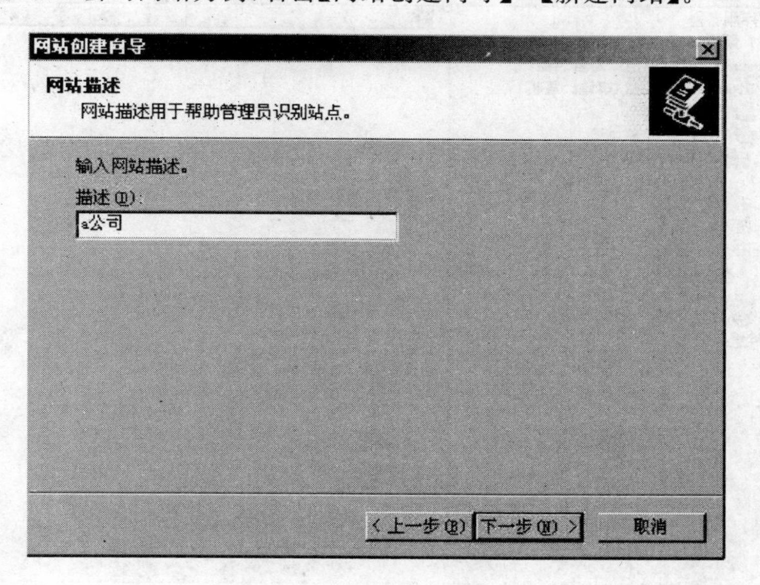

图 2-8　建立 a 公司站点

如图 2-9 和 2-10 所示，A,B,C,D 4 个站点 IP 地址全部为 202. 207. 122. 244，TCP 端口全部为 80，权限全部为【读取和运行脚本】，主机头名分别为 www. a. com，www. b. com，www. c. com，www. d. com，站点主目录分别为 F:\web\a，F:\web\b，F:\web\c，F:\web\d。

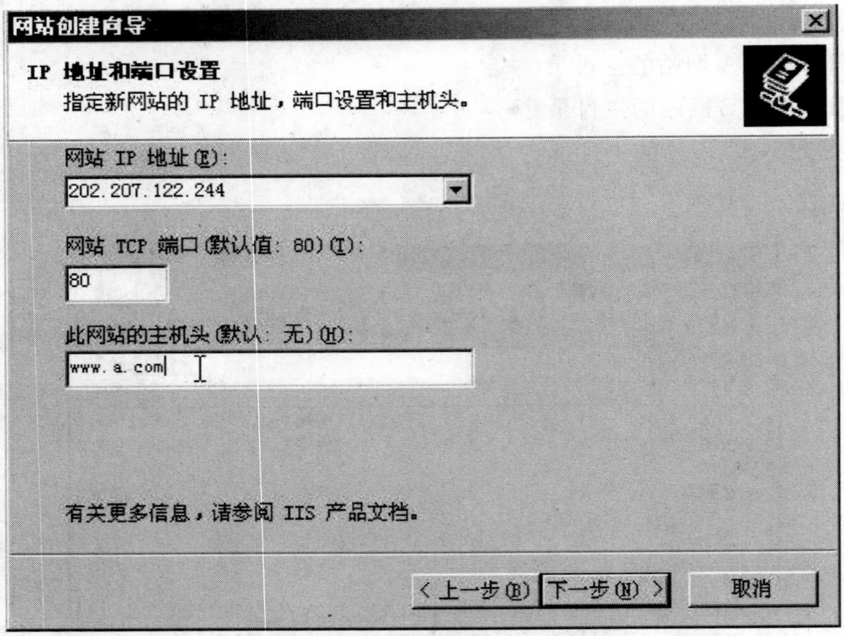

网站创建向导

IP 地址和端口设置

指定新网站的 IP 地址，端口设置和主机头。

网站 IP 地址(E):

202.207.122.244

网站 TCP 端口(默认值: 80)(T):

80

此网站的主机头(默认: 无)(H):

www.a.com

有关更多信息，请参阅 IIS 产品文档。

< 上一步(B)　下一步(N) >　取消

图 2-9　设置 a 公司站点的主机头等

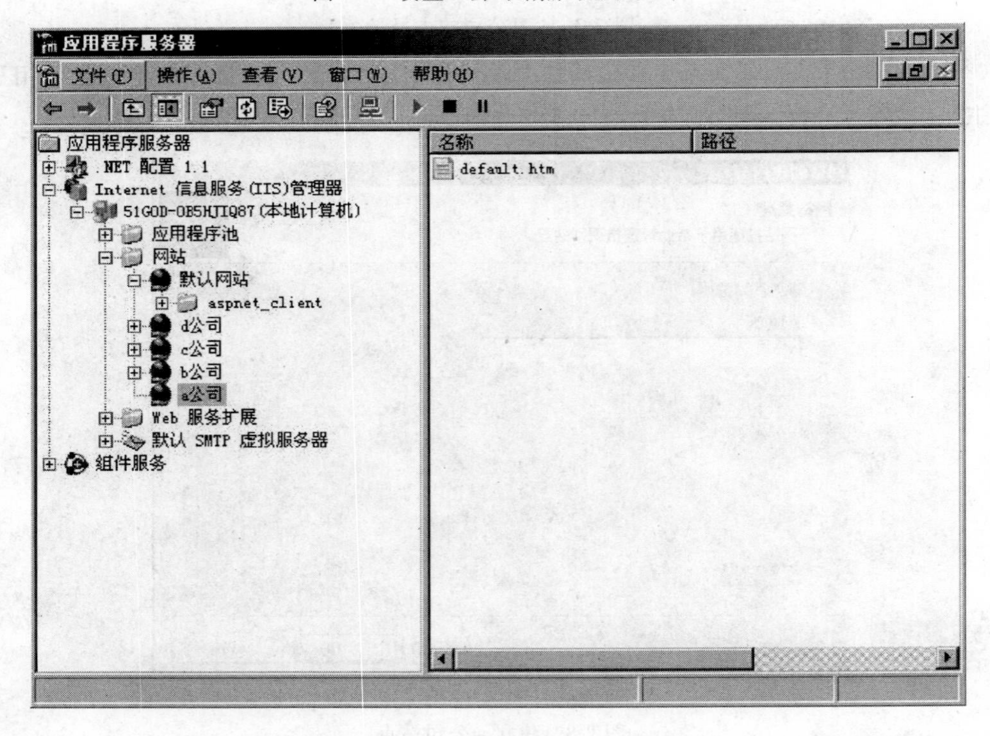

图 2-10　同样方法添加其他 3 家公司的站点

如图 2-11 所示，在 DNS 中将这 4 个域名注册上，均指向同一地址，即服务器的 IP 地址，这样就可以分别通过 http://www.a.com，http://www.b.com，http://www.c.com，http://www.d.com 访问 A，B，C，D 4 个站点。这里关于域名的处理，可以结合本章第 2 节中的实验进行,可以自己动手在域名服务器中添加对以上 4 个网站的域名解析。详细操作请参看 2.2 节。

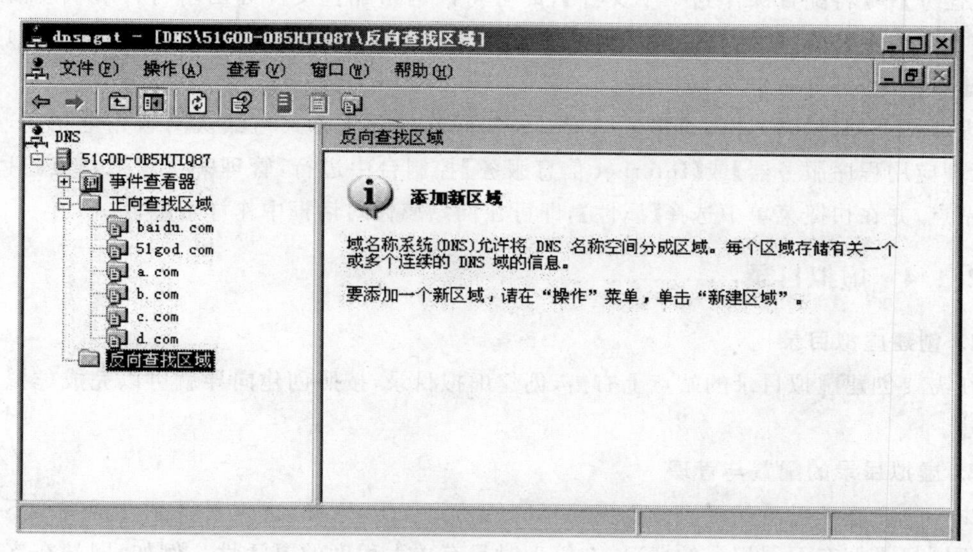

图 2-11　域名服务器上的配置

通过这样配置,服务器只需一个 IP 地址即可维护多个站点。浏览者可以使用不同的域名访问各自的站点,根本感觉不到这些站点在同一主机上,访问结果如图 2-12 所示。

图 2-12　访问结果

虚拟站点可以采用模板配置创建。通过右击欲作为模板的网站，并在快捷菜单中选择【所有任务】→【将配置保存到一个文件】，即可将该网站配置文件导出。当利用该模板新建网站时，只需在【默认网站】右击鼠标，并在快捷菜单中选择【新建】→【网站(来自文件)】，即可创建新的虚拟网站。

虚拟站点创建完毕将自动开始运行。虚拟网站的配置方式与默认网站完全相同，也是在【管理应用程序服务器】或【Internet 信息服务】控制台中进行，管理哪个虚拟站点，只需右击该站点，并在快捷菜单中选择【属性】，即可在网站属性对话框中作详细配置。

2.1.4 虚拟目录

1. 创建虚拟目录

在需要创建虚拟目录的站点上右击，创建虚拟目录，按照创建向导就可以完成虚拟目录的创建。

2. 虚拟目录的配置与管理

由于每个虚拟目录都可以分别设置不同的访问权限，因此，虚拟目录非常适宜于不同用户对不同目录拥有不同权限的情况，在管理时具有更大程度的灵活性。例如，网站在支持用户上传功能时，可以将上传的指定目录作为一个有写权限的特殊目录，而不将其与站点其他文件放在一个目录下。

虚拟目录创建完毕，可以将虚拟目录的配置导出，以该虚拟目录作为模板，然后再以导入方式创建新的具有相同配置的虚拟目录，从而减少虚拟目录的配置工作。

2.1.5 网站的维护与更新

网络管理员自然可以随意对共享资源进行更新，对于用户而言，更新共享资源的方式也有很多种，如 FTP 方式、映射网络驱动器方式等。

1. 映射网络驱动器或 Web 共享

网络管理员可事先建立若干共享文件夹，并为每个文件夹指定授权用户和读写权限。当用户登录至 Windows Server 2003 后，即可通过【网上邻居】访问该共享文件夹，并将其映射为网络驱动器，从而在 Windows 资源管理器中实现对该文件夹的读/写操作。当然，也可以将 Web 根目录设置为 Web 共享，并为其设置相应的读取和写入权限，然后，借助于 Web 浏览器实现对该文件夹的维护与更新。

2. FTP 文件传输

如果用户计算机安装的操作系统不是 Windows 2000/XP，那么，还可以采用另外一种非常简单的维护方式——FTP 文件传输。当然，该维护方式的前提条件是需要将服务器配置为 FTP 服务器，并且在用户的计算机上需要安装 FTP 客户端，从而使用户在网络或 Internet中的任何一台计算机上实现对其共享文件夹的访问。为了增加安全性，可以建立若干虚拟 FTP 服务器，并分别指定不同的文件夹作为该虚拟 FTP 站点的根文件夹，从而使不同部门的用户对自己的文件夹享有安全的管理权限。详细内容，会在 FTP 服务器部分进行讲解。

2.2　域名服务器

域名解析服务(DNS)是 Internet 和 Intranet 中非常重要的服务之一。无论在 Internet 还是在局域网络,都需要借助于 IP 地址才能访问到相关的服务器。然而,枯燥的 IP 地址难以记忆,因此,如何将其赋予一定的意义变得生动而易记就显得尤其重要,而 DNS 服务所完成的正是这样一项工作。

2.2.1　DNS 中的基础知识

1. A 记录与 MX 记录

主机记录,也叫做 A 记录,它是用来静态地建立主机名与 IP 地址之间的对应关系,以便提供正向查询的服务。主机记录将主机名与一个特定的 IP 地址联系起来。

邮件交换(Mail eXchanger,MX)记录可以告诉用户,哪些服务器可以为该域接收邮件。接收邮件的服务器一般是专用的邮件服务器,也可以是一台用来转送邮件的主机。

2. DNS 转发器

局域网络中的 DNS 服务器只能解析那些在本地域中添加的主机,而无法解析那些未知的域名。因此,若欲实现对 Internet 中所有域名的解析,就必须将本地无法解析的域名转发给其他域名服务器。被转发的域名服务器通常应当是 ISP 的域名服务器。

3. 域名解析过程

当 DNS 客户端需要查询程序中使用的名称时,它会查询 DNS 服务器来解析该名称。客户端发送的每条查询消息都包括 3 条信息:指定服务器回答的问题,指定的 DNS 域名,规定为完全合格的域名 (FQDN);指定的查询类型,可根据类型指定资源记录,或者指定为查询操作的专门类型。DNS 域名的指定类别,对于 Windows DNS 服务器,它始终应指定为 Internet (IN) 类别。

DNS 服务器采用递归或迭代来处理客户端查询时,它们将发现并获得大量有关 DNS 名称空间的重要信息。然后这些信息将由服务器缓存保存起来。缓存为 DNS 解析流行名称的后续查询提供了加速性能的方法,同时大大减少了网络上与 DNS 相关的查询通信量。

2.2.2　安装和配置 DNS 服务器

1. 安装 DNS 服务

DNS 服务不是 Windows Server 2003 默认的安装组件,所以需通过添加安装的方式安装 DNS 服务。需要注意的是,若欲使局域网的 DNS 解析能够在 Internet 生效,除了必须向域名申请机构(如新网 http://www. chinadns. com 或万网 http://www. net. cn)申请正式的域名外,还必须同时申请并注册 DNS 解析服务。另外,DNS 服务器还必须拥有固定的、可被 Internet 访问的 IP 地址，它的管理主界面如图 2-13 所示。

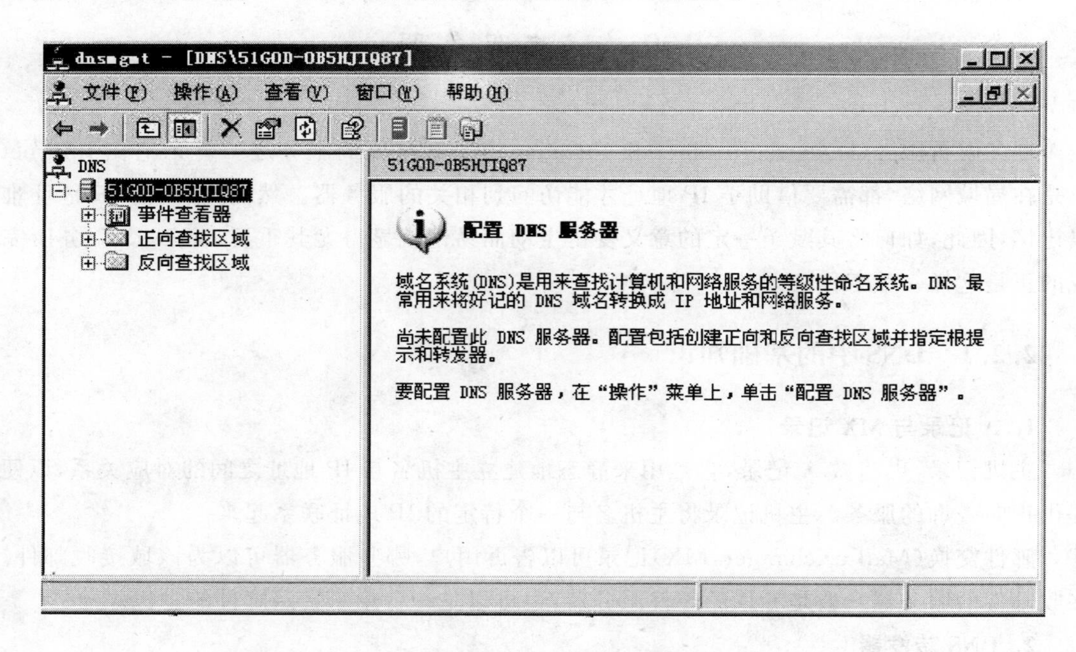

图 2-13 【DNS 服务器】管理主界面

2. 配置 DNS 服务

(1) 添加正向查找区域。所谓正向查找区域，是指将域名解析为 IP 地址的过程。虽然在 DNS 服务的安装过程中，已经创建了一个正向查找区域，但是如果网络中存在两个或两个以上的域时，就必须执行添加正向查找区域操作，如图 2-14 所示。

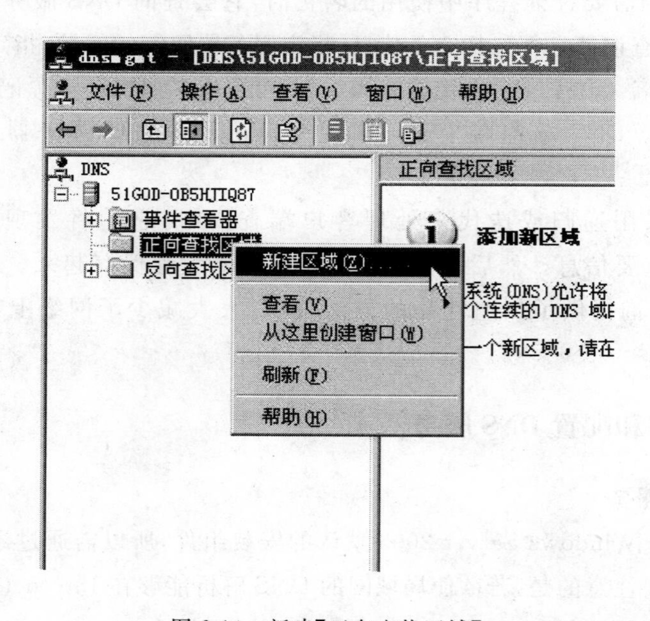

图 2-14 新建【正向查找区域】

按照向导建立【主要区域】,如图 2-15 所示。

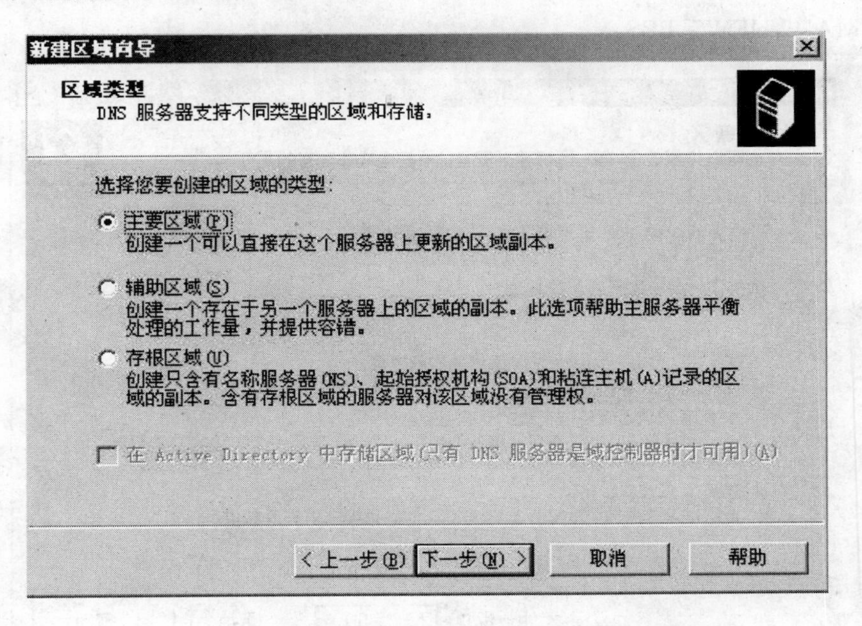

图 2-15　建立【主要区域】

设置区域的名称,即域名,如图 2-16 所示。

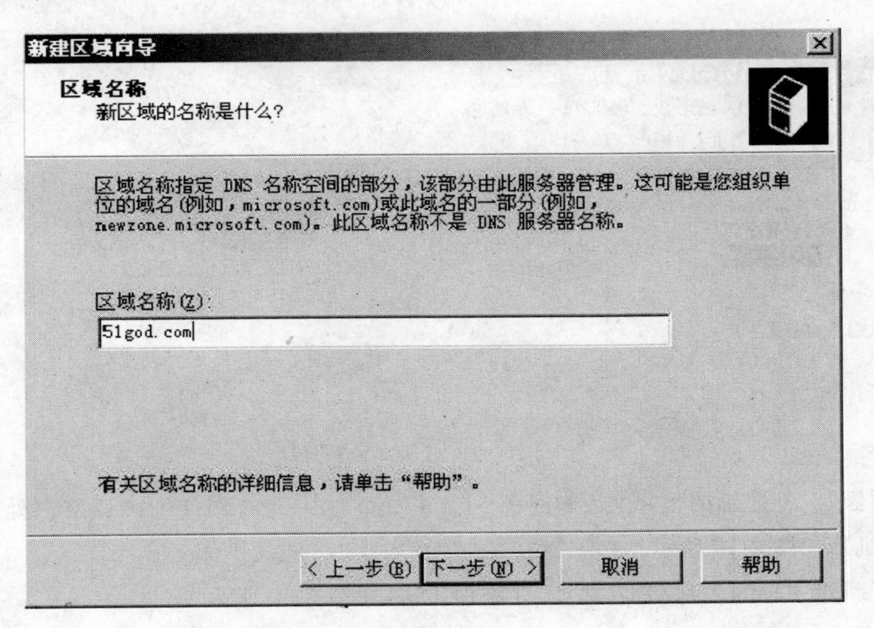

图 2-16　设置区域的名称

为了安全,不允许动态更新,如图 2-17 所示。

建立正向域完成,如图 2-18 所示。

(2) 添加 A 记录。A 记录即主机记录,用于静态地建立主机名与 IP 地址之间的对应关系，以便提供正向查询的服务。因此，需要为每种服务都创建一个 A 记录，如 FTP，WWW，MEDIA，MAIL，NEWS，BBS 等。

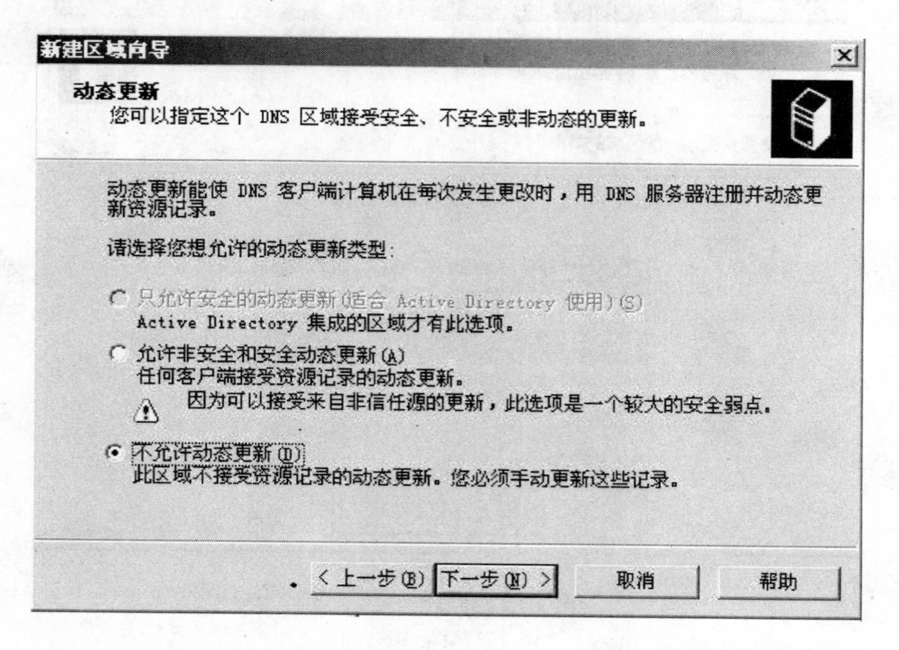

图 2-17　不允许动态更新

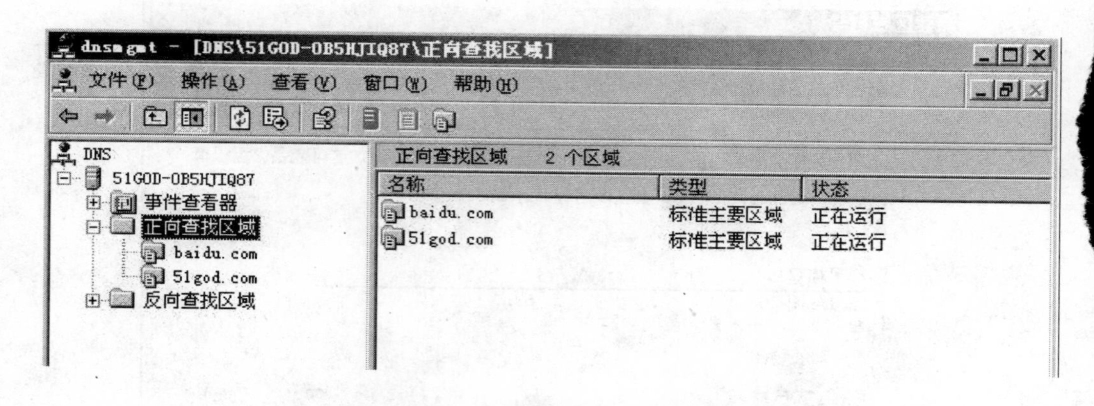

图 2-18　建立【正向域】完成

在要添加 A 记录的区域内（本例在 51god.com 域中），右侧详细出口空白处右击选择【新建主机】，如图 2-19 所示。

设置新建主机的名称和 IP 地址，并添加主机，如图 2-20 所示。

（3）添加 MX 记录。MX 记录即邮件交换（Mail eXchanger，MX），可以告诉用户，哪些服务器可以为该域接收邮件。当局域网用户与其他 Internet 用户进行邮件的交换时，将由在该处指定的邮件服务器与其他 Internet 邮件服务器之间完成。也就是说，如果不指定 MX 邮件交换记录，那么，网络用户就无法实现与 Internet 的邮件交换，就不能实现 Internet 电子邮件的收发。

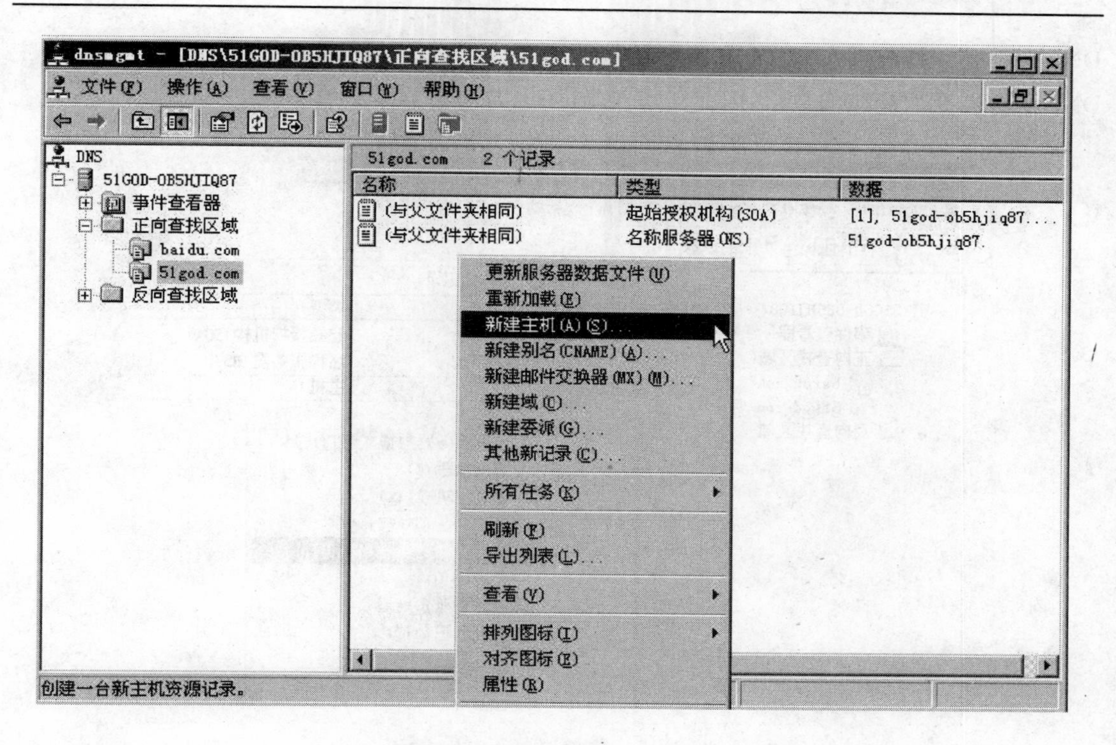

图 2-19　添加 A 记录区域内【新建主机】

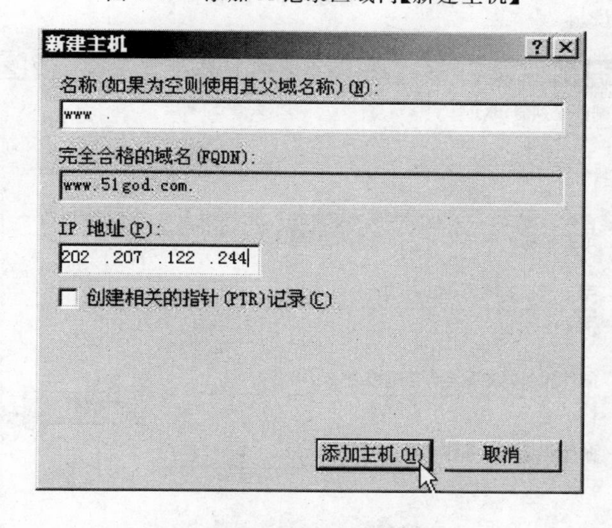

图 2-20　设置【新建主机】的名称和 IP 地址

在要添加 MX 记录的区域内，右侧详细出口空白处右击选择【新建邮件交换器】，如图 2-21 所示。

单击【浏览】找到邮件交换器对应的主机，如图 2-22 所示。

(4) 创建辅助区域。服务器难免会由于各种软、硬件故障而瘫痪，而停止 DNS 服务。因此，网络中通常都安装 2 台 DNS 服务器，1 台作为主服务器，1 台作为辅助服务器。当主 DNS 服务器正常运行时，辅助服务器只起备份作用；当主 DNS 服务器发生故障后，辅助

DNS 服务器立即启动承担 DNS 解析服务。需要注意的是，辅助 DNS 服务器会自动从主 DNS 服务器获取相应的数据，因此无须在辅助 DNS 服务器中添加各种主机记录。

dnsmgmt - [DNS\51GOD-OB5HJIQ87\正向查找区域\51god.com]
文件(F) 操作(A) 查看(V) 窗口(W) 帮助(H)
DNS
51GOD-OB5HJIQ87
事件查看器
正向查找区域
baidu.com
51god.com
反向查找区域
51god.com 3 个记录
名称
类型
(与父文件夹相同)
起始授权机构(SOA)
(与父文件夹相同)
名称服务器(NS)
www
主机(A)
更新服务器数据文件(U)
重新加载(E)
新建主机(A)(S)...
新建别名(CNAME)(A)...
新建邮件交换器(MX)(M)...
新建域(O)...
新建委派(G)...
其他新记录(C)...
所有任务(K)

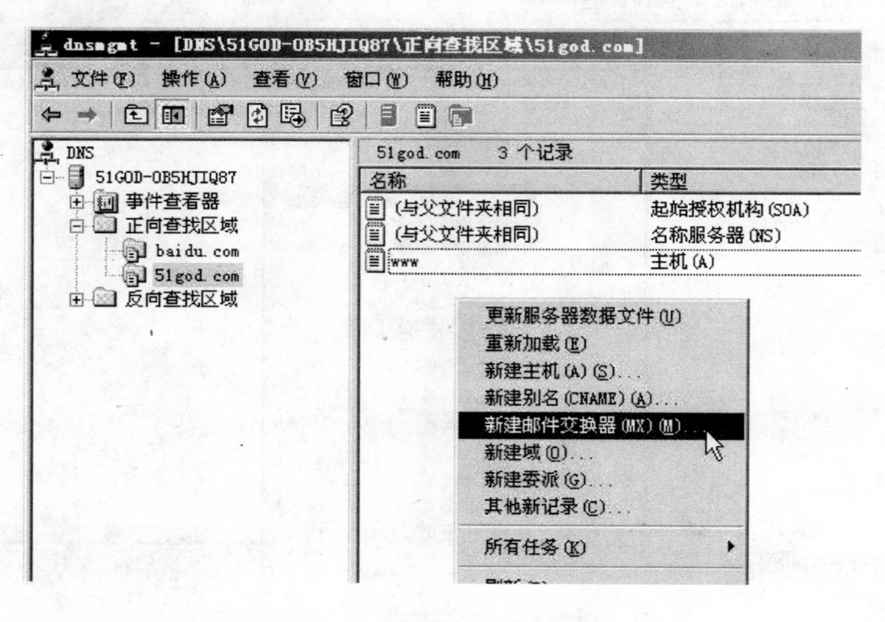

图 2-21 新建【邮件交换器】

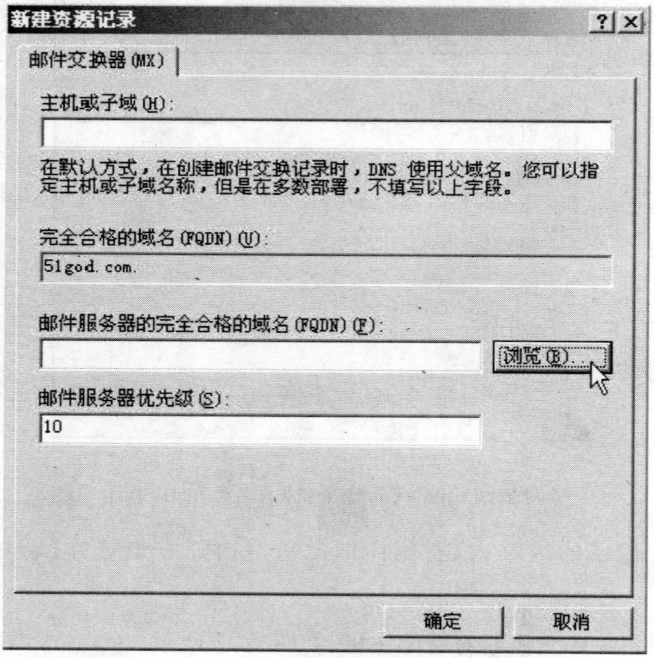

新建资源记录
邮件交换器(MX)
主机或子域(H):
在默认方式，在创建邮件交换记录时，DNS 使用父域名。您可以指定主机或子域名称，但是在多数部署，不填写以上字段。
完全合格的域名(FQDN)(U):
51god.com.
邮件服务器的完全合格的域名(FQDN)(F):
浏览(B)...
邮件服务器优先级(S):
10
确定
取消

图 2-22 新建【资源记录】

在【新建区域向导】中选择区域类型，如图 2-23 所示。

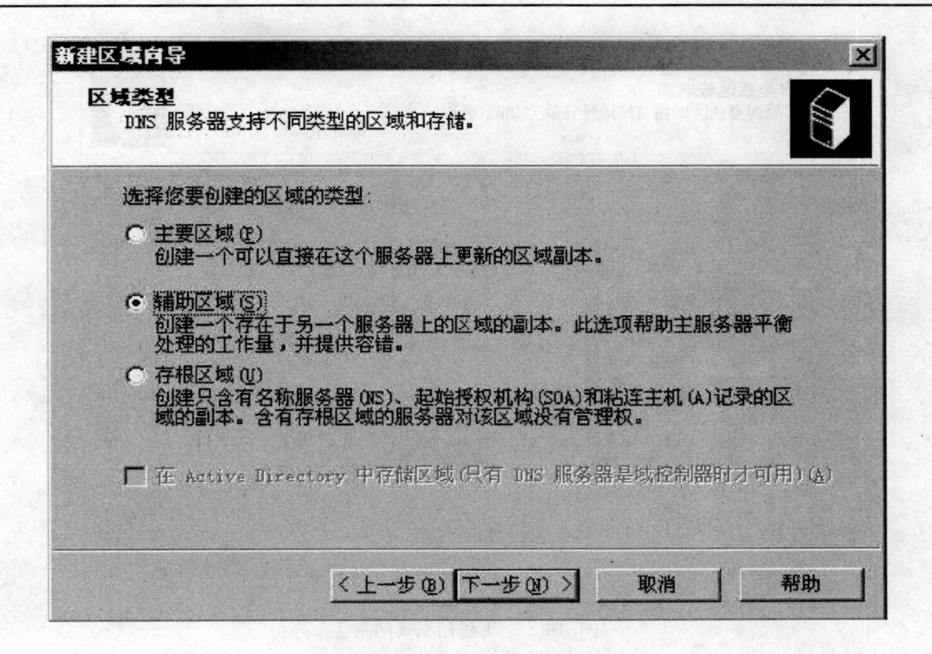

图 2-23　创建【辅助区域】

(5) 添加反向查找区域。所谓反向查找区域，是指将 IP 地址解析为域名的过程。虽然在 DNS 服务的安装过程中已经创建了一个反向查找区域，但是如果网络中存在两个或两个以上的域时，就必须执行添加反向查找区域操作。

右击【反向查找区域】，选择【新建区域】，如图 2-24 所示。

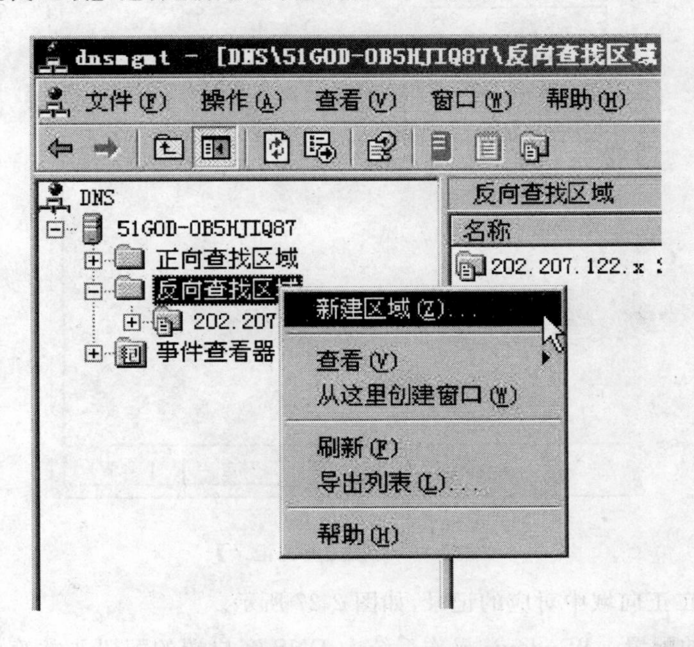

图 2-24　添加【反向查找区域】

设置【反向查找区域】的网络 ID，如图 2-25 所示。

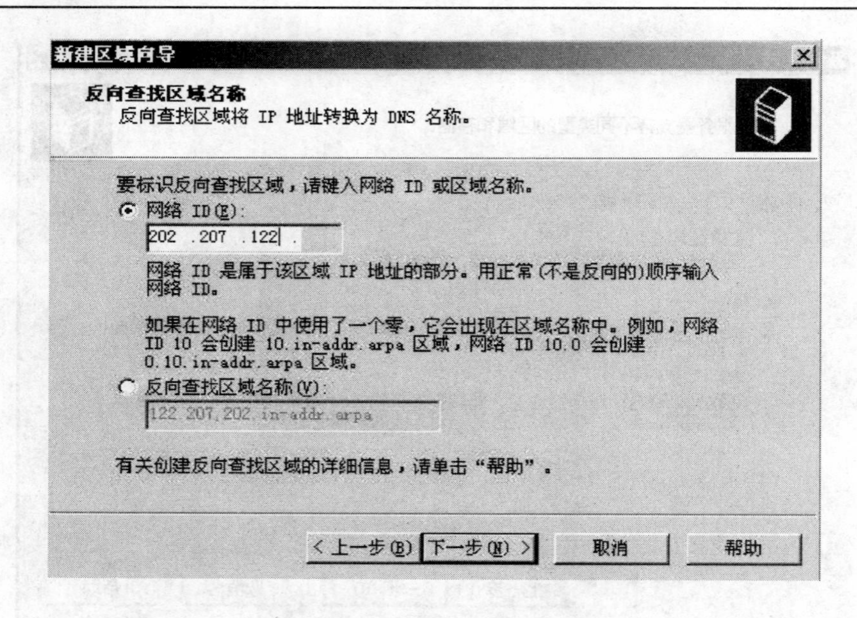

图 2-25 新建【区域向导】

在新建的反向查找区域右击【新建指针】，设置主机 IP 地址，并通过浏览找到该主机在正向域中对应的记录，如图 2-26 所示。

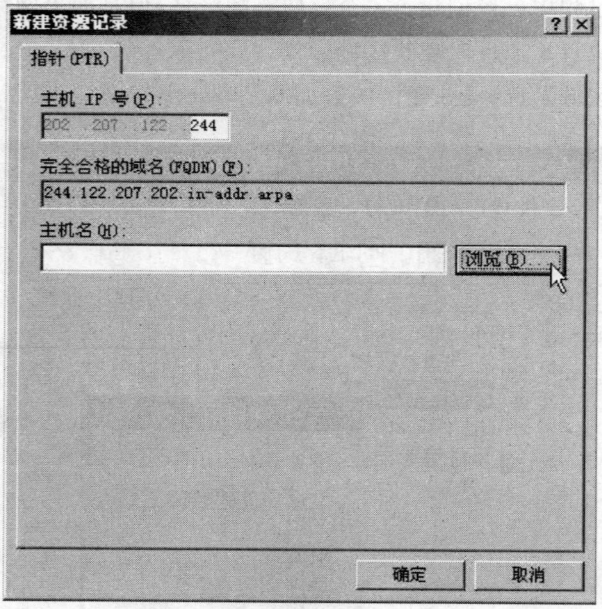

新建资源记录
指针(PTR)
主机 IP 号(P):
202 .207 .122 .244
完全合格的域名(FQDN)(F):
244.122.207.202.in-addr.arpa
主机名(H):
浏览(B)...
确定
取消

图 2-26 新建【资源记录】

定位该主机在正向域中对应的记录，如图 2-27 所示。

(6) 客户端的配置。Windows 操作系统中 DNS 客户端的配置非常简单，只需在 TCP/IP 属性对话框中添加 DNS 服务器的 IP 地址即可，如图 2-28 所示。

图 2-27　浏览【所有记录】

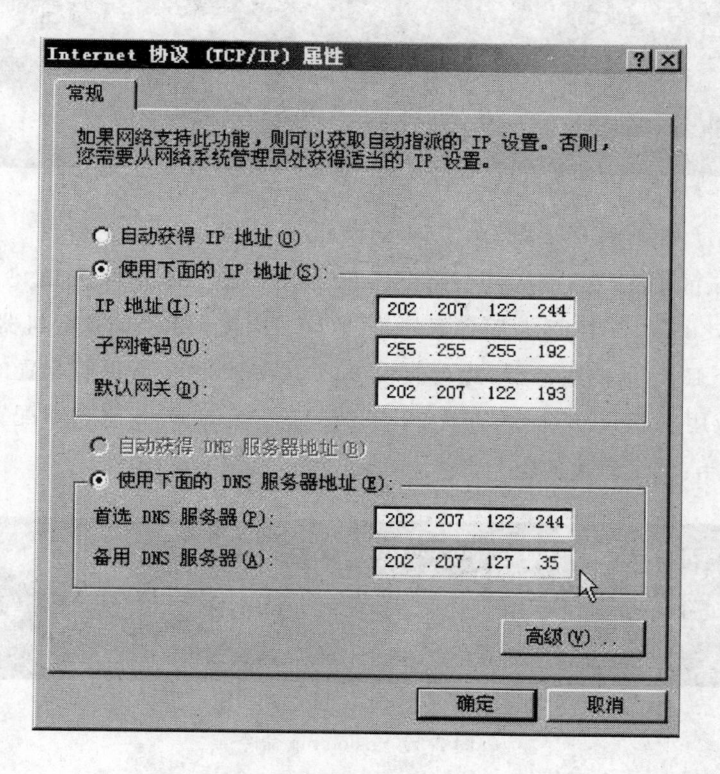

图 2-28　实验中本地计算机作为自己的【DNS 服务器】

3. DNS 服务器的测试

在 DNS 服务器和客户机的设置完成后，用户可以利用 nslookup 命令测试 DNS 服务器的设置是否正确。

一般情况下，首先使用 ipconfig /all 命令查看本地网络的配置情况，这里主要查看 DNS Servers 的 IP 地址，如图 2-29 所示。当然，我们也可以通过查看本地连接属性得到上述信息。

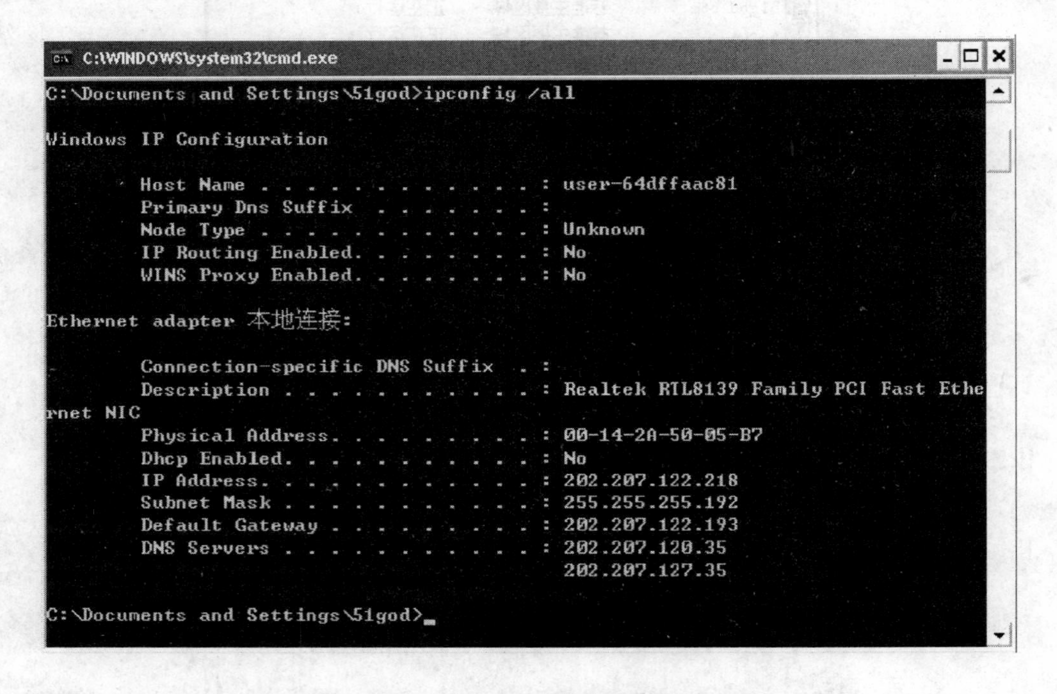

图 2-29 ipconfig /all 命令的结果

图 2-29 所示的 DNS Servers 的信息包括 202. 207. 120. 35 是首选 DNS 服务器的 IP 地址，202. 207. 127. 35 是备用 DNS 服务器的 IP 地址。这就表示当前这台机器使用的 DNS 服务器是上述两个 IP 地址的服务器，此处假设 202. 207. 120. 35 是我们配置的 DNS 服务器，接下来就可以应用 nslookup 命令，查看 202. 207. 120. 35 的 DNS 服务器配置是否正确。输入 nslookup，回车，就会看见如图 2-30 所示的界面。

```
C:\Documents and Settings\51god>nslookup
Default Server:  ns.sjzpc.edu.cn
Address:  202.207.120.35

> _
```

图 2-30 nslookup 命令

接下来，在光标处输入在搭建 DNS 服务器时设置的网址，如 www. sjzpc. edu. cn，回车，就会看见如图 2-31 所示的界面，如下的最后两行的信息就是我们要得到的信息。

Name:www. sjzpc. edu. cn

Address:202. 207. 120. 78

图 2-31　进行域名查询

当输入的网址在 DNS 服务器中没有登记的话,就会看见如图 2-32 所示的界面。

```
C:\WINDOWS\system32\cmd.exe - nslookup
Default Server:  ns.sjzpc.edu.cn
Address:  202.207.120.35

> www.tlooer.cn
Server:  ns.sjzpc.edu.cn
Address:  202.207.120.35

DNS request timed out.
    timeout was 2 seconds.
DNS request timed out.
    timeout was 2 seconds.
*** Request to ns.sjzpc.edu.cn timed-out
>
```

图 2-32　域名查询失败

同时按 Ctrl+C 键终止 nslookup 命令模式。关于这个命令的使用还有很多内容,这里不作详细讲解,望广大同学自己查阅有关资料练习使用。

2.3　FTP 服务器

2.3.1　FTP 服务简介

FTP 是 File Transfer Protocol(文件传输协议)的缩写。顾名思义,FTP 专门用于文件传输服务。FTP 服务也是最重要，并且应用最多的 Internet 服务之一。FTP 服务被广泛应用于提供软件下载服务、Web 网站更新服务以及不同类型计算机间的文件传输服务。除了软件下载服务可以由 Web 服务所替代，不同类型计算机间的文件传输服务可以由电子邮件部分替代以外，Web 网站的更新服务即文件的上传服务，仍然不得不借助于 FTP 完成。

虽然目前有多种 Web 网站更新的解决方案，但其中使用最方便、最广泛的方式还是 FTP 方式。配置时只需将 Web 站点的主目录设置为 FTP 站点的主目录，并为该目录设置访问权限，即可利用安装有 FTP 客户端的远程计算机向 Web 站点上传修改过后的 Web 页，需要时对目录结构作必要的调整。特别是当一台服务器上拥有若干虚拟 Web 站点或虚拟目录时，并且这些虚拟 Web 站点或虚拟目录分别由不同的用户维护时，则可分别建立若干虚拟 FTP 服务器，将虚拟 FTP 服务器的主目录与虚拟 Web 服务器的主目录一一对应起来，并分别为每个虚拟 FTP 站点指定相应的授权用户，即可由各网站管理员利用 FTP 客户端实现对自己 Web 站点的管理和维护。

2.3.2 FTP 服务器配置

Windows Server 2003 中的 IIS 6.0 内置有 FTP 服务。但是 IIS 中的 FTP 服务安装较为简单，对用户访问权限和使用磁盘容量的限制需要借助于 NTFS 文件夹权限和磁盘配额实现，因此，不太适合于复杂的网络应用。

这里以 Serv-U 为工具，简单介绍 FTP 站点的搭建方法。

1. Serv-U 简介

Serv-U 是一个广泛应用的 FTP 服务器软件，支持 2000/XP/2003 等 Windows 系列产品。FTP 服务器用户通过应用 FTP 协议能在 Internet 上共享文件。它并不是简单地提供文件的下载，还为用户的安全提供了保护。例如，你可以为你的 FTP 设置密码、设置各种用户级的访问许可等。Serv-U 可以设定多个 FTP 服务器、限定登录用户的权限、登录主目录及空间大小等，功能比较完备。它具有非常完备的安全特性，支持 SSL-FTP 传输，支持在多个 Serv-U 和 FTP 客户端通过 SSL 加密连接保护数据安全等。

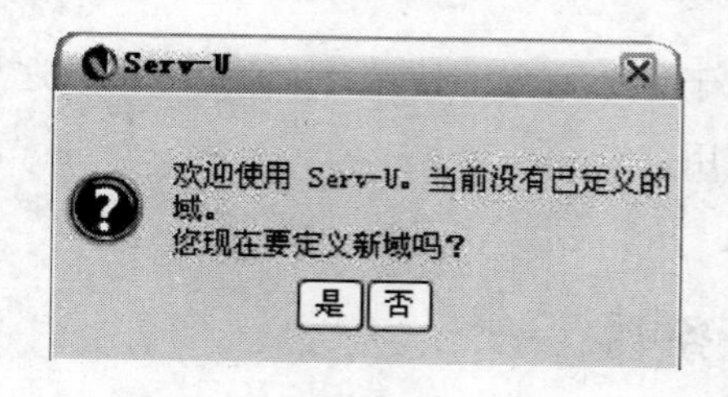

图 2-33 是否【定义新域】的对话框

2. 安装 Serv-U

Serv-U 的安装非常简单，只需要双击启动安装程序。在设置安装路径时，建议不要将 Serv-U 安装到系统盘，之后只需要按照安装向导完成安装即可。此处以 Serv-U 7.x 版本作为范例进行演示。

3. 配置本地 FTP 服务器

安装完成后程序会自动运行，并弹出如图 2-33 所示对话框，询问是否定义新域，本例选【是】。

进入输入域名和域信息页面，输入相关信息，如图 2-34 所示。

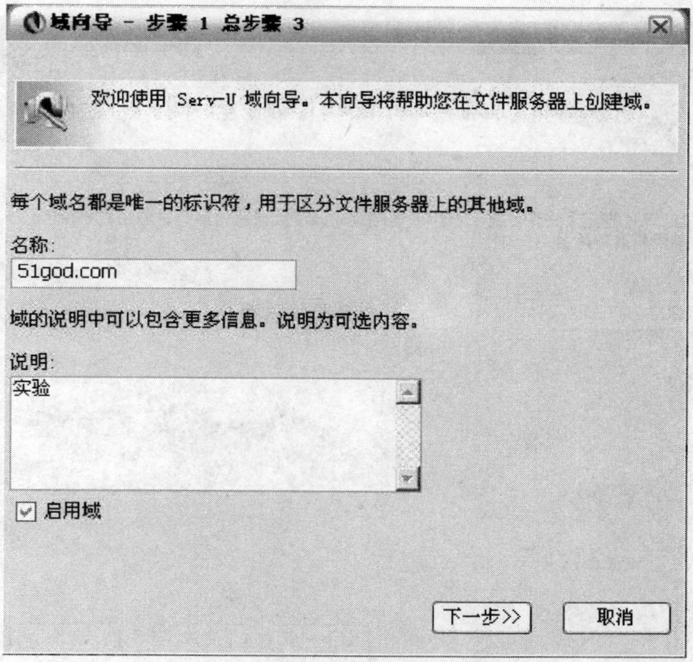

域向导 - 步骤 1 总步骤 3

欢迎使用 Serv-U 域向导。本向导将帮助您在文件服务器上创建域。

每个域名都是唯一的标识符，用于区分文件服务器上的其他域。

名称:

51god.com

域的说明中可以包含更多信息。说明为可选内容。

说明:

实验

☑ 启用域

下一步>>　取消

图 2-34　设置域信息

单击【下一步】按钮，根据自己的情况设置开启端口，如图 2-35 所示。

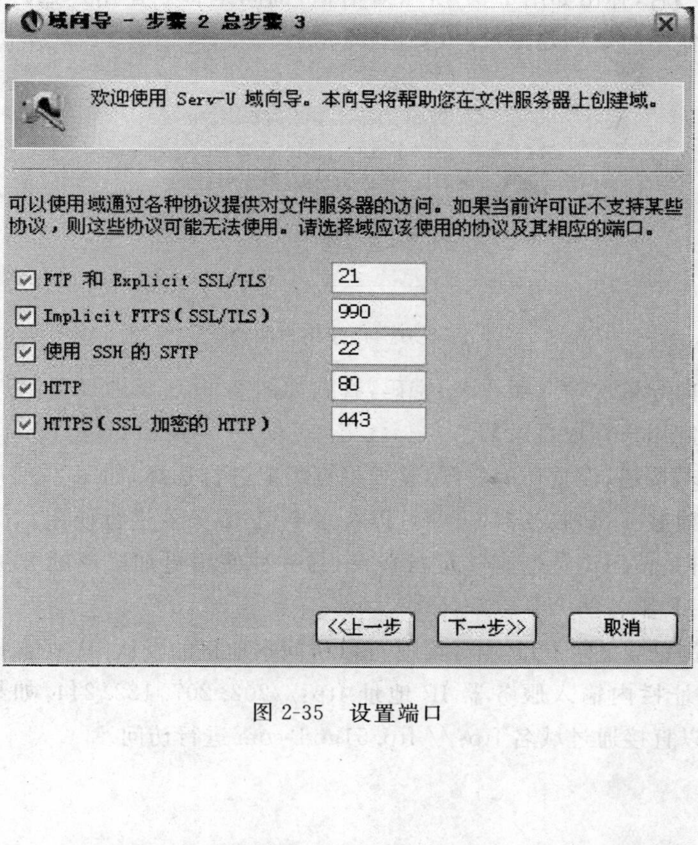

域向导 - 步骤 2 总步骤 3

欢迎使用 Serv-U 域向导。本向导将帮助您在文件服务器上创建域。

可以使用域通过各种协议提供对文件服务器的访问。如果当前许可证不支持某些协议，则这些协议可能无法使用。请选择域应该使用的协议及其相应的端口。

协议	端口
☑ FTP 和 Explicit SSL/TLS	21
☑ Implicit FTPS(SSL/TLS)	990
☑ 使用 SSH 的 SFTP	22
☑ HTTP	80
☑ HTTPS(SSL 加密的 HTTP)	443

<<上一步　下一步>>　取消

图 2-35　设置端口

单击【下一步】按钮，填写服务器 IP 地址，如图 2-36 所示。

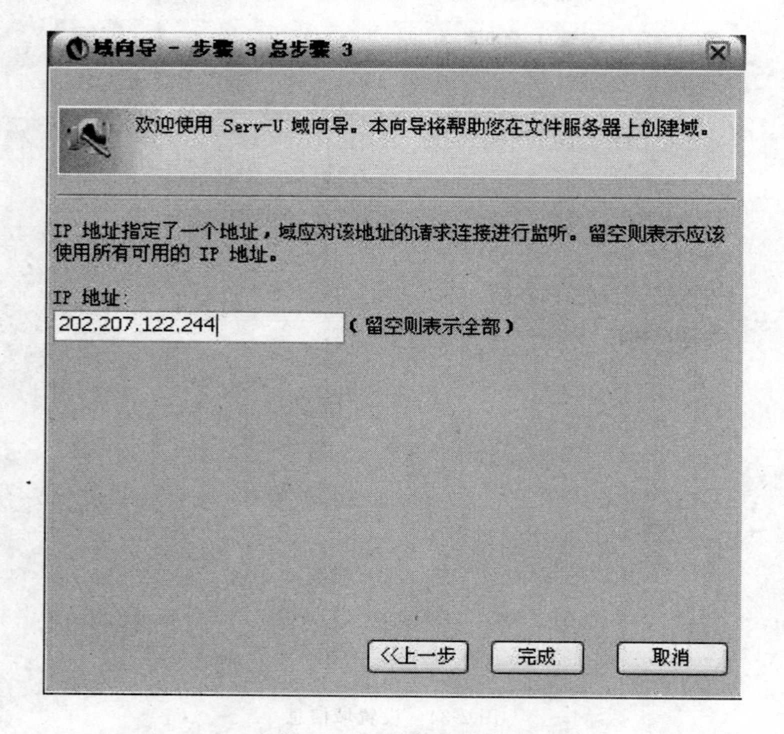

图 2-36　设置 IP 地址

当单击【完成】后，弹出如图 2-37 所示对话框，询问是否创建用户账户，此例选【是】，接下来会询问是否使用向导创建账户，也要选择【是】。

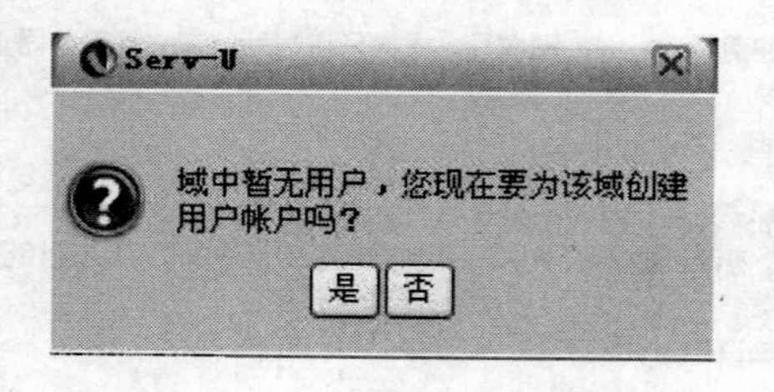

图 2-37　创建用户账户

接下来按照向导依次输入用户名、密码，直到如图 2-38 所示的设置用户根目录，定位根目录后，选中【锁定用户在根目录】。

单击【下一步】按钮，设置访问权限，这要根据需要进行选择，如图 2-39 所示。

现在已经搭建好 FTP 服务器，下面可以登录 FTP 服务器进行使用。登录 FTP 服务器有两种方式：一种是使用浏览器直接进行登录；另一种使用更加广泛的方法是使用 FTP 客户端软件登录 FTP 服务器。

本地机使用浏览器登录 FTP 服务器时可以访问本地机的默认 IP 地址 ftp://127.0.0.1，还可以直接在地址栏内输入服务器 IP 地址 ftp://202.207.122.244，如果已经配置好了 DNS 服务器，可以直接通过域名 ftp:// ftp.51god.com 进行访问。

对域 Serv-U 和 FTP 客户端软件的操作还有很多,此处不做讲解,请读者在使用时参看软件的用户手册。

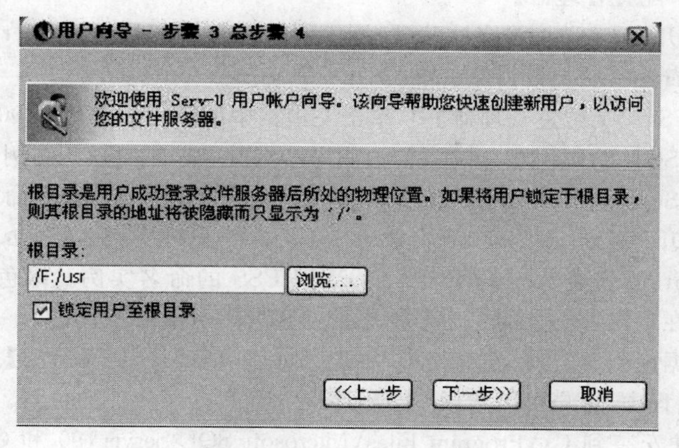

图 2-38　指定用户根目录

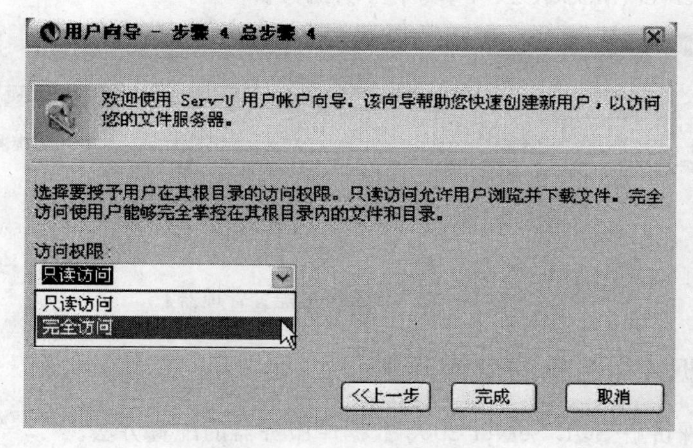

图 2-39　设定访问权限

2.4 数据库服务器

因为数据库服务器的安装和配置较为复杂,一般都要求有一定的数据库知识,这里以微软的 SQL Server 2005 Express Edition 为例进行数据库服务器配置的介绍,但这里不讲解 SQL Server 2005 组件的安装,主要讲解在安装好 SQL Server 数据库引擎,Analysis Services, Reporting Services,Notification Services,Integration Services,管理工具等组件后进行数据库服务器的配置。

2.4.1 确定是否已安装并启动数据库引擎

成功安装 SQL Server 2005 数据库引擎后可将文件安装到文件系统,在注册表中创建注册表项并安装数个工具。确定数据库引擎是否已安装并运行的最简便方法就是使用 SQL Server 配置管理器。如图 2-40 所示,基本操作步骤如下。

(1) 单击【开始】,依次指向【所有程序】、Microsoft SQL Server 2005 和【配置工具】,再单击【SQL Server 配置管理器】。

(2) 如果在【开始】菜单中没有这些项,则表示没有正确安装 SQL Server。运行安装程序以安装 SQL Server 2005 数据库引擎。

(3) 在【SQL Server 配置管理器】中,单击左窗格中的【SQL Server 2005 服务】。此时右窗格列出多项与 SQL Server 相关的服务。如果数据库引擎作为默认实例安装,则数据库引擎服务将列出为 SQL Server (MSSQLSERVER);如果数据库引擎作为命名实例安装,则该服务将列出为 SQL Server (<instance_name>)。除非更改实例名称,否则将 SQL Server 2005 Express Edition 安装为具有名称 SQLEXPRESS 的命名实例。绿色的三角形图标指示数据库引擎正在运行。红色的正方形图标指示数据库引擎已停止。

若要启动数据库引擎,请在右窗格中,右击数据库引擎,再单击【启动】。

注意:安装过程中,用户可以选择安装程序文件和数据库文件的位置。如果用户接受默认位置,则将文件安装到 C:\Program Files\Microsoft SQL Server\90 和 C:\Program Files\Microsoft SQL Server\MSSQL. x 中,其中 x 为编号。

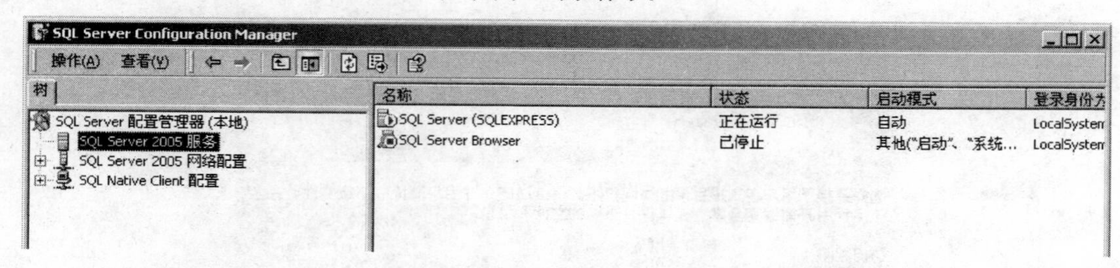

图 2-40 【SQL Server 配置管理器】

2.4.2 数据库服务器的配置方法

下面就按步骤讲解 SQL Server 2005 数据库服务器的配置方法。

1. 启用服务器网络协议

SQL Server 配置管理器用于启用或禁用网络协议。必须停止并重新启动数据库引擎,更改才能生效。启用服务器网络协议需要几步的配置:

(1) 在 SQL Server 配置管理器的控制台窗格中,展开【SQL Server 2005 网络配置】,如图 2-41 所示。

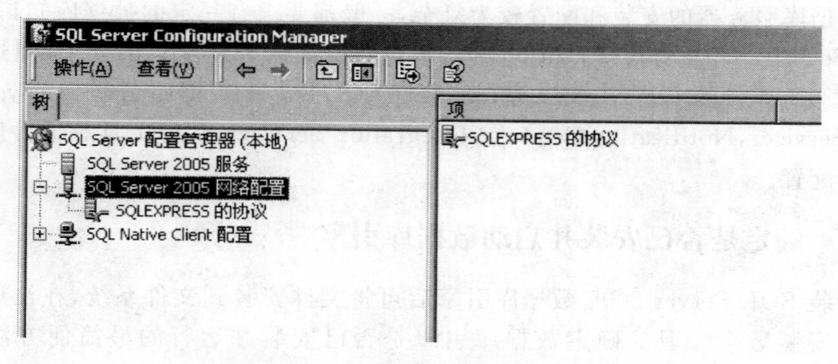

图 2-41 【SQL Server 2005 网络配置】

(2) 在控制台窗格中，单击【＜实例名＞ 的协议】，如图 2-42 所示。

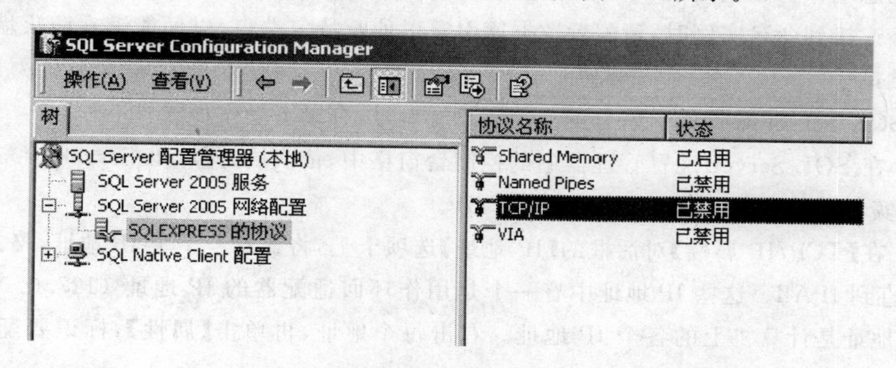

图 2-42　右击要启动或停止的协议

(3) 在细节窗格中，右击要更改的协议，再单击【启用】或【禁用】。

(4) 在控制台窗格中，单击【SQL Server 2005 服务】。

(5) 在细节窗格中，右击【SQL Server ＜实例名＞】，再单击【重新启动】停止并重新启动 SQL Server 服务，如图 2-43 所示。

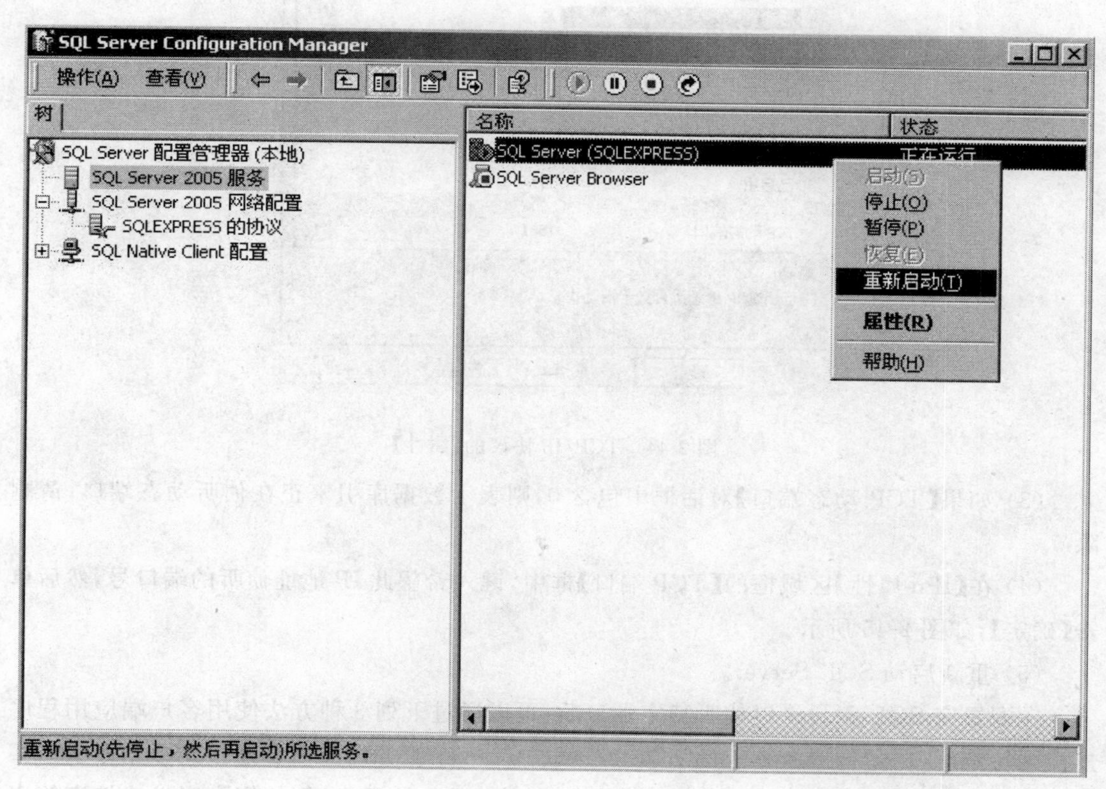

图 2-43　【重新启动】SQL Server 服务

2. 配置服务器以侦听特定 TCP 端口

如果已启用，则 Microsoft SQL Server 数据库引擎的默认实例侦听 TCP 端口 1433。SQL Server 数据库引擎和 Microsoft SQL Server 2005 Compact Edition 的命名实例被配置

为侦听动态端口。也就是说，SQL Server 服务启动后，这些实例将选择可用的端口。在通过防火墙连接到命名实例时，请配置数据库引擎以侦听特定端口，以便能够在防火墙中打开相应的端口。

为 SQL Server 数据库引擎分配 TCP/IP 端口号，有以下操作步骤。

(1) 在 SQL Server 配置管理器中的控制台窗格中，依次展开【SQL Server 2005 网络配置】、【＜实例名＞ 的协议】，然后双击 TCP/IP。

(2) 在【TCP/IP 属性】对话框的【IP 地址】选项卡上，将显示若干个 IP 地址，格式为 IP1 和 IP2，直到 IPAll。这些 IP 地址中有一个是用作环回适配器的 IP 地址（127.0.0.1）的。其他 IP 地址是计算机上的各个 IP 地址。右击每个地址，再单击【属性】，标识要配置的 IP 地址，如图 2-44 所示。

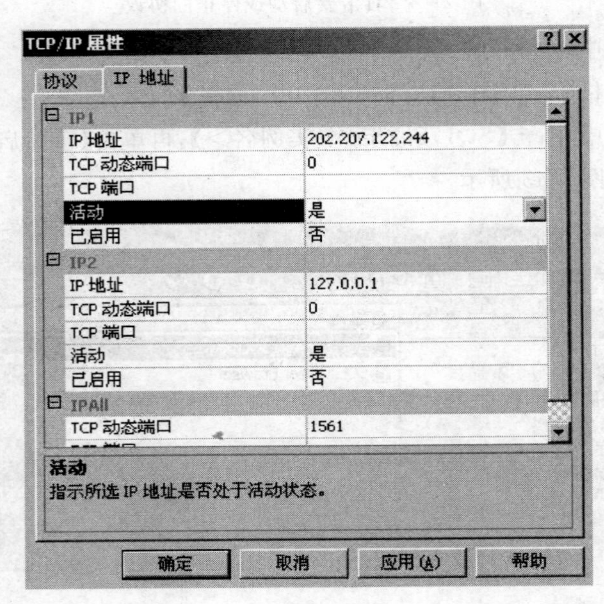

图 2-44　TCP/IP 协议的【属性】

(3) 如果【TCP 动态端口】对话框中包含 0，则表示数据库引擎正在侦听动态端口，请删除 0。

(4) 在【IPn 属性】区域框的【TCP 端口】框中，键入希望此 IP 地址侦听的端口号，然后单击【确定】，如图 2-45 所示。

(5) 重新启动 SQL Server。

在配置完 SQL Server 以侦听特定端口后，可以通过下列 3 种方法使用客户端应用程序连接到特定端口：运行服务器上的 SQL Server Browser 服务以按名称连接到数据库引擎实例；在客户端上创建一个别名，指定端口号；对客户端进行编程，以便使用自定义连接字符串进行连接。

3. 配置服务器以侦听备用管道

默认情况下，Microsoft SQL Server 数据库引擎的默认实例侦听命名管道\\. \pipe\sql\

query。SQL Server 数据库引擎和 Microsoft SQL Server 2005 Compact Edition 的命名实例侦听其他管道。可以使用 SQL Server 配置管理器更改数据库引擎使用的管道。使用客户端应用程序连接到特定的命名管道的方式有 3 种：在服务器上运行 SQL Server Browser；在客户端上创建别名，指定命名管道；对客户端进行编程，以便使用自定义连接字符串进行连接。

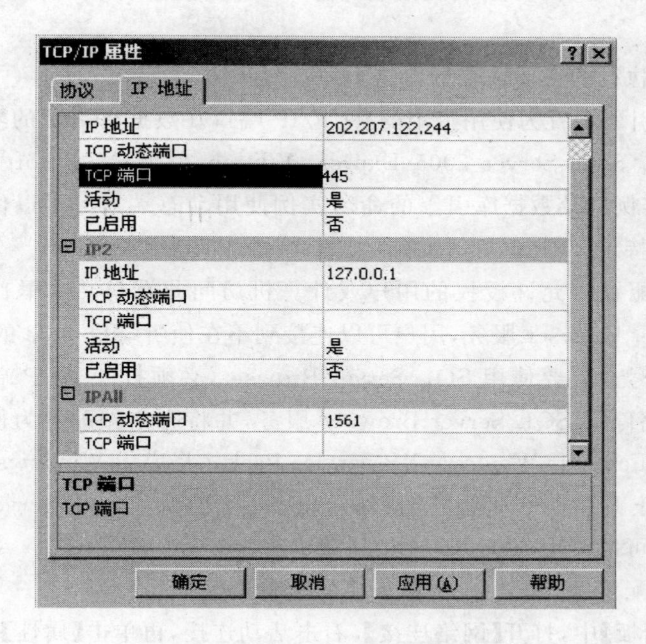

图 2-45　设置需要侦听的端口

配置 SQL Server 数据库引擎使用的命名管道的具体操作如下。

(1) 在 SQL Server 配置管理器的控制台窗格中，扩展【SQL Server 2005 网络配置】，然后单击扩展【＜实例名＞ 的协议】。

(2) 在详细信息窗格中，右击【命名管道】，再单击【属性】。

(3) 在【协议】选项卡的【管道名称】框中，键入要让数据库引擎侦听的管道，再单击【确定】。

(4) 在控制台窗格中，单击【SQL Server 2005 服务】。

(5) 在详细信息窗格中，右击【SQL Server ＜实例名＞】，再单击【重新启动】，以停止并重新启动 SQL Server。

SQL Server 侦听备用管道时，使用客户端应用程序连接到特定的命名管道的方式有 3 种：在服务器上运行 SQL Server Browser；在客户端上创建别名，指定命名管道；对客户端进行编程，以便使用自定义连接字符串进行连接。

4. 启用数据库引擎的加密连接

这里用一种比较简单的方法，通过 SQL Server Management Studio 加密连接，具体操作步骤如下。

(1) 在对象资源管理器工具栏上，单击【连接】，再单击【数据库引擎】。

(2) 在【连接到服务器】对话框中,填写连接信息,然后单击【选项】。

(3) 在【连接属性】选项卡上,单击【加密连接】。

5. 将防火墙配置为允许 SQL Server 访问

防火墙系统用于阻止对计算机资源的未经授权访问。若要通过防火墙访问 Microsoft SQL Server 数据库引擎实例,必须在运行 SQL Server 的计算机上配置此防火墙以允许访问。

为允许访问而执行的主要步骤如下。

(1) 将数据库引擎配置为使用特定的 TCP/IP 端口。数据库引擎的默认实例使用端口 1433,但可以更改。SQL Server 2005 Express Edition 实例、Microsoft SQL Server 2005 Compact Edition 实例以及数据库引擎的命名实例使用动态端口。可以使用步骤 2 中的方法将服务器配置为特定 TCP 端口。

(2) 将防火墙配置为允许授权的用户或计算机访问此端口。这里首先要注意几个问题:使用 SQL Server Browser 服务,用户可以连接到不在侦听端口 1433 的数据库引擎实例,因而无须知道端口号。若要使用 SQL Server Browser,必须打开 UDP 端口 1434。若要提升最安全的环境,请停止 SQL Server Browser 服务,并将客户端配置为使用端口号进行连接。默认情况下,Microsoft Windows XP Service Pack 2 将启用 Windows 防火墙,这会关闭端口 1433,从而防止 Internet 计算机连接到你计算机上的默认 SQL Server 实例。重新打开端口 1433 之后,才可以使用 TCP/IP 连接到默认实例。

下面介绍一下配置 Windows XP 防火墙的基本步骤。

(1) 在【控制面板】中,打开【网络连接】,右击活动连接,再单击【属性】。

(2) 单击【高级】选项卡,再单击【Windows 防火墙设置】。

(3) 在【Windows 防火墙】对话框中,单击【异常】选项卡,再单击【添加端口】。

(4) 在【添加端口】对话框的【名称】文本框中,键入 SQL Server <实例名>。

(5) 在【端口号】文本框中,键入数据库引擎实例的端口号,例如默认实例的端口号 1433。

(6) 验证是否已选中 TCP,再单击【确定】。

(7) 若要打开端口以显示 SQL Server Browser 服务,请单击【添加端口】,在【名称】文本框中键入 SQL Server Browser,在【端口号】文本框中键入 1434,选择 UDP,再单击【确定】。

(8) 关闭【Windows 防火墙】对话框和【属性】对话框。

除了将 SQL Server 配置为侦听固定端口并打开此端口之外,还可以将 SQL Server 可执行文件(Sqlservr. exe)作为已阻止程序的例外列出。如果要继续使用动态端口,则使用此方法。但是,通过这种方式只能访问一个 SQL Server 实例,基本设置步骤如下。

(1) 在【Windows 防火墙】对话框的【例外】选项卡上,单击【添加程序】。

(2) 单击【浏览】,找到要通过防火墙访问的 SQL Server 实例,再单击【打开】。默认情况下,SQL Server 位于 C:\Program Files\Microsoft SQL Server\MSSQL. 1\MSSQL\Binn\Sqlservr. exe 中。

(3) 单击【确定】,关闭 Windows 防火墙程序。

2.5　电子邮件服务器

2.5.1　Email 简介

Email 的中文名称叫做电子邮件，它是 Internet 上最古老也是最基本的网络通信工具，它在 Internet 和 Intranet 中的重要地位丝毫不亚于 Web 浏览。统计数据表明，Internet 中 80%的信息流量是 Email。Email 服务器系统由 POP3 服务、简单邮件传输协议（SMTP）服务以及电子邮件客户端 3 个组件组成。POP3 为用户提供邮件下载服务；SMTP 则用于发送邮件和邮件在服务器间的传递；电子邮件客户端是用于读取、撰写以及管理电子邮件的软件。利用 Email 不仅可以实现最简单的文本信息传输，甚至可以用于传输程序文件、图片文件、声音文件和视频文件。功能强大、使用简单使 Email 成为网络信息传递的重要力量，现正在逐步取代传统的纸质信件。

电子邮件是通过存储转发方式来传递邮件的。发送邮件时，发送方先连接到邮件服务器发送邮件，邮件服务器会自动按照邮件的 Email 地址，将邮件传递到接收方的邮件服务器中。收件人登录到自己的邮件服务器，即可完成邮件的下载和阅读。

Email 服务的实现需要使用专用的协议。目前，应用于 Email 服务的协议主要有 3 个，即 SMTP 协议、POP3 协议和 IMAP 协议。其中，前两个目前被广泛应用于各种 Email 服务器。

2.5.2　Windows Server 2003 邮件服务的搭建与配置

Windows Server 2003 同时提供了 SMTP 和 POP3 服务组件，使用户无须借助任何其他第三方软件，即可成功搭建邮件服务器。Windows Server 2003 的邮件服务较为简单，设置上也就相对容易得多。

1. 设置 POP3 服务

安装电子邮件服务后，即可实现企业网络内部的 Email 交换。如果要实现电子邮件的 Internet 收发，需要向域名服务机构申请国际或国内域名，并且在 DNS 上正确设置 MX 邮件记录，将 Email 服务解析为欲安装邮件服务的计算机的 IP 地址。

（1）安装电子邮件服务

① 打开【管理你的服务器】窗口，单击【添加或删除角色】超级链接，显示【配置你的服务器向导】。

② 单击【下一步】按钮，显示【服务器角色】对话框，选中【邮件服务器】，将该计算机安装为邮件服务器。

③ 单击【下一步】按钮，显示【配置 POP3 服务】对话框，在【选择用户身份验证方法】下拉列表中设置用户身份的验证方式。身份验证方法包括本地 Windows 账户身份验证和加密密码文件身份验证两种方式；如果该计算机升级为域控制器，就会有 Active Directory 集成

的身份验证和加密密码文件身份验证两种方式。有关身份验证方法的设置及转换，将在后面作详细介绍。然后，在【键入此服务器要接收电子邮件的域名】文本框中键入电子邮件的域名。例如，在这里键入【51god.com】，设置的用户名为【user】，那么，用户的电子信箱就将是【user@51god.com】。

④ 此后按照安装向导直到出现【完成】按钮，完成邮件服务器组件配置向导，返回【管理你的服务器】对话框，显示邮件服务器已经成功安装，如图 2-46 所示。

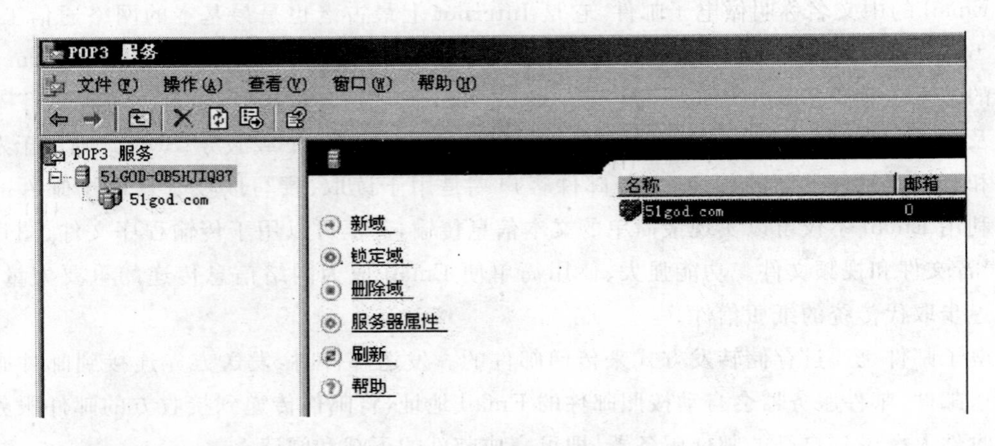

图 2-46 【POP3 服务】管理界面

(2) 设置身份验证方法

在邮件服务器上创建任何电子邮件域之前，必须选择一种身份验证方法。邮件服务提供 3 种不同的身份验证方法来验证连接到邮件服务器的用户。只有在邮件服务器没有安装为域控制器时，才可以更改身份验证方法。

(3) 设置邮件存储位置

默认状态下，系统将用户邮件保存在【C:\Inetpub\mailroot\Mailbox】文件夹。由于系统分区的容量有限，因此，通常需将邮件存储位置修改为其他磁盘分区。设置邮件存储位置，必须以本地计算机的管理员身份登录，或者必须被委派适当的权限；如果将计算机加入域，Domain Admins 组的成员可能也可以执行该项设置。

2. 管理域

在邮件服务器安装过程中，将添加并设置一个域名，用于 Email 服务。如果企业申请有两个或多个域名，或者该服务器作为虚拟主机提供邮件服务，也可以添加多个域名，实现多邮件虚拟服务共存。

创建域时要确保该域名已经在 DNS 服务中设置好 MX 记录，也可以先设置邮件服务器之后再在 DNS 服务器中添加 MX 记录，操作如下。

(1) 打开【POP3 服务】控制台，右击【计算机名】结点，在快捷菜单中选择【新建→域】，显示【添加域】对话框，在【域名】文本框中键入新域名，如图 2-47 所示。

(2) 单击【确定】按钮，完成新域名的添加。重复操作，可在邮件服务器中添加多个域。管理域的实现是在【POP3】控制台树中，对电子邮件域进行必要的管理，如删除、锁定/解除锁定控制，如图 2-48 所示。

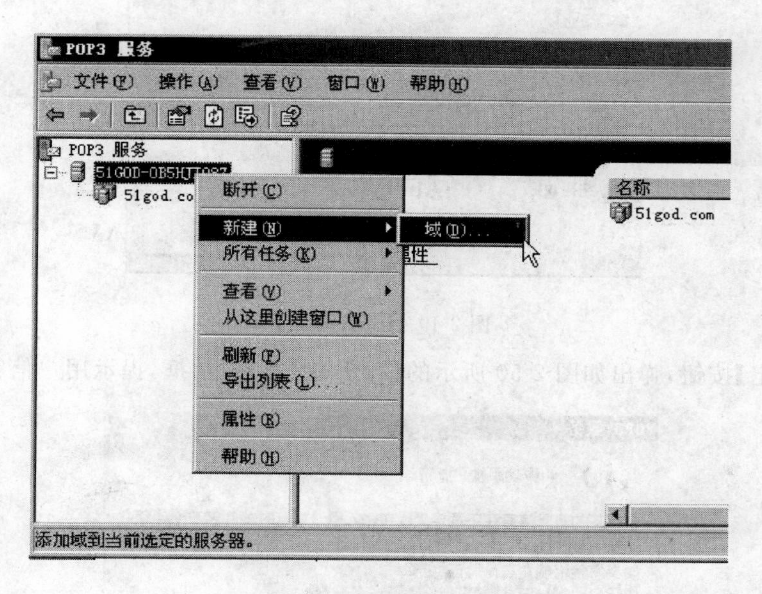

图 2-47　【添加域】

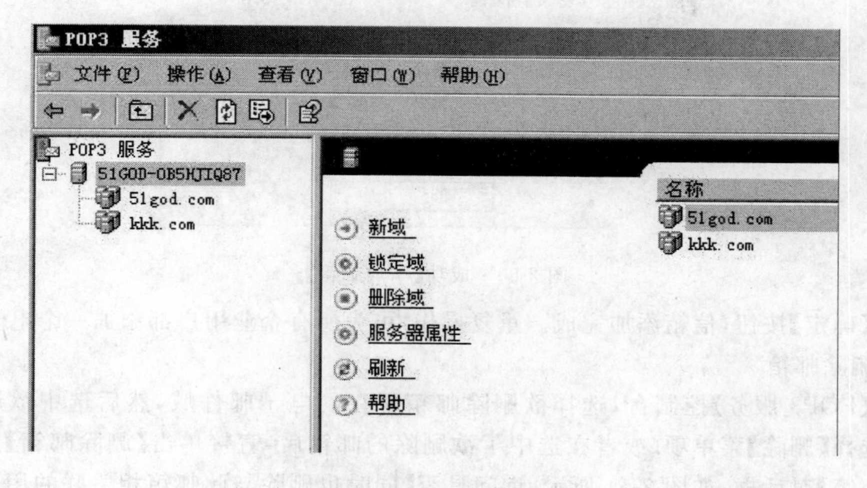

图 2-48　域的管理

3. 管理邮箱

建立了邮件域之后就可以在域中建立账户了，即邮箱账户。邮箱账户与域结合在一起，就构成了电子邮件地址。

(1) 创建邮箱

打开【POP3 服务】控制台窗口，选中要创建新邮箱的域，然后在右键菜单中依次选择【新建→邮箱】。或者选定欲添加用户信箱的域，右侧栏中右击空白处，在快捷菜单中选择【新建→邮箱】，弹出如图 2-49 所示的【添加邮箱】对话框，在【邮箱名】文本框中键入邮箱名(字母不区分大小写)，在【密码】及【确认密码】框中键入相同的用户名密码。例如，在 kkk.com 域中添加的邮箱名为【mailuser】，则该用户的 Email 地址就是【mailuser@kkk.com】。

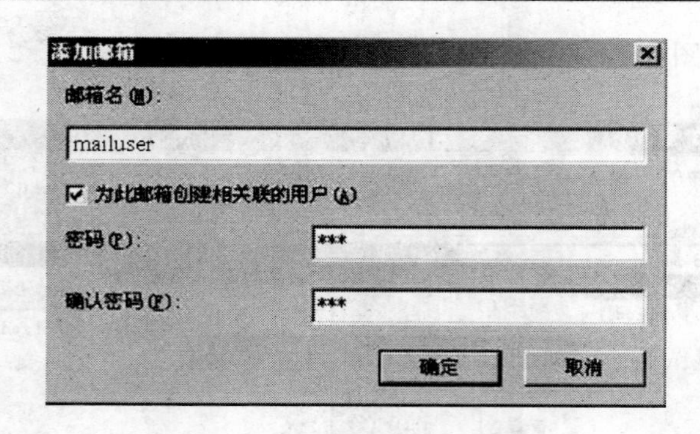

图 2-49 【添加邮箱】

单击【确定】按钮,弹出如图 2-50 所示的【POP3 服务】对话框,提示用户信箱添加成功。

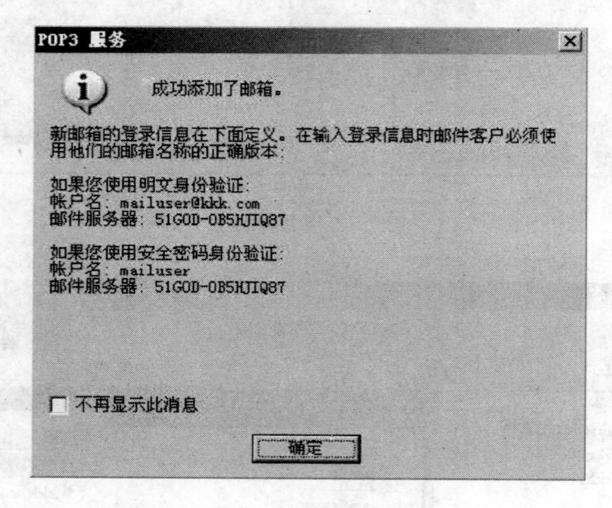

图 2-50 成功【添加邮箱】

单击【确定】按钮,信箱添加完成。重复操作,可为所有企业用户都添加一个电子信箱。

(2) 删除邮箱

打开【POP3 服务】控制台,选择欲删除邮箱所在的电子邮件域,然后选中欲删除的邮箱,右击选择【删除】菜单项(或者在选中了欲删除的邮箱后,直接单击【删除邮箱】连接),显示【删除邮箱】对话框,如图 2-51 所示,询问是否【同时也删除与此邮箱相关联的用户账户】。如果选中该复选框,则 User 组中的该用户同时被删除,也就是说,将同时剥夺该用户访问电子邮件服务器和登录至域的权限。

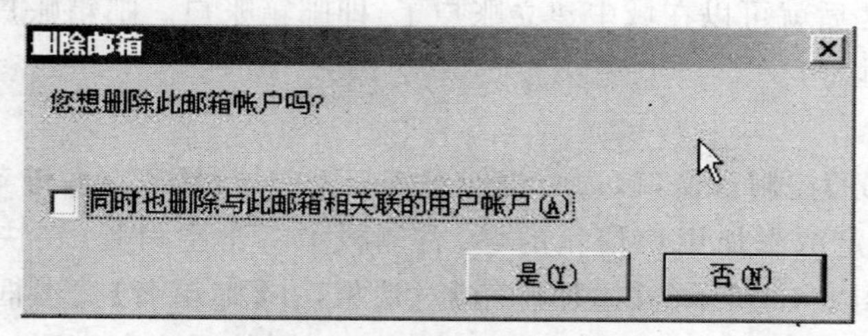

图 2-51 【删除邮箱】

单击【是】按钮，删除该邮箱成功，同时也将删除该邮箱的邮件存储目录以及该目录存储的所有电子邮件。

(3) 锁定/解除锁定邮箱

如果需要暂时禁用某个邮箱账户，但又没必要删除，以备日后重新启用，这时可以锁定该邮箱账户。当邮箱被锁定时，仍然能接收发送到邮件存储区的传入电子邮件。但是，用户却不能连接到服务器检索电子邮件。锁定邮箱只是限制了用户不能连接到服务器。管理员仍然可以执行所有管理任务，例如删除邮箱或更改邮箱密码等。

在【POP3 服务】控制台窗口中右击欲锁定的信箱，在快捷菜单中选择【锁定】，即可锁定该信箱。若欲解除对该邮箱锁定，只需在快捷菜单中选择【解除锁定】即可。

(4) 邮箱属性设置

用户对信箱最关心的莫过于容量大小，以及安全问题。Windows Server 2003 POP3 邮件服务器，可以通过启用磁盘配额，限制账户的磁盘空间，实现对应的邮箱大小的设置，还可以更改邮箱初始密码，有效地保障了服务器及用户利益，既防止了用户无限制地使用磁盘空间，又保护了用户邮件的安全。需要注意的是，根邮件目录必须创建在 NTFS 格式的硬盘分区，否则无法实现磁盘配额。

4. SMTP 的设置

作为邮件发送的必要组件，Windows Server 2003 已将其集成在 IIS 6.0 中，打开【应用程序服务器】→【默认 SMTP 虚拟服务器】就进入了 SMTP 的管理界面，如图 2-52 所示。

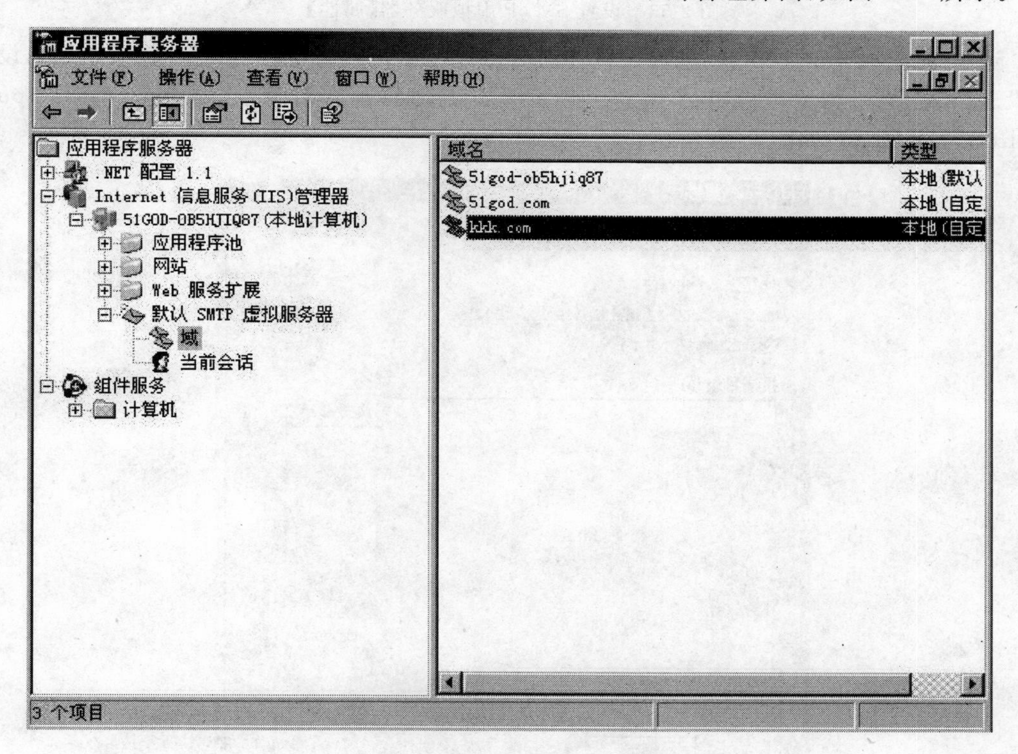

图 2-52 SMTP 的管理界面

右击【默认 SMTP 虚拟服务器】→【属性】。可以设置 SMTP 虚拟服务器的属性，如

图 2-53 所示,这里将为其指定 IP 地址。

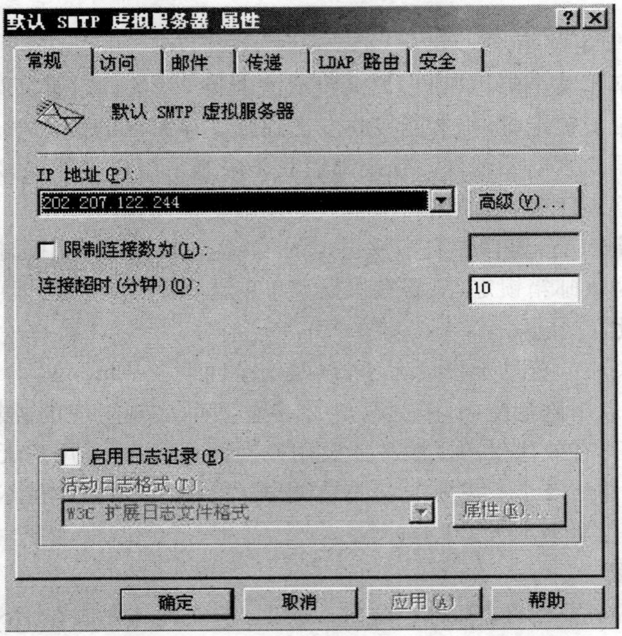

图 2-53 设置 SMTP 虚拟服务器【属性】

这里继续对【kkk. com】域进行设置。在右侧详细窗口内右击【kkk. com】→【属性】,设置其投递目录,通过浏览进行定位,这里将其指向用户邮件保存目录,此例中是【d:\inetpub\mailroot\mailbox】,如图 2-54 所示。

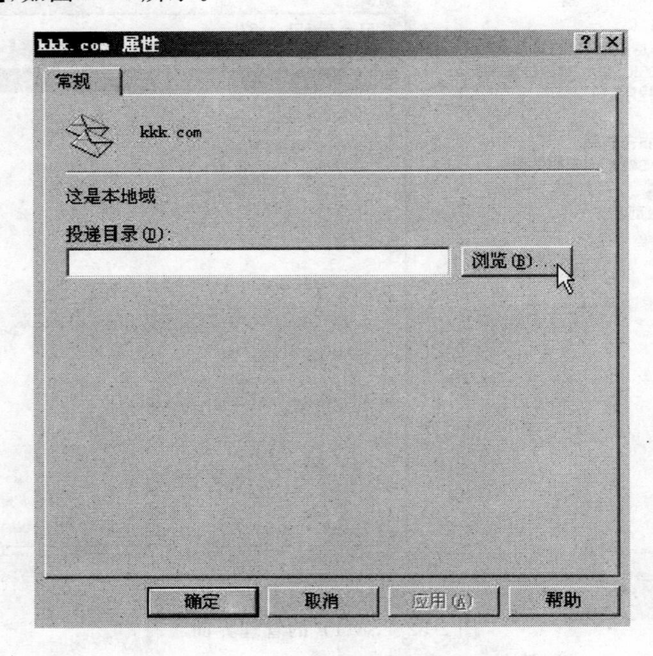

图 2-54 设置【kkk. com】投递目录

2.5.3 邮件客户端的设置

接收和发送电子邮件自然需要邮件客户端。目前，最常用的POP3邮件客户端软件有Outlook Express和Foxmail两种。下面以Foxmail为例讲解其设置方法。

(1) Foxmail程序第1次运行时，会自动启动新建用户、设置向导。注意这里只能使用已经在服务器上存在的用户的账户信息，这里填写在POP3服务器上建立的mailuser的用户信息，如图2-55所示。

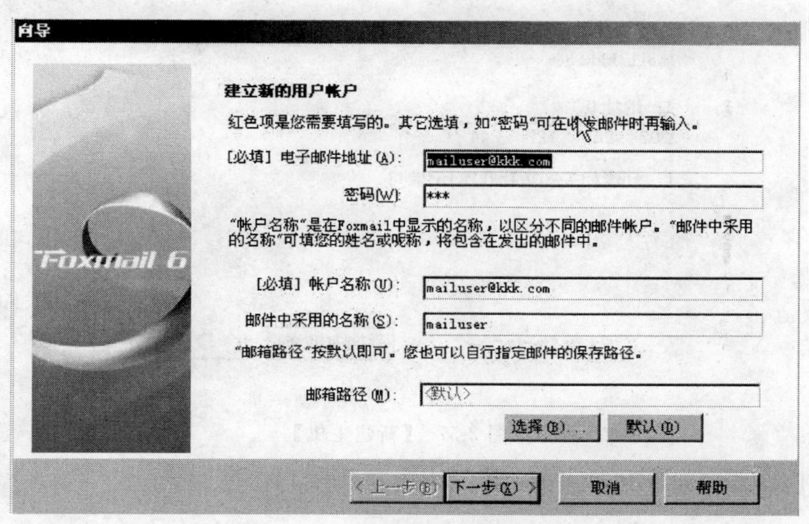

图2-55 填写【用户账号】

(2) 指定邮件服务器，在使用Windows Server 2003搭建邮件服务器时，POP3邮件服务器和SMTP服务器是同一台服务器，因此可使用同一IP地址或域名，如图2-56所示。

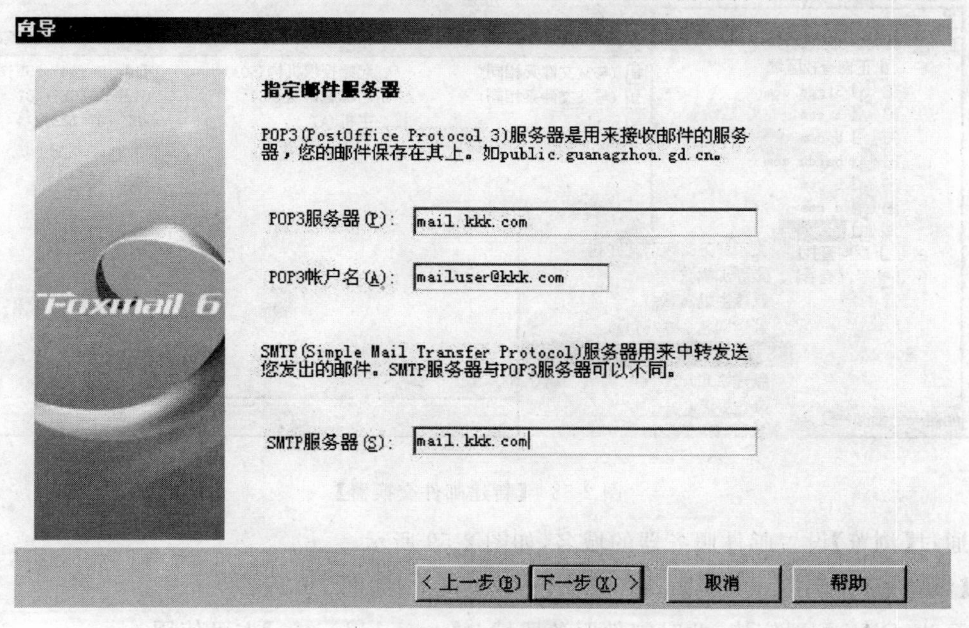

图2-56 【指定邮件服务器】

本例中使用的是域名，这里要对 DNS 进行一下设置。首先在正向域【kkk. com】中添加主机 mail，IP 地址设为邮件服务器地址；接下来为该邮件服务器添加 MX 记录，如图 2-57 所示。

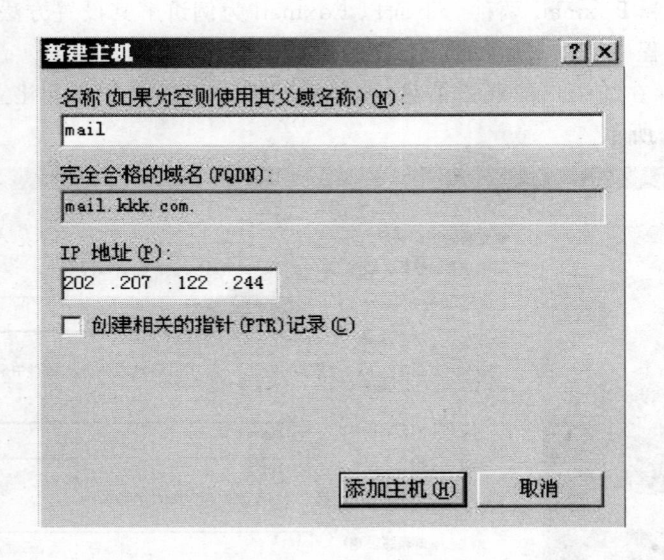

图 2-57 【新建主机】

为邮件服务器新建 MX 记录，如图 2-58 所示。

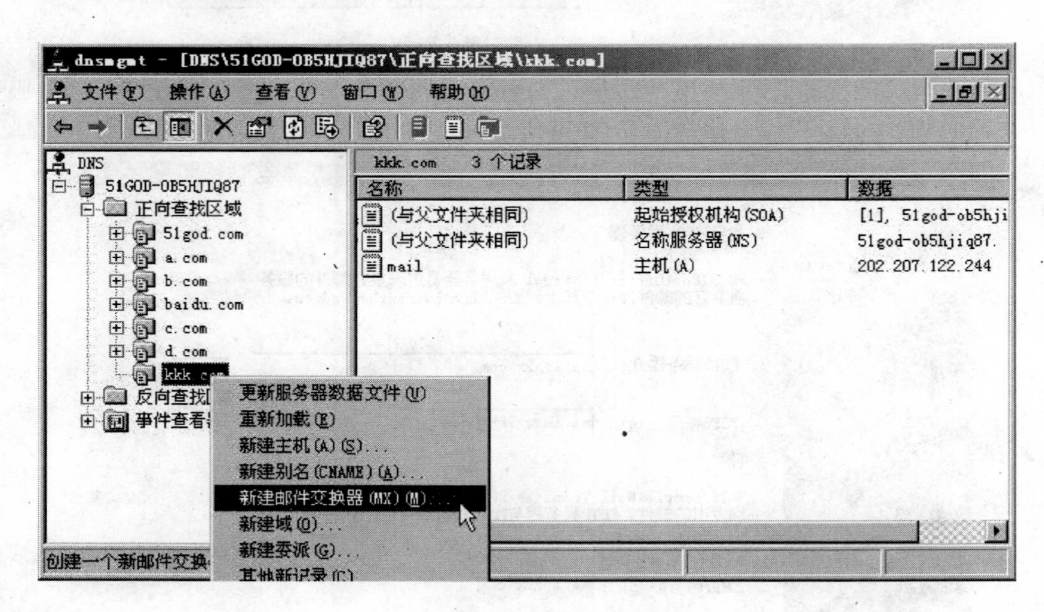

图 2-58 【新建邮件交换器】

通过【浏览】设置邮件服务器的域名，如图 2-59 所示。

【浏览】定位到刚添加的【mail. kkk. com】主机上，如图 2-60 所示。

至此，DNS 配置完毕，此时邮件服务器域名【mail. kkk. com】方可使用。

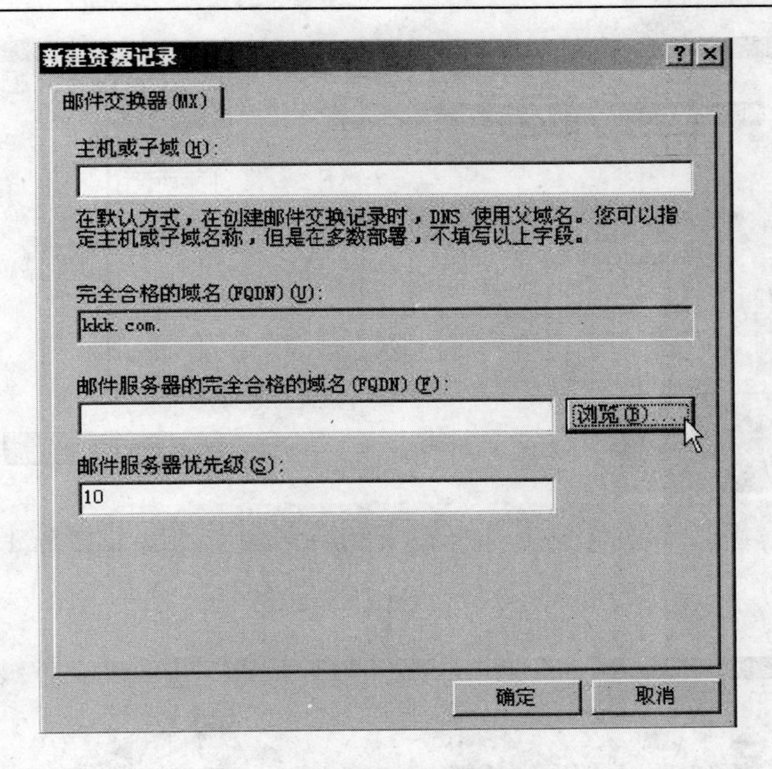

图 2-59　【新建资源记录】

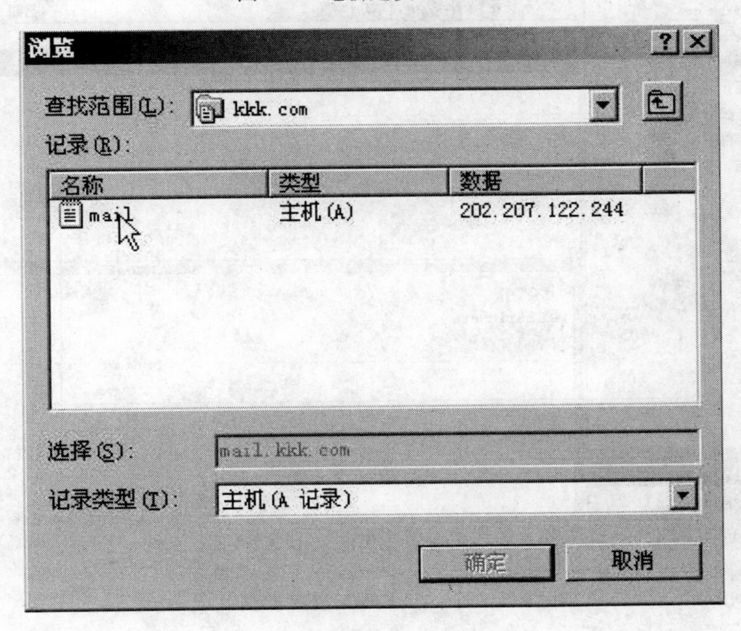

图 2-60　【浏览】主机 A 记录

(3) 单击【下一步】按钮，单击【测试账户设置】按钮，这时会弹出测试结果，测试通过表明配置正确，如图 2-61 所示。

此时再在服务器端添加一个账户就可以实现两个账户间互发邮件，如图 2-62 所示。

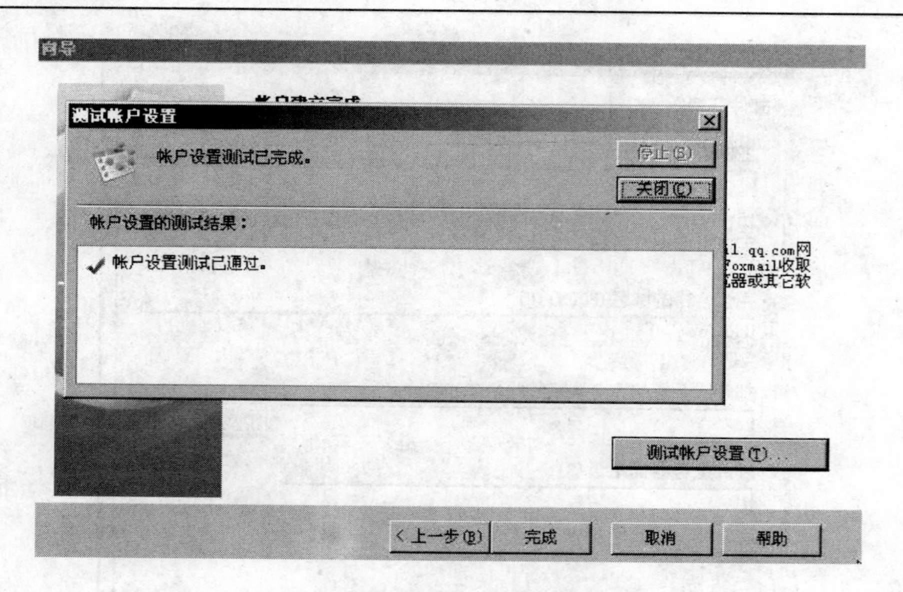

图 2-61 【测试账户设置】

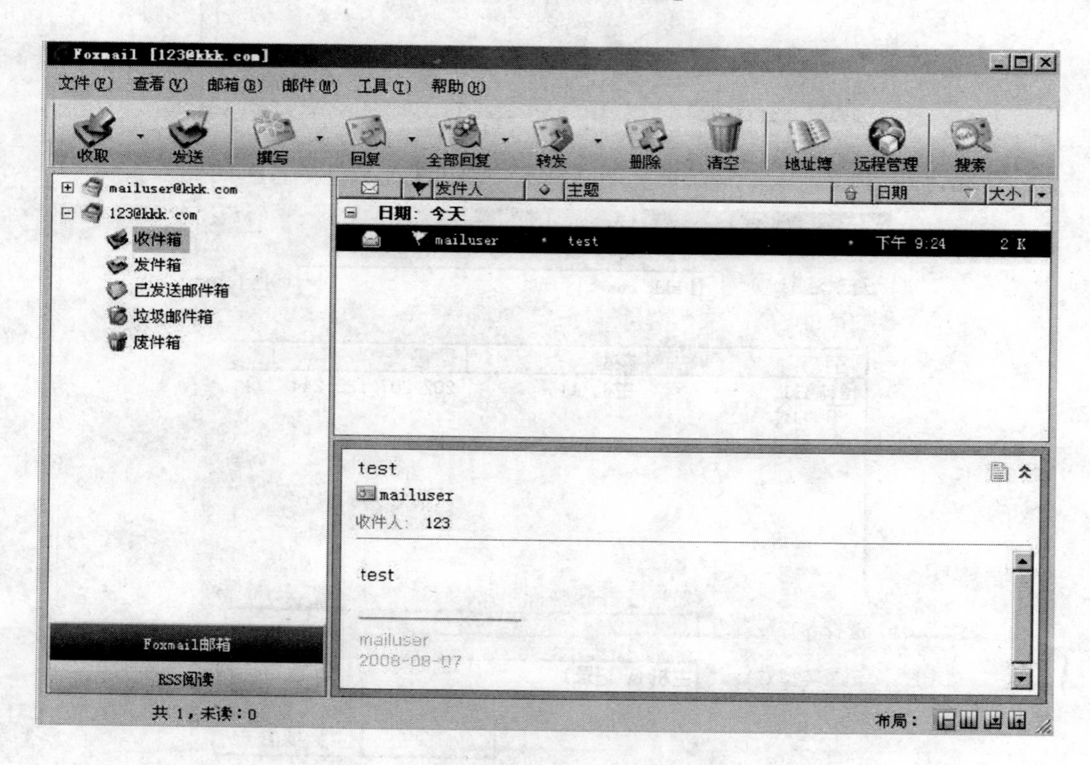

图 2-62 两个账户间互发邮件测试成功

2.5.4 使用第三方软件的配置邮件服务器

应用 Windows Server 2003 自带的邮件服务器组件搭建的邮件服务器在功能和性能上都有一定的局限，更多的网络是采用借助第三方软件的方式搭建更加灵活、更加方便的邮件服务器。这里以 WinWebMail 为例讲解如何通过邮件服务器软件搭建简单的邮件服务器。

1. WinWebMail 简介

WinWebMail 可以支持 SMTP，SSL-SMTP，POP3，SSL-POP3，IMAP4，SSL-IMAP4，WebMail，TLS/SSL，S/MIME，Daytime 等多种服务，以及所有相关的 RFC 协议。同时，WinWebMail还提供邮件防病毒功能，并支持多种杀毒引擎。使用 TLS/SSL 标准安全套接字层通信协议(1 024 位 RSA 加密)，支持包括 SSL SMTP，SSL POP3，SSL IMAP4 安全通信服务，防止网络侦听，使得通信更安全。提供用户级虚拟邮箱功能，让用户的每一个私人文件夹都成为可以接收邮件的虚拟邮箱，并为每一个虚拟邮箱提供独立的自动转发以及自动回复功能。同时 WinWebMail 还提供了网络硬盘功能、投票功能，这些功能本书中不作介绍。

值得一提的是，WinWebMail 提供了较好的 Web 支持，用户可以直接通过 IE 浏览器收、发电子邮件。同时支持 Web 远程管理服务，无须登录服务器，使用 IE 浏览器就可以实现对邮件系统的日常管理。提供完整的 WebMail 开发 COM 接口，包括多种对象、方法及属性，以支持高级用户针对 WinWebMail 系统进行的相关 ASP 程序二次开发。

2. WinWebMail 的安装与启动

WinWebMail 需要工作在安装有 IIS 5.0 或者 IIS 6.0 的 Windows 操作系统上。安装 WinWebMail 的第 1 步和安装其他 Windows 程序一样，只要双击安装程序就可以在安装向导下完成基本的安装。按照安装向导的提示，单击【Next】按钮，下一界面是要求用户指定安装路径，如图 2-63 所示。

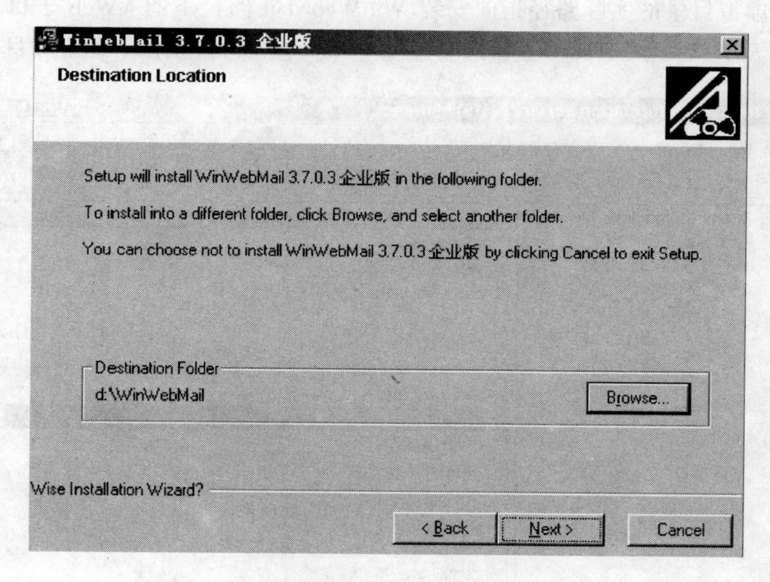

图 2-63　指定安装路径

安装路径强烈建议不要将邮件服务器的程序和数据安装在系统盘。以免在系统出现问题时丢失用户数据。按照向导安装时如果出现如图 2-64 所示的提示界面则说明完成安装。

接下来进入 WinWebMail 在 IIS 下的设置环节。

3. WinWebMail 的 IIS 设置

以 IIS 6.0 中设置 WinWebMail 为例。

(1) 首先打开【Internet 服务管理器】，并在【Web 服务扩展】下启用【Active Server Pages】。

(2) 然后在【默认 Web 站点】下新建一个名为【WinWebMail】的虚拟目录。

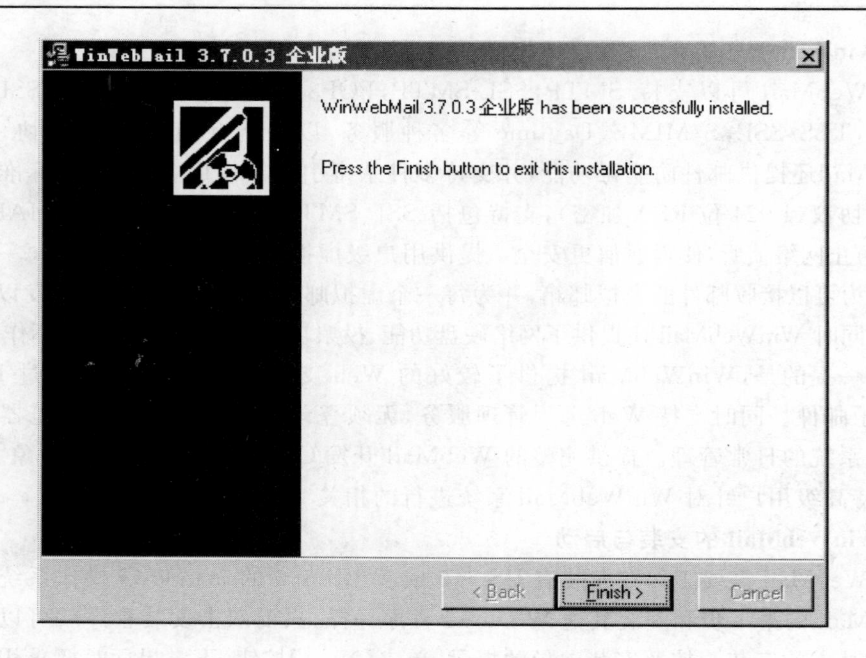

图 2-64 完成安装

(3) 将该虚拟目录的实际路径指向安装 WinWebMail 路径下的 \Web 子目录。将可以在右边的文件列表中见到如图 2-65 所示的文件(global.asp 文件必须位于此虚拟目录下)。

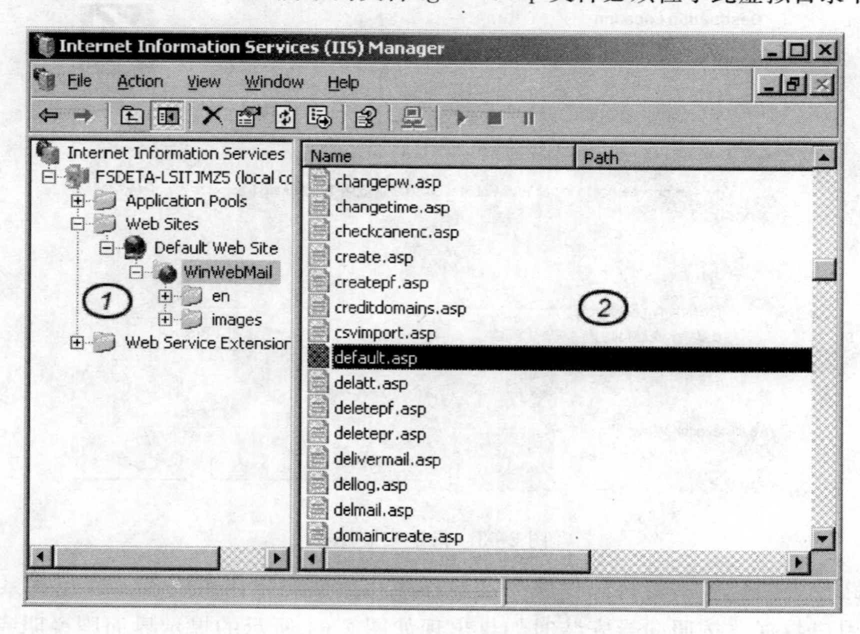

图 2-65 IIS 6.0 中设置 WinWebMail

(4) 打开 IE 浏览器,然后在地址栏中输入 http://localhost/WinWebMail/,即可以登录 WebMail(注意:localhost 部分也可以使用服务器的 IP 地址或者是有效域名)。

(5) 权限设置。在默认情况下 WinWebMail 被安装在 C:\WinWebMail 目录下,本例中 WinWebMail 被安装在 D:\WinWebMail 目录下。权限设置完成后,需要重启一下 IIS 以使设置生效。权限设置表如表 2-1 所示。

表 2-1　权限设置表

文件夹	用户	权限
D:\WinWebMail（及其所有子目录）	Everyone 或 Internet 来宾账号（IUSR_＊）	完全控制
	Administrators	完全控制
	System	完全控制
D:\ 根目录	Everyone 或 Internet 来宾账号（IUSR_＊）	读取及运行
	Administrators	完全控制
	System	完全控制

当试图在一台服务器的 IIS 中创建一个以上的 WebMail 虚拟目录（或站点）时，必须确保只有一个 global. asp 文件被运行。

4. 设置 DNS 根服务器

WinWebMail 可以添加互联网的 DNS 根服务器，也可以直接添加其他一些高性能的 DNS 服务器 IP 地址，如图 2-66 中圈 1 和圈 2 所示。

(1) 是否使用操作系统 TCP/IP 中的设置进行相应的域名查询。

(2) DNS 根服务器地址列表。除根服务器外，建议填写 IP 地址为好，如 m. gtld-servers. net，b. gtld-servers. net，j. gtld-servers. net，205. 252. 144. 228，a. gtld-servers. net。

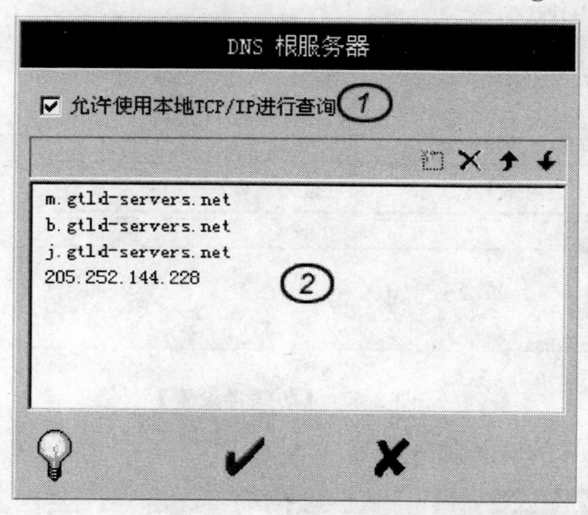

图 2-66　设置【DNS 根服务器】

注意：system. mail 域是系统保留域名，此域名不可删除，尽管可以不在该域中放置任何用户。也可以用管理员身份通过浏览器登录 WebMail 系统，然后在【系统设置】的【域名控制】中将此域名隐藏起来。

5. 邮件服务器的杀毒设置

这里以 McAfee 防毒软件为例讲解如何为 WinWebMail 进行杀毒设置。安装 McAfee 防毒软件并升级病毒库到最新版本后，请按下列步骤进行设置，否则会引起 WinWebMail 查毒功能失效。

设置步骤（以 McAfee NetShield 4.5 为例）。

(1) 设置 WinWebMail 的杀毒产品名称为【McAfee VirusScan for Win32】，并指定有效

的执行程序路径。请将执行程序路径指向系统盘符 C:\Program Files\Common Files\Network Associates\ 目录或其子目录下的 SCAN. EXE 文件,如图 2-67 所示。

注意:必须使用默认的执行程序文件名。使用 McAfee 时就必须指向 SCAN. EXE 文件,而不能使用其他文件(如 SCAN32. EXE)。否则,不但无法查毒,并且会影响邮件系统的正常工作。SCAN. EXE 文件并不在 McAfee 安装目录下。

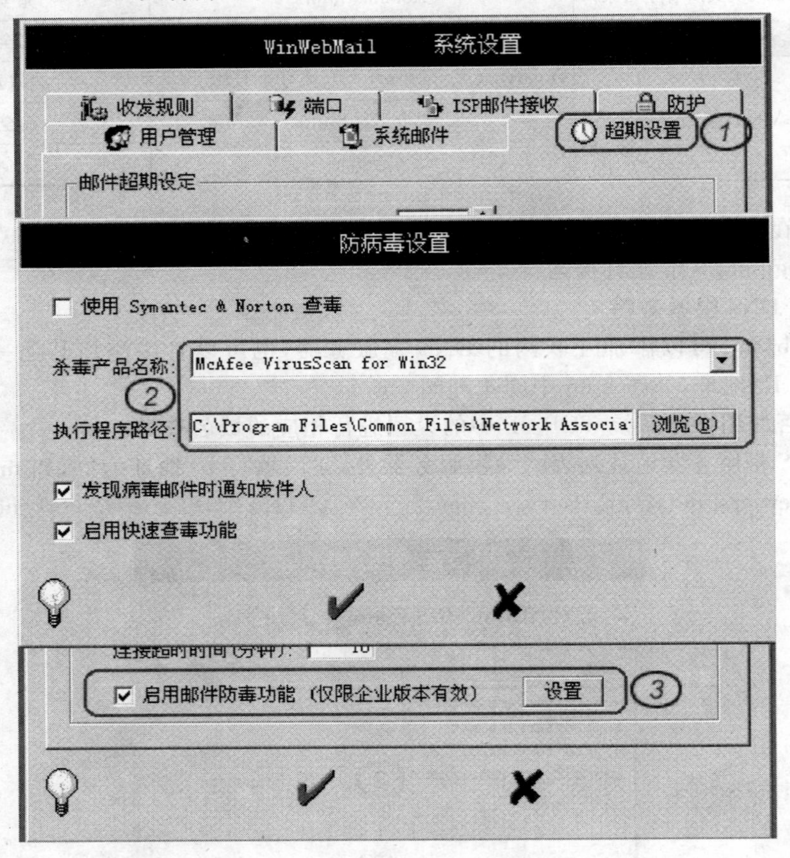

图 2-67 【防病毒设置】

(2) 禁用 VirusScan 的电子邮件扫描功能,如图 2-68 所示。

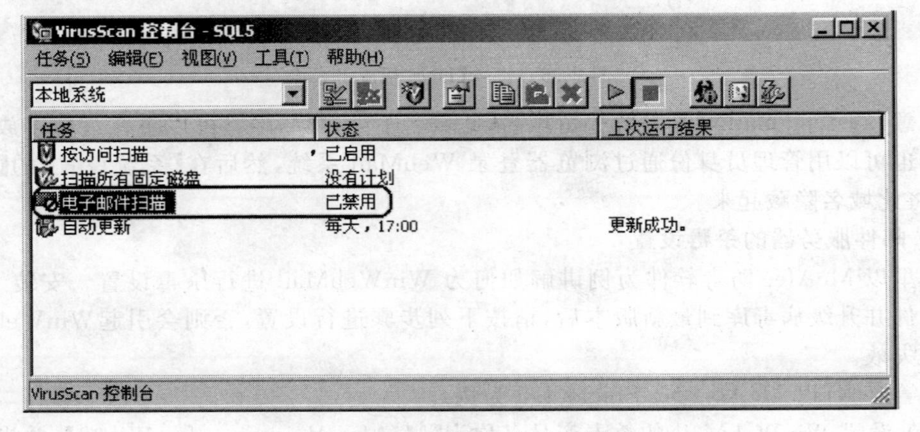

图 2-68 禁用【电子邮件扫描】

(3) 在 VirusScan 扫描属性下【所有进程】→【检测】中的【排除磁盘、文件和文件夹】内，单击【排除】按钮，在其【设置排除】中添加一个排除设置，将安装 WinWebMail 的目录以及所有子目录都设为排除，如图 2-69 所示。必须要设置排除，否则有可能出现邮件计数错误，从而造成邮箱满的假象。

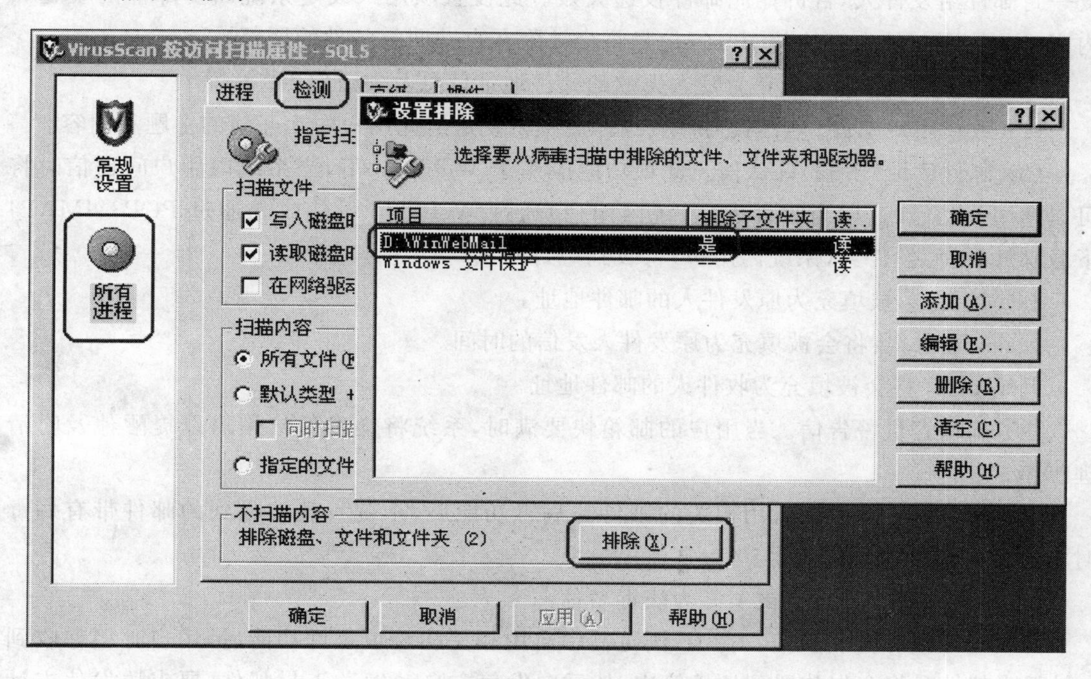

图 2-69　【设置排除】

(4) 如果安装的 McAfee 控制台中有【访问保护】项时，必须在其规则中不要选中【禁止大量发送邮件的蠕虫病毒发送邮件】项，如图 2-70 所示。否则会引起【Service Unavailable】错误。

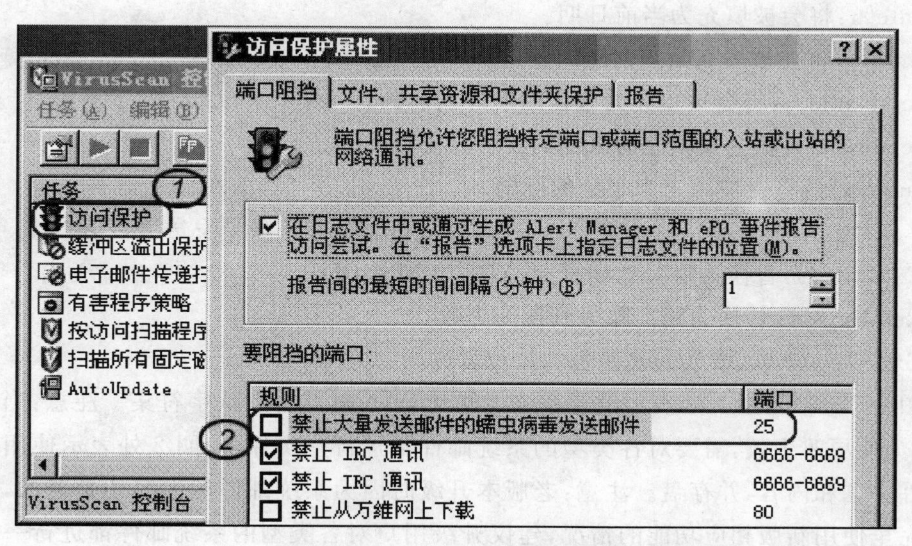

图 2-70　【访问保护属性】设置

6. 系统邮件

设置各类系统邮件的主题和内容。

(1) 邮件发送失败后的回复信。当邮件发送失败时(比如超期发送),系统将会自动回复一封邮件给发件人,告诉他此邮件投递失败。此设置项用来设定系统回复邮件的主题和内容(注意:原邮件内容的前 100 行信息将会被附在自动回复邮件的尾部)。

%errmail%:将会被填充为发送失败的邮件地址信息及失败原因。

(2) 致新用户邮件。当创建新用户后,设置将发送给此用户的欢迎信的主题和内容。

(3) 邮件读取(下载)确认信。此项功能应用于 WebMail 下,当系统内用户间通信时将可以选用此功能,这样当收件人(系统内用户)通过 WebMail 看信或是通过 POP3、IMAP4 下载邮件时,原发件人(系统内用户)将收到一封回执。

%to%:将会被填充为原发件人的邮件地址。

%sendtime%:将会被填充为原发件人发信的时间。

%from%:将会被填充为收件人的邮件地址。

(4) 邮箱容量警告信。当用户的邮箱快要满时,系统将会发信给用户以提醒他及时清理邮箱。

(5) 病毒警告信。在启用相关的邮件防病毒功能后,系统发现接收到的邮件带有病毒时将自动回复发信方的内容。

%VirusName%:将会被填充为病毒名称。

(6) 非垃圾邮件确认信。在 IE 浏览器中启用相关防垃圾邮件功能后,用户邮箱在收到 1 封不明邮件时将会先放置到垃圾箱中,然后向发信方自动发送 1 封邮件,要求原发信方计算 1 道随机生成的数学加法题目后,将答案填写到主题中并回复。当系统接收到正确的答案后才会将原邮件转到用户的收件箱中。

%question%:将会被填充为需要回答的问题内容(重要)。

%date%:将会被填充为当前日期。

%time%:将会被填充为当前时间。

%sendname%:将会被填充为来信的发件人名称。

%sendmail%:将会被填充为来信的发件人邮件地址。

%subject%:将会被填充为来信的标题。

(7) 账号到期警告信。此功能可以在账号将过期前,向该账号发送警告信。

%ExpDate%:替换为账号到期日期(YYYY-MM-DD)。

%RemDays%:替换为距离账号到期的天数。

%ExpAccount%:替换为被警告的账号名称。

如图 2-71 所示,圈 1 处表示设置系统邮件及 Web 邮件的默认字符集。注意:当更改字符集后,为使更改生效,需要对各类型的系统邮件都进行一次保存;圈 2 处表示使用默认的系统邮件主题和内容,并存盘。注意:老版本升级时因为系统邮件的内容还是老的,将会造成无法完全使用新版相应功能的情况,建议升级用户对各类型的系统邮件都进行一次默认设置的保存。

注意事项：系统邮件的发件人默认为 admin，也可以在邮件超期设定中进行设置。

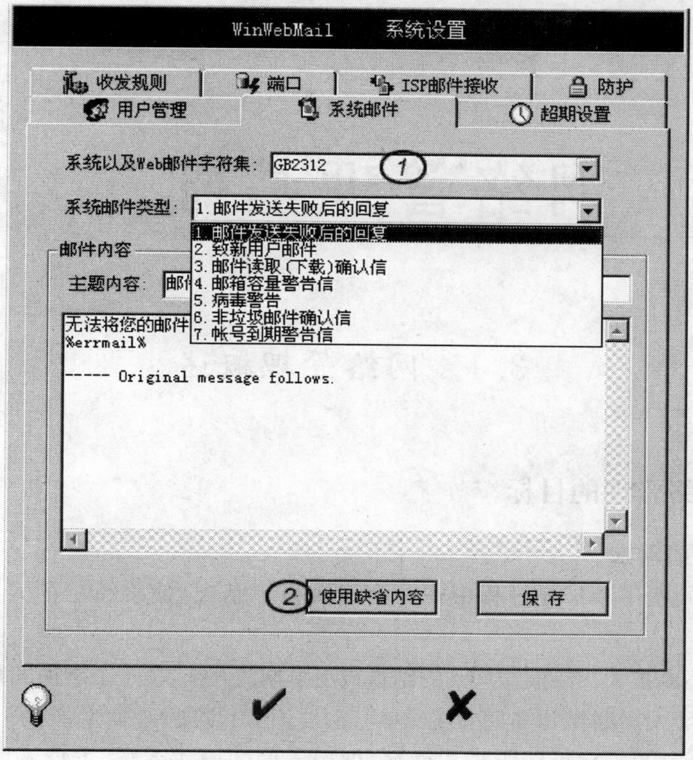

图 2-71　【系统设置】

7. 使用 Web 方式登录邮件服务器

在 IE 浏览器地址栏中直接输入邮件服务器的网址或 IP 地址，就可以实现访问，如图 2-72 所示。

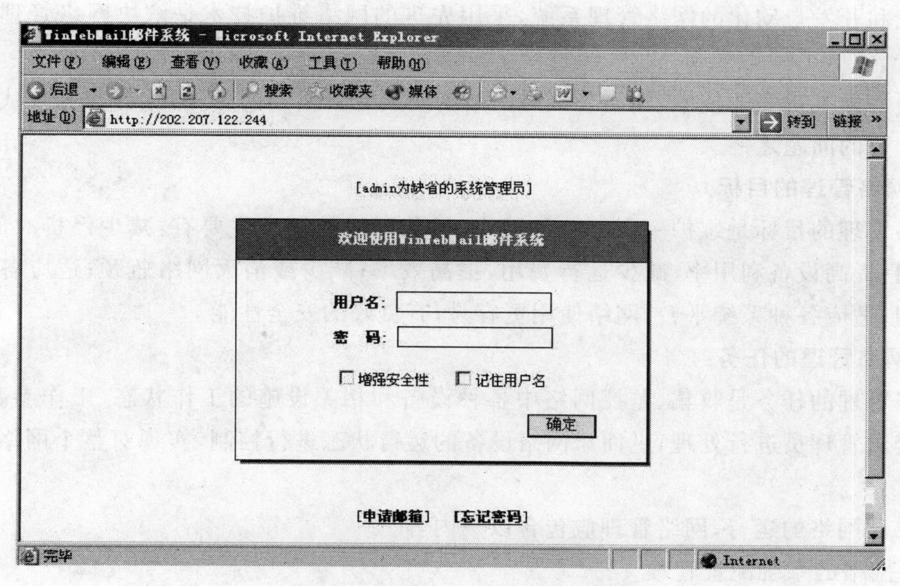

图 2-72　Web 方式访问邮件服务器

第3章 网络管理基础

3.1 网络管理概述

3.1.1 网络管理的目标

1. 网络管理的需求

网络在不断的使用和扩充过程中往往会出现以下情况，使得简单的人工网络检测和管理变得很困难。

网络的规模不断扩大。一般局域网的结点数由早期的几个、几十个增加到几百个、几千个。

网络复杂性增大。联网设备可能是不同的厂家在不同的时期生产的，具有不同的性能和管理标准；网络中的子网可能为异构网络，使用不同的操作系统，支持不同的传输协议，如IPv4，IPv6，IPX，X. 25，无线网络协议等。

网络应用的多样化。除传统的文件传输、资料共享、WWW、电子函件等服务外，电子商务、VOD、IP语言技术等新应用都对网络管理提出了特殊的要求。

研究和开发自动化的网络管理系统，采用先进的网络维护技术是解决网络管理问题的根本方法。

作为一种很重要的技术，网络管理对网络的发展有着很大的影响，并已成为现代信息网络中最重要的问题之一。

2. 网络管理的目标

网络管理的目标是维护一个健壮的网络，健壮网络的标准主要有：减少停机时间，改进响应时间，提高设备利用率；减少运行费用，提高效率；减少或消灭网络瓶颈；适应各种新技术的应用；适应各种系统平台；网络使用更容易；有良好的安全性能。

3. 网络管理的任务

网络管理的任务是收集、监控网络中各种设备和相关设施的工作状态、工作参数，并将结果提交给管理员进行处理，进而对网络设备的运行状态进行控制，实现对整个网络的有效管理。

要保证网络的运行，网络管理应包含以下内容。

(1) 网络的系统配置管理

它包括网络拓扑结构的自动识别、显示和管理，网络上各个结点的地址分配、使用策略等配置，软件系统的运行与维护。

（2）系统故障管理

它包括网络故障的诊断、显示和通告。能够及时发现故障，准确确定故障的位置和产生原因并通知相关人员作出处理。

（3）系统用户管理

它包括用户的身份验证、权限管理、计费以及非法用户的拒绝等。

（4）流量控制和负载平衡

它包括流量检测、流量统计、流量限制等。网络中传输的数据量超过网络容量时，会引起网络性能降低，甚至网络瘫痪，流量控制能够依据网络使用状态以及用户状态合理进行流量限制，达到负载平衡。如许多学校在白天上班时间，为保证网络办公的正常运行，把学生计算机的流量限制在 100 kbit/s 以下，防止大量的下载造成网络堵塞。

（5）网络的安全管理

它包括系统软件、硬件和运行的安全策略、安全防范、安全日志等。如防止有害信息的传播、保证网络设备正常工作、网络资源的保护等，都是网络安全要解决的问题。

（6）网络管理员的管理和培训

网络管理员主要工作职责是进行系统的日常维护和配置，在系统出现故障时能及时排除，保证网络系统的正常运行。网络管理员分为专职管理员和兼职管理员，专职管理员需要对网络系统有丰富的专业知识和实际操作能力，兼职管理员要对自己管理的网络非常熟悉并具有排除各种常见故障的能力。通过规范的管理和充分的培训可以使网络管理员良好地履行职责。

4. 网络管理的对象

网络管理的对象是网络中需要进行管理的所有硬件资源和软件资源。硬件资源包括：传输介质，如光缆、双绞线、同轴电缆等；联络设备，如网卡、集线器、集中器、协议适配器、交换机等；计算机设备，如计算机、打印机、存储设备等；网络互连设备，如路由器、网关、网桥等。软件资源包括：操作系统软件，如 Windows、UINX、Netware 等，还有数据库软件、文件服务器软件等；通信软件包括实现通信协议的软件和实现网络互连的软件；各种应用软件。

3.1.2　网络管理系统

1. 网络管理系统的层次结构

网络管理系统是如图 3-1 所示的层次结构。最下层是硬件和操作系统，操作系统可以是一般的单机系统，如 DOS，UNIX，Windows 等；也可以是专门的网络操作系统，如 Windows Server 2003，Netware 等。操作系统支持网络管理的协议族，如 TCP/IP，OSI 等通信协议，SNMP，CMIP 等网络管理协议。

协议上面是网络管理软件，这是各种网络管理应用工作的基础结构。各种网络管理软件的共同特点是：

（1）管理功能分为管理站（Manager）和代理（Agent）两部分；

（2）为存储管理信息提供数据支持，如关系数据库或面向对象的数据库；

（3）提供用户接口和用户视图，如 GUI 和管理信息浏览器；

(4) 提供管理操作,如获取管理信息、配置设备参数等操作过程。

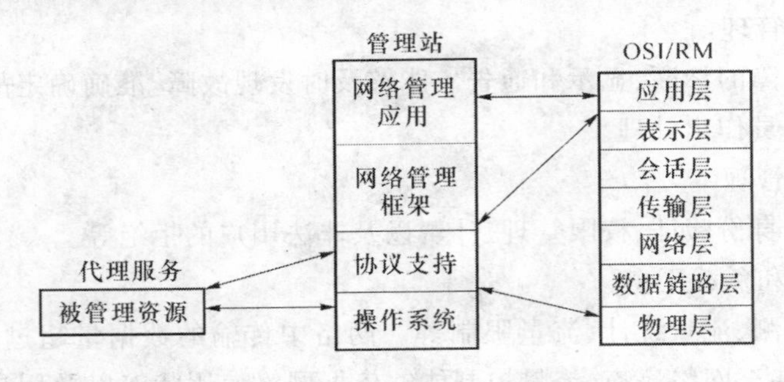

图 3-1 网络管理系统的层次结构

网络管理应用是根据需要而开发的软件,这种软件运行在具体的网络上实现特定的管理目标,例如,故障诊断和性能优化,或者业务管理和安全控制等。网络管理应用的开发是目前最有活力、最具增长性的市场。

图 3-1 把被管理资源放在单独的框中,表明被管理资源可能与管理站处于不同的系统中。有关资源的管理信息由代理进程控制,代理进程通过网络管理协议与管理站对话。网络资源也可能受到分布式操作系统的控制。

2. 网络管理系统的逻辑模型

在网络的运营管理中,网络管理系统的主要任务是收集网络中各种设备或设施的工作参数、工作状态信息,显示给网络管理人员并接受管理人员对它们的控制,对工作参数进行修改等操作。

为了实现上述目标,一个最简单的网络管理系统逻辑模型如图 3-2 所示。

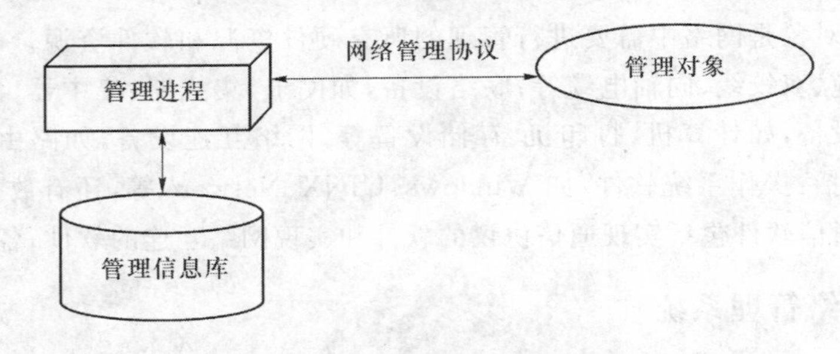

图 3-2 网络管理系统逻辑模型

从图 3-2 中可以看出,一个网络管理系统从逻辑上可以认为是由管理对象、管理进程和管理协议 3 个部分组成的。

管理对象是经过抽象的网络元素,对应于网络中具体可以操作的数据,如记录设备或工作状态的状态变量、设备内部的工作参数、设备内部用来表示性能的统计参数等。

管理进程是负责对网络中的设备和设施进行全面管理和控制的软件,管理和控制的数据取决于各管理对象所处的状态,比如调整工作参数和控制工作状态的打开或关闭等。

管理信息库(MIB)可以认为是管理进程的一部分,管理信息库用于记录网络中管理对象的信息,如状态类对象的状态代码、参数类管理对象的参数值等,它要与网络设备中的实际状态和参数保持一致,能够真实地、全面地反映网络设备或设施的情况。

网络管理协议则负责在管理系统与管理对象之间传递操作命令,负责解释管理操作命令,实际上,管理协议是保证管理信息库中的数据与具体设备的实际状态、参数保持一致的根本保证。

3. 网络管理协议

网络管理协议为网络的管理者和被管理者之间进行通信提供统一的语法和规则。

国际上有不少组织为网络管理定义了网络管理协议,其中SNMP(简单网络管理协议)是目前普遍采用的。SNMP是Internet委员会(IAB)委托IETF制定的基于TCP/IP的网络管理协议,一出台便因为它的简单和易于实现而立刻受到各生产厂家的欢迎和认同。HP的Openiew、SUN的SUN NetManager和IBM的NetView 6000都是基于SNMP的产品,国内也出现了许多基于SNMP的网络管理产品。

由于SNMP过于简单,造成系统不够安全和管理上的不完善。所以,IETF对SNMP又进行了修改和补充,这就是SNMP v2。SMMP v2组合了RMON,使得SNMP在安全和性能方面都有了提高。

SNMP规定了网络管理工作站与被管理设备之间进行通信时的语法和规则。支持SNMP的设备将可被管理的信息以管理信息库MIB的形式组织起来。MIB是一个虚拟的信息库,实际并不存在,只是以一种树形的结构来组织信息的形式。不同设备具有不同的MIB,比如Cisco路由器有Cisco自己的Cisco MIB,SUN工作站也有自己的MIB。因此,不同公司的网络管理系统一般不能很好管理其他公司的设备。

3.2 ISO网络管理标准

3.2.1 网络管理标准简介

网络建设过程中,旧的网络设备和新的网络设备的配合、不同厂家的设备的混合使用、不同网络之间的互联互通,需要网络管理能提供全面的、适合各种情况的接口,这些接口增加了网络管理的复杂性,而且开发和维护这些接口系统也需要巨大的费用。因此,网络管理者就需要一种能提供一致的和综合的网络管理手段,管理不同厂商的计算机、软件和网络系统,保证能通过信息的交换和协调管理的执行活动实现开放系统之间的相互操作,并达到如下目标:

(1) 减少和不同系统之间进行对接的费用;

(2) 管理信息交换,保持一致性;

(3) 对网络性能、计费、配置、安全和故障等方面有标准的定义;

(4) 具有公共的标准协议和服务;

(5) 允许增加新的增值服务。

网络管理涉及局部系统中的接口包括操作人员和网络管理系统之间的界面以及网络管理系统和应用进程之间的界面,这些界面都不一定要具备一致性。

系统与系统之间管理信息的交换,所使用的管理界面需要标准化,并且标准中必须规定两个方面的内容:端系统的活动用于管理对象及其相关操作;系统之间的开放通信。一般通过开放系统互联(OSI)标准实现。

国际标准化组织(ISO)对网络管理的标准化工作开始于1979年,国际电报电话咨询委员会(CCITT)也参与了此项工作。目前已产生了许多网络管理的国际标准,国际标准只规定系统的功能及相互之间的接口,而不限制系统内部的实现方法。

20世纪80年代末,随着对网络管理系统的迫切需求和网络管理技术的日臻成熟,国际标准化组织开始制定关于网络管理的国际标准,并在1989年颁布了ISO DIS7498-4(X.700)文件,定义了网络管理的基本概念和总体框架;后来在1991年发布的两个文件中规定了网络管理提供的服务和网络管理协议,即ISO 9595公共管理信息服务定义(Common Management Information Service,CMIS)和ISO 9596公共管理信息协议定义(Common Management Information Protocol,CMIP)。在1992年公布的ISO 10164文件中规定了系统管理功能(System Management Function,SMF),而ISO 10165文件则定义了管理信息结构(Structure of Management Information,SMI),这些文件共同组成了ISO的网络管理标准。这是一个非常复杂的协议系统,因为太复杂了,目前有关ISO管理的实现进展缓慢,还没有适用的网络管理产品。

另一方面,虽着Internet的迅速发展,有关TCP/IP网络管理的研究活动十分活跃,相关的网络管理标准也被广泛应用。

TCP/IP网络管理最初使用的是1987年11月提出的简单网关监控协议(Simple Gateway Monitoring Prorocol,SGMP),在此基础上改进成简单网络管理协议(Simple Network Management Protocol,SNMPv1),陆续公布在1990年和1991年的几个RFC文件中,即RFC 1155(SMI),RFC 1157(SNMP),RFC 1212 (MIB定义),RFC 1213 (MIB-2规范)。

SNMP一出台便因为它的简单和易于实现而立刻受到各生产厂家的欢迎和认同。国内外出现了许多基于SNMP的网络管理产品。由于SNMPv1过于简单,造成系统不够安全和管理上的不完善。几年后产生了SNMPv2(RFC 1902～1908,1996),SMMPv2组合了RMON,使得SNMP在安全和性能方面都有了提高。远程网络监视(Remote MONitoring,RMON)是用于监视局域网通信的标准,先后有1991年发布的RMON-1和1995年发布的RMON-2。这一组标准定义了监视网络通信的管理信息库是SNMP管理信息库的扩充,有SNMP配合可以提供更有效的管理性能。

SNMP的设备将可被管理的信息以管理信息库的形式组织起来。MIB是一个虚拟的信息库,实际并不存在,只是以一种树状的结构来阻止信息的形式。不同设备具有不同的MIB。因此,不同公司的网络管理系统一般不能很好地管理其他公司的设备。

另外,IEEE定义了局域网的管理标准,即IEEE 802.1b LAN/MAN管理标准,这个标准用于管理物理层和数据链路层的OSI设备,因而叫做CMOL (CMIP Over LLC)。为了适应电信网络管理的需要,ITU-T在1989年定义了电信网络管理标准(Telecommunications Management Network,TMN),即M.30建议蓝皮书。

3.2.2 OSI管理的功能域

在OSI管理标准中,将开放系统的管理功能划分为5个功能域:配置管理、性能管理、故障管理、安全管理和记账管理。其他一些管理功能，如网络规划、网络操作人员的管理等都不在这5个功能域中。

1. 配置管理

一个计算机网络系统是由多种多样的设备连接而成的，这些设备组成了网络的各种物理结构和逻辑结构，这些结构中的设备有许多参数、状态和名字等至关重要的信息。另外，上述网络设备及其互联和互操作的信息可能是经常变化的，比如用户对网络的需求发生了变化、网络规模扩大、设备更新等。这些管理需要一个全网的设备配置管理系统，统一、科学地管理上述信息。

配置管理系统的主要功能有：

(1) 视图管理。视图管理使用图形界面直观地向用户显示网络的配置情况。在视图中，可以显示各种网络元素和网络拓扑结构，可以显示和修改设备的参数，可以通过界面启动和关闭网络中的设备。视图的图形有导航和放大功能，还有多窗口显示和帮助功能。视图的方式可以根据所采用的操作系统而有所不同。

(2) 拓扑管理。拓扑管理的目的是实时监视网络通信资源的工作状态和互联模式，并且能够控制和修改通信资源的工作状态，改变它们之间的关系。

拓扑管理要动态地监视网络设备和通信链路的状态、工作站故障、链路失效或其他网络通信问题都要及时表现在屏幕上的视图中。如果网络有默认的配置，则要同时显示默认配置和运行现状，结合故障管理和性能管理，给出几种可能的原因，提示用户或自动采取必要的管理措施。

实现有效的拓扑管理需要拓扑自动发现工具和拓扑数据库的支持。在OSI环境中可以通过管理对象自动向管理站提交事件报告实现自动发现，TCP/IP中的ICMP探测报文也可以实现自动发现。拓扑数据库可以和其他管理共用一个统一的数据库，也可以使用关系型数据库或OSI的X.500目录服务。

(3) 软件管理。软件管理是制定为用户分发和安装软件的规则，订制用户专用的软件配置方法。大量连接到服务器上的用户都有不同的软件需求，需要在软件管理中考虑许可证管理、版本管理、用户访问权限管理、收费标准管理和软件使用情况统计等。

(4) 网络规划和资源管理。网络规划要考虑3个要素：①网络资源的业务供给能力；②技术成本；③管理开销和运营费用。由于网络资源的使用周期很长，软、硬件生命周期的成本优化和预期的业务需求也是需要考虑的因素。

资源管理包括计算资源和通信资源的管理，这种管理和拓扑管理结合起来为用户提供有效的资源供给。

2. 性能管理

早期的网络管理系统中，性能管理主要由性能告警的监测和发现性能故障时对网络重新配置两部分组成，而且性能故障是通过用户抱怨才发现的。随着网络规模的不断扩大，管理系统的日益复杂，以及用户对服务质量的要求越来越高，对网络中的性能管理也提出了更高的要求。

在网络运行过程中，性能管理的一个很重要的工作就是对网络硬件、软件及介质的性能测量。网络中所有部件都有可能成为网络通信的瓶颈，管理人员必须及时知道并确定当前网络中哪些部件的性能正在下降或已经下降、哪些部分过载、哪些部分负荷不满等，以便作出及时调整。这需要性能管理系统能够收集统计数据，对这些数据应用一定的算法进行分析以获得对性能参数的定量评价，主要包括整体的吞吐量、使用率、误码率、时延、拥塞、平均无故障时间等。利用这些性能数据，管理人员就可以分析网络瓶颈、调整网络宽带等，从而达到提高网络整体性能的目的。

网络性能管理的主要功能有：

(1) 数据收集。采集被管理资源的运行参数并存储在数据库中。数据库可以放在代理中，也可以放在管理站中。

(2) 工作负载监视。监视某些管理对象的属性或在一段时间中的行为，包括监视的对象、统计测量的算法和控制报警的极限值。测量值超过极限值时应发出通知。

OSI 提供了 3 种监视模式：

资源利用率模式：如服务器的利用率，也可以测量一段时间的平均利用率；

拒绝服务率模式：当系统资源耗尽时会出现拒绝服务的情况，这种模式统计一段时间中拒绝服务的次数，如服务器拒绝链接请求的次数；

资源请求速率模式：一段时间内请求服务的次数，如向数据库服务器请求链接的次数。

(3) 摘要。对收集的数据进行分析和计算，从中提取与系统性能有关的管理信息，以便发现问题，报告管理站。

性能管理处理的数据量非常大，通常把数据处理安排在网络不忙的时间，如夜间或假期，防止影响网络的正常运行。

3. 故障管理

故障管理是基本的网络管理功能。它在网络运行出现异常时负责检测网络中的各种故障，主要包括网络结点和通信线路两种故障。在大型网络系统中，出现故障时往往不能确定具体故障所在的具体的位置。有时出现的故障是随机性的，需要经过很长时间的跟踪和分析，才能找到其产生的原因。这就需要有一个故障管理系统，科学地管理网络所发现的所有故障，具体记录每一个故障的产生、跟踪分析，以致最后确定并改正故障的全过程。因此，发现问题、隔离问题、解决问题是故障管理系统要解决的问题。

故障管理系统的主要功能有：

(1) 故障警告。管理程序经常测试、记录网络的工作状态，当故障出现时发出警告信号。通过统计和分析形成故障报告，帮助管理人员进行故障定位和故障隔离。

收集故障信息可以由管理主机定期查询管理对象，这种方式要消耗大量的网络带宽；另一种方法是由被管理对象在出现异常事项时主动报告地点、原因、特征等故障信息，形成故障警告，故障警告一般还包括可能采取的对应措施。

(2) 事件报告管理。对管理对象发出的通知进行过滤处理，并加以控制，以决定该通知是否应该发送给管理主机、是否需要转发给其他有关的管理系统、是否需要发送给后备系统及控制发送的频率等。

(3) 运行日志控制。将管理对象发出的通知和事件报告存储在运行日志中，供以后分析使用。运行日志可以存储来自其他系统的事件报告，管理主机可以操作运行日志，如删除、修改属性、增加记录、挂起或恢复日志的活动。

(4) 测试管理。对测试过程进行管理,根据指令完成测试,并把测试结果返回或作为时间报告存储到运行日志中。

(5) 确认和诊断测试的分类。确认和诊断测试分为链接测试、可链接测试、数据完整性测试、端链接测试、协议完整性测试、资源界限测试、资源自测试、基础设施的测试。

故障管理是经常性和复杂的工作,不能对网络性能产生太大的影响,特别适合智能化的网络管理系统应用。

4. 安全管理

网络安全管理是对网络信息访问权限的控制过程。由于网络上存在着大量的敏感数据,网络安全管理可以禁止非授权用户的访问及尝试。

网络安全管理的主要功能有:

(1) 访问控制。对包含敏感信息的管理对象的访问进行控制。访问控制包括限制与管理对象建立联系、限制对管理对象的操作、控制管理信息的传输、防止未经授权的用户初始化管理系统。

(2) 安全警告。对违反安全管理规定的情况及时发出安全警告。管理站将安全事件报告存储到运行日志中,安全事件报告包括事件类型、警告原因、警告严重程度、检测者、服务用户、服务提供者等信息。

(3) 安全审计。与安全有关的事件保留在安全审计记录中,供以后进行分析。与安全有关的事件有建立链接、断开链接、安全机制的使用、管理操作、因使用资源而记账和安全违例等。

5. 记账管理

在网络系统中,计费功能是必不可少的。计费是通过记账管理系统实现的。

对公用网用户,记账管理系统记录每个用户及每组用户对网络资源的使用情况,并核算费用,然后通过一定的渠道收取费用。用户的网络使用费用可以有不同的计算方法,如不同的资源、不同的服务质量、不同的阶段、不同级别的用户都可以有不同的费率。

在大多数专用网(如校园网、企业网)中,内部用户使用网络资源可能并不需要付费。此时,记账管理系统可以使网络管理人员了解网络用户对网络资源的使用情况,以便及时调整资源分配策略,保证每个用户的服务质量,同时也可以禁止或许可某些用户对特定资源的访问。

网络记账管理的主要功能有:

(1) 使用率度量过程。收集用户使用资源的数据,生成标准格式的计费记录。

(2) 计费处理过程。根据计费记录的有关内容和指定的算法计算各个用户应交纳的费用,产生收费业务记录,还包括有关收费情况的细节,以备用户查询。

(3) 账单管理过程。针对各个用户打印有关使用情况的详细账单,一般账单中应列出使用设备的名字、类型、使用时间、单位时间的费用、应交纳的总费用等。

3.3　网络管理平台和网络管理软件

网络管理软件平台提供网络系统的配置、故障、性能、安全及记账方面的基本管理,是支持大量的网络管理、网络设备管理、操作系统管理的软件包。

典型的网络管理软件平台有 IBM NetView,HP OpenView 和 SUN Net Manager,它们在支持本公司网络管理方案的同时,都可以通过 SNMP 对网络设备进行管理。

网络管理支撑软件是运行于网络管理软件平台之上,支持面向特定网络功能、网络设备、操作系统管理的支撑软件系统。每种网络管理支撑软件都有明确的网络管理功能和所支持的网络管理软件平台、操作系统,比如 IBM Network Manager for Aix 加载于 IBM NetView for Aix/1600 之上,负责管理 Toking Ring,FDDI,SNMP Toking Ring 和 SNMP 网桥等多种网络协议环境中的网络物理资源。

近年来,基于 Web 的各种网络应用开始广泛普及,网络管理软件也开始出现了许多基于 Web 的产品,SUN 公司提供了一组 Java 编程接口 JMAPI,供用户开发基于 Web 浏览器的网络管理应用。

随着我国网络技术发展和研究水平的提高,我国的许多公司也开发了许多适合中国人使用习惯、全中文的网络管理软件平台,如华为、实达等公司的产品都得到了广泛的应用。国产网络管理软件中以北京游龙网网络科技有限公司生产的 SiteView 最具代表性,对于此网络管理软件的使用,本书后面的内容中会有介绍。

第2篇

网站安全

所谓网络安全就是指网络上的信息安全，是指网络环境的硬件、软件及其系统中的数据受到保护，不受偶然的或者恶意的原因而遭到破坏、更改、泄露，系统连续、可靠、正常的不中断运行网络服务。广义来说，凡是涉及网络上信息的保密性、完整性、可用性、真实性和可控性的相关技术和理论都是网络安全所要研究的领域。网络安全涉及的内容既有技术方面的问题，也有管理方面的问题，两方面相互补充，缺一不可。技术方面主要侧重于防范外部非法用户的攻击，管理方面则侧重于内部人为因素的管理。如何更有效地保护重要的信息数据、提高计算机网络系统的安全性已经成为所有计算机网络应用必须考虑和必须解决的一个重要问题。

第4章 网站的安全概述

随着人类社会生活对 Internet 需求的日益增长，基于 Internet 的应用也不断增多，从早期简单的共享到现在复杂的电子商务交易，病毒和黑客的不断出现，网络安全已经成为各项网络服务和应用进一步发展的关键问题，特别是随着电子商务的发展，企业对网站的安全提出了更高、更迫切的要求。

4.1 网络安全的定义和评估

网络安全问题是目前网络管理中最重要的问题，也是一个很复杂的问题，不仅是技术的问题，还涉及人的心理、社会环境以及法律等多方面的内容。

4.1.1 网络安全的定义

计算机网络安全是指网络系统中的硬件、软件和各种数据的安全，有效防止各种资源不被有意或无意地破坏、被非法使用。

网络安全管理的目标保证网络中的信息安全，整个系统应能满足以下要求：

保证系统的保密性。保证系统远离危险状态和特性，即为防止蓄意破坏、犯罪、攻击而对数据进行未授权访问，只能由许可的当事人访问。

保证数据的可获性。不能阻止被许可的当事人使用。

信息的可信任性。信息不能被他人伪冒。

信息的不可抵赖性。信息不能被信息提供人员否认。

4.1.2 网络的安全评估

在增加网络系统安全性的同时，也必然会增加系统的复杂性，并且系统的管理和使用更为复杂。因此，并非安全性越高越好。针对不同的用户需求，可以建立不同的安全机制。

为了帮助用户区分和解决计算机网络的安全问题，美国国防部制定了《可信计算机系统标准评估准则》（习惯称为《橘黄皮书》），将多用户计算机系统的安全级别从低到高划分为4类7级，即 D1，C1，C2，B1，B2，B3，A1。

D1 级是不具备最低安全限度的等级，如 DOS，Windows 3. X 系统；C1 是具备最低安全限度的等级，如 Windows 95/98；C2 级是具备基本保护功能的等级，可以满足一般应用的安全要求，一般的网络操作系统，如 Windows 2000/2003，Netware 基本上属于这一等级。B1

级和B2级是具有中等安全保护能力的等级，基本可以满足一般的重要应用的安全要求；B3级和A1级属于最高安全等级，只有极其重要的应用才需要使用。

我国的计算机信息系统安全保护等级划分准则（GB 17859—1999）中规定了计算机系统安全保证能力的等级。第1级：用户自主保护级；第2级：系统审计保护级；第3级：安全标记保护级；第4级：机构化保护级；第5级：访问验证保护级。

4.2 网络安全的主要威胁

要进行网络安全策略的制定和网络安全措施的建立和实施，必须首先知道哪些因素可能对网络安全造成威胁。

4.2.1 威胁数据完整性的主要因素

1. 人员因素

这包括由于缺乏责任心、工作中粗心大意造成意外事故；由于未经系统专业的业务培训匆匆上岗，使得工作人员缺乏处理突发事件和进行系统维护的经验；在繁忙的工作压力下，使操作失去条例；由于通信不畅，造成各部门间无法沟通；还有某些人由于其他原因进行蓄意报复甚至内部欺诈等。

2. 灾难因素

这包括火灾、水灾、地震、风暴、工业事故及外来的蓄意破坏等。

3. 逻辑问题

没有任何软件开发机构有能力测试使用中的每一种可能性，因此可能存在软件错误；物理或网络问题会导致文件损坏，系统控制和逻辑问题也会导致文件损坏。在进行数据格式转换时，很容易发生数据损坏或数据丢失。系统容量达到极限时容易出现许多意外；由于操作系统本身的不完善造成错误；用户不恰当的操作需要也会导致错误。

4. 硬件故障

最常见的是磁盘故障，还有I/O控制器故障、电源故障（外部电源故障和内部电源故障），受射线、腐蚀或磁场影响引起的存储器故障，介质、设备和其他备份故障及芯片和主板故障。

5. 网络故障

网卡或驱动程序问题；交换器堵塞；网络设备和线路引起的网络链接问题；辐射引起的工作不稳定问题。

4.2.2 威胁数据保密性的主要因素

1. 直接威胁

如偷窃、在废弃的打印纸或磁盘查找有用信息、类似观看他人从键盘上敲入的口令的间谍行为、通过伪装式系统出现身份鉴别错误等。

2. 线缆链接

通过线路或电磁辐射进行网络接入，借助一些恶意的工具软件进行窃听，登录专用网络、冒名顶替。

3. 身份鉴别

用一个模仿的程序代替真正的程序登录界面,设置口令圈套,以窃取口令。高手使用多技巧来破解登录口令;以超长字符串使口令加密算法失效。另外,许多系统内部也存在用户身份鉴别漏洞,有些口令过于简单或长期不更改,甚至存在许多不设口令的账户,为非法侵入敞开了大门。

4. 编程

通过编写恶意程序进行数据破坏。如病毒,GIH 病毒已使人们充分认识到病毒的危害性,层出不穷的网络病毒更使人们防不胜防;还有代码炸弹,国内外都有程序员将代码炸弹写入机器的案例发生;还有特洛伊木马,造成系统执行的任务不是应该执行的任务。

5. 系统漏洞

操作系统提供的服务不受安全系统控制,造成不安全服务;在更改配置时,没有同时对安全配置作相应的调整;CPU 与防火墙中可能存在由于系统设备、测试等原因留下的后门。

4.3 网络安全保障体系

通过对网络全面地了解,按照安全策略的要求及风险分析的结果,整个网络安全措施应按系统保障体系建立。具体的安全保障系统由物理安全、网络安全、信息安全几个方面组成。

4.3.1 物理安全

保证计算机信息系统各种设备的物理安全是整个计算机信息系统安全的前提。物理安全是保证计算机网络设备、设施及其他媒体免遭地震、水灾、火灾等环境事故及人为操作失误或错误及各种计算机犯罪行为导致的破坏过程。它主要包括3个方面。

环境安全:对系统所在环境安全保护,包括区域保护和灾难保护;可参见国家标准 GB 50173—93《电子计算机机房设计规范》、国际 GB 2887—89《计算机站场地技术条件》、GB 9361—88《计算机站场地安全要求》。

设备安全:主要包括设备的防盗、防毁、防电磁信息辐射泄露、防止线路截获、抗电磁干扰及电源保护等。

媒体安全:包括媒体数据的安全及媒体本身的安全。

显然,为保证信息网络系统的物理安全,除网络规划和场地、环境等要求之外,还要防止系统信息在空间的扩散。计算机系统通过电磁辐射,使信息被截取距离在几百甚至可带到上千米的复原显示,给计算机系统信息的保密工作带来极大的危害。为了防止系统中的信息在空间上的扩散,通常是在物理上采取一定的防护措施来减少或干扰扩散出去的空间信号。重要的决策,军队、金融机构在兴建信息中心时,防止信息泄露都将成为首要设置的条件。

4.3.2 网络安全

网络安全包括系统(主机、服务器)安全、反病毒、系统安全检测、入侵检测(监控)、审计分析、网络运行安全、备份与恢复应急、局域网、子网安全、访问控制(防火墙)、网络安全检测等。

1. 内外网隔离及访问控制系统

在内部网与外部网之间设置防火墙(包括分组过滤与应用代理)实现内外网的隔离与访问控制是保护内部网安全的最主要,同时也是最有效、最经济的措施之一。

无论何种类型防火墙,从总体上看,都应具有以下5大基本功能:过滤进、出网络的数据;管理进、出网络的访问行为;封堵某些禁止的业务;记录通过防火墙的信息内容和活动;对网络攻击的检测和告警。

应该强调的是,防火墙是整体安全防护体系的一个重要组成部分,而不是全部。因此必须将防火墙的安全保护融合到系统的整体安全策略中,才能实现整体安全策略,才能实现真正的安全。

2. 内部网中不同网络安全域的隔离及访问控制

隔离内部网络的一个网段与另一个网段,就能防止影响一个网段的问题穿过整个网络传播。对于某些网络,在某些情况下某个网段比另一个更敏感、更可信,或者某个网段比另一个更敏感。在它们之间设置防火墙就可以限制局部网络安全问题对全局网络造成的影响。

3. 网络安全检测

网络系统的安全性取决于网络系统中最薄弱的环节。如何及时发现网络系统中最薄弱的环节,最大限度地保证网络系统的安全,最有效的方法就是定期对网络系统进行安全性分析,及时发现并修正存在的弱点和漏洞。

网络安全检测工具通常是一个网络安全性评估分析软件,其功能是用实践性的方法扫描分析网络系统,检查报告系统存在的弱点和漏洞,建议补救措施和安全策略,达到增强网络安全性的目的。

4. 审计与监控

审计是记录用户使用计算机网络系统进行所有活动的过程,它是提高安全性的重要工具。它不仅能够识别谁访问了系统,还能指出系统正被怎样地使用。对于确定是否有网络攻击的情况,审计信息对于确定问题和攻击源很重要。同时,系统时间的纪录能够更迅速和系统地识别问题,并且还是事故处理的重要依据。另外,通过对安全时间的不断收集与积累并且加以分析,有选择性地对其中的某些站点或用户进行审计跟踪,以便对发现可能产生的破坏性行为提供有力的证据。

因此,除使用一般的网络管理软件和系统监控管理系统外,还应使用目前已较为成熟的网络监控设备或实时入侵检测设备,以便对进、出各级局域网的常见操作进行实时检查、监控、报警和阻断,从而防止针对网络的攻击与犯罪行为。

5. 网络反病毒

由于在网络环境下,计算机病毒有不可估量的威胁性和破坏力,因此计算机病毒的防范是网络安全性建设中重要的一环。网络反病毒技术包括预防病毒、监测病毒和消毒3种技术。

6. 网络备份系统

备份系统的目的是尽可能快地全盘恢复运行计算机系统所需的数据和系统信息。根据系统安全要求,可选择的备份机制有:场地内高速度、大容量自动的数据存储、备份与恢复;

对系统设备的备份。备份不仅在网络系统硬件故障或人为失误时起到保护作用,也在入侵者非授权访问或对网络攻击及破坏数据完整性时起到保护的作用,同时亦是系统灾难恢复的前提之一。

4.3.3 信息安全

信息安全主要涉及信息传输的安全,信息存储的安全以及对网络传输信息内容的审计方面。

信息传输安全包括(动态安全)包括主体鉴别、数据加密、数据完整性鉴别、防抵赖;信息存储安全包括(静态安全)数据库安全、终端安全;信息内容审计可防止信息泄露。

1. 鉴别

鉴别是对网络中的主体进行验证的过程,通常有3种方法验证主体身份。一是只有该主体了解的秘密,如口令、密钥;二是主体携带的物品,如职能卡和令牌卡;三是只有该主体具有的独一无二的特征或能力,如指纹、声音、视网膜或签字等。

2. 数据传输安全信息

数据传输加密技术是对传输中的数据流加密,以防止通信线路上的窃听、泄露、篡改和破坏。如果以加密实现的通信层次来区分,加密可以在通信的3个不同层次来实现,即链路加密(位于OSI网络层以下的加密)、结点加密、端到端加密(传输前对文件加密,位于OSI网络层以上的加密)。一般常用的是链路加密和端到端加密这两种方式。

3. 数据存储安全系统

对纯粹数据信息的安全保护,以数据库信息的保护最为典型。而对各种功能文件的保护,终端安全很重要。

数据库安全:对数据库系统所管理的数据和资源提供安全保护,一般包括以下几点。①物理完整性,即数据能够免于物理方面破坏的问题,如断电、火灾等;②逻辑完整性,能够保持数据库的结构,如对一个字段的修改不至于影响其他字段;③元素完整性,包括在每个元素中的数据是准确的;④数据的加密;⑤用户鉴别,确保每个用户被正确识别,避免非法用户入侵;⑥可获得性,指用户一般可访问数据库和所有授权访问的数据;⑦可审计性,能够追踪到谁访问过数据库。

终端安全:主要解决微机信息的安全保护问题,一般的安全功能如下:基于口令或(和)密码算法的身份验证,防止非法使用机器;自主和强制存取控制,防止非法访问文件;多级权限管理,防止越权操作;存储设备安全管理,防止非法软盘复制和硬盘启动;数据和程序代码加密存储,防止信息被窃;预防病毒,防止病毒侵袭;严格的审计跟踪,便于追查责任事故。

4. 信息内容审计系统

实时对进出内部网络的信息进行内容审计,以防止或追查可能的泄密行为。因此,为了满足国家保密法的要求,在某些重要或涉密网络,应该安装使用此系统。

4.3.4 安全管理

面对网络安全的脆弱性,除了在网络设计上增加安全服务功能,完善系统的安全保密措施外,还必须花大力气加强网络的安全管理,因为许多的不安全因素都在组织管理和人员录用等方面,而这又是计算机网络安全所必须考虑的基本问题,所以应引起各计算机网络应用部门领导的重视。

1. 安全管理原则

网络信息系统的安全管理主要基于3个原则。

多人负责原则。每一项与安全有关的活动,都必须有两个或多人在场。这些人应是系统主管领导指派的,他们忠诚可靠,能胜任此项工作;他们应该签署工作情况记录以证明安全工作已得到保障。

与安全有关的活动包括访问控制使用证件的发放与收回、信息处理系统使用的媒介发放与回收、处理保密信息、硬件和软件的维护、系统软件的设计、实现和修改、重要程序和数据的删除和销毁等。

任期有限原则。一般地讲,任何人最好不要长期担任与安全有关的职务,以免使他认为这个职务是专有的或永久性的。为遵循任期有限原则,工作人员不定期地循环任职,强制实行休假制度,并规定对工作人员进行轮流培训,以使任期有限制度切实可行。

职责分离原则。在信息处理系统工作的人员不要打听、了解或参与职责以外的任何与安全有关的事情,除非系统主管领导批准。

出于对安全的考虑,下面每组内的两项信息处理工作应当分开:计算机操作与计算机编程;机密资料的接收和传送;安全管理和系统管理;应用程序和系统程序的编制;访问证件的管理与其他工作;计算机操作与信息处理系统使用媒介的保管等。

2. 安全管理的实现

信息系统的安全管理部门应根据管理原则和该系统处理数据的保密性,制定相应的管理制度或采用相应的规范。

具体工作是:

(1) 根据工作的重要程度,确定该系统的安全等级。

(2) 根据确定的安全等级,确定安全管理的范围。

(3) 制定相应的机房出入管理制度。对于安全等级要求较高的系统,要实行分区控制,限制工作人员出入于已无关区域,出入管理科可用证件识别或安装自动识别登记系统,采用磁卡、身份卡等手段,对人员进行识别、登记管理。

(4) 制定严格的操作规程。操作规程要根据职责分离和多人负责的原则,各负其责,不能超越自己的管辖范围。

(5) 制定完备的系统维护制度。对系统进行维护时,应采取数据保护措施,如数据备份等。维护时要首先经主管部门批准,并有安全管理人员在场,故障的原因、维护内容和维护前后的情况要详细记录。

(6) 制定应急措施。要制定应急措施,要制定系统在紧急情况下,如何尽快恢复的应急措施使损失减到最小。建立人员雇佣和解聘制度,对工作调动和离职人员要及时调整相应授权。

中国国家信息安全测评认证中心(CNNS)从7个层次提出了对一个具有高等级安全要求的计算机网络系统提供安全防护保障的安全保障体系,以系统、清晰和循序渐进的手段解决复杂的网络安全工程实施问题。

(1) 实体安全,指基础设施的物理安全,主要包括环境安全、设施安全、媒体安全3个方面。

(2) 平台安全，指网络平台、计算机操作系统、基本通用应用平台(服务/数据库等)的安全。目前市场上大多数安全产品均限于解决平台安全。

(3) 数据安全，指保证系统数据的机密性、完整性、访问控制和可恢复性。

(4) 通信安全，指系统之间数据通信和会话访问不被非法侵犯。

(5) 应用安全，指业务运行逻辑安全和业务资源的访问控制，以保证业务交往的不可抵赖性、业务实体的身份鉴别、业务数据的真实完整性。

(6) 运行安全，指保障系统安全性的稳定，在较长时间内控制计算机网络系统的安全性在一定范围内。

(7) 管理安全，指对相关的人员、技术和操作进行管理，总揽以上各安全要素并进行控制。以用户单位网络系统的特点、实际条件和管理要求为依据，利用各种安全管理机制，控制风险、降低损失和消耗，促进安全生产效益。

一般小型网络重点保证平台安全这个层次；中型网络实施实体安全、平台安全、管理安全几个层次；大型网络要实施实体安全、平台安全、应用安全、运行安全、管理安全几个层次；一个大型高级网络的安全体系则覆盖全部 7 个层次。

第5章 网络病毒和防病毒系统

随着计算机网络尤其是Interent在全球的普及和深入，企事业单位的大力推广和应用，使得人们越来越多地接触网络和使用网络。

企业应用MIS和OA系统进行业务数据管理和工作流程管理，这些系统都充分地利用了网络的数据交换特征，大量的文档、结构化或非结构化的业务数据通过网络来传输和处理。这种频繁和大规模的文件、数据交换也为病毒通过网络传播大开了便利之门。企业需要收发Internet邮件、浏览外部网页、发布自己的企业信息等。所有这些都需要企业内部网络与Internet之间连接的畅通无阻。畅通的Internet连接使得企业方便地获取和发布信息的同时，也为病毒的乘虚而入创造了条件。

人们通过网络可以进行贸易活动、进行邮件传送、获取各种信息。同时，病毒编写者也利用网络进行计算机病毒的传播，病毒数量伴随着网络的迅速发展得以倍增。很多近乎绝迹的病毒也时有发生，宏病毒因其不分操作系统，在网络上传播更是神速。大力发展网络的同时，病毒也得到"大发展"。网络中的病毒有的是"良性"的，不作任何数据破坏，仅影响系统的正常运行，但更多的病毒是恶性的，会发作，发作时的现象各有千秋：有的格式化硬盘；有的删除系统文件；有的破坏可执行文件或数据库。因此，对于计算机病毒必须及时医治，尤其对网络更是如此，它对网络的破坏性远大于单机用户，所造成的损失更是无法预计。

5.1 病毒的定义与分类

5.1.1 病毒的定义

计算机病毒，是指编制或者在计算机程序中插入的破坏计算机功能或者毁坏数据，影响计算机使用，并能自我复制的一组计算机指令或者程序代码。这是我国1994年2月18日颁布实施的《中华人民共和国计算机信息系统安全保护条例》第二十八条中对计算机病毒的定义，此定义具有法律性、权威性。

5.1.2 病毒的分类

从第一个计算机病毒问世以来，谁也不知道世界上究竟有多少种病毒。无论多少种，病毒的数量仍在不断增加。这里把病毒分类介绍,之所以把病毒分类是为了更好地了解它们。

按照计算机病毒的特点及特性,病毒的分类方法有许多种,下面逐一介绍。

1. 按照病毒攻击的操作系统分类

(1) 攻击DOS系统的病毒。这类病毒出现最早、最多,变种也最多。

(2) 攻击Windows系统的病毒。Windows取代了DOS,制造病毒的人自然就要攻击Windows,因为它找不到DOS攻击了,没人用了。比如,首例破坏计算机硬件的CIH病毒就是一个Windows 95/98病毒。

(3) 攻击UNIX系统的病毒。当前,UNIX系统应用非常广泛,并且许多大型的操作系统均采用UNIX作为其主要的操作系统,所以UNIX病毒的出现,对人类的信息处理也是一个严重的威胁。

(4) 攻击其他系统的病毒。这里所指的其他系统不仅包括计算机的操作系统还包括智能手机、智能终端设备的操作系统,如Symbian S60,S80,S90,Windows Mobile平台,Palm操作系统等都会受到病毒的威胁。

2. 按照病毒的攻击机型分类

(1) 攻击微型计算机的病毒。这是世界上传播最为广泛的一种病毒。

(2) 攻击小型机的计算机病毒。小型机的应用范围是极为广泛的,它既可以作为网络的一个结点机,也可以作为小的计算机网络的主机。

(3) 攻击工作站的计算机病毒。近几年,计算机工作站有了较大的进展,并且应用范围也有了较大的发展,所以不难想象,攻击计算机工作站的病毒的出现也是对信息系统的一大威胁。

3. 按照病毒的破坏情况分类

按照计算机病毒的破坏情况可分为两类:

(1) 良性计算机病毒

良性病毒是指其不包含有立即对计算机系统产生直接破坏作用的代码。这类病毒为了表现其存在,只是不停地进行扩散,从一台计算机传染到另一台,并不破坏计算机内的数据。有些人对这类计算机病毒的传染不以为然,认为这只是恶作剧,没什么关系。其实良性、恶性都是相对而言的。良性病毒取得系统控制权后,会导致整个系统运行效率降低,系统可用内存总数减少,使某些应用程序不能运行。它还与操作系统和应用程序争抢CPU的控制权,时时导致整个系统死锁,给正常操作带来麻烦。有时系统内还会出现几种病毒交叉感染的现象,一个文件不停地反复被几种病毒所感染。例如,原来只有10 KB的文件变成约90 KB,就是被几种病毒反复感染了数十次。这不仅消耗掉大量宝贵的磁盘存储空间,而且整个计算机系统也由于多种病毒寄生于其中而无法正常工作。因此也不能轻视所谓良性病毒对计算机系统造成的损害。

(2) 恶性计算机病毒

恶性病毒就是指在其代码中包含有损伤和破坏计算机系统的操作,在其传染或发作时会对系统产生直接的破坏作用。这类病毒是很多的,如米开朗基罗病毒。当米氏病毒发作时,硬盘的前17个扇区将被彻底破坏,使整个硬盘上的数据无法被恢复,造成的损失是无法挽回的。有的病毒还会对硬盘做格式化等破坏。这些操作代码都是刻意编写进病毒的，这是其本性之一。因此这类恶性病毒是很危险的，应当注意防范。所幸的是，防病毒系统可以通过监控系统内的这类异常动作识别出计算机病毒的存在与否，或至少发出警报提醒用户注意。

4. 按照病毒的传播途径

按照计算机病毒的传播方式可分为单机病毒和网络病毒。单机病毒主要依靠U盘、移动硬盘、光盘等移动存储设备进行传播；网络病毒则可以通过局域网共享、Web网页浏览、电子邮件、网络下载等多种方式在网络上进行传播。

5.2 网络病毒的传播与特征

5.2.1 计算机病毒的症状

计算机病毒出现什么样的表现症状，是由计算机病毒的设计者决定的，而计算机病毒的设计者的思想又是不可判定的，所以计算机病毒的具体表现形式也是不可判定的。然而可以肯定的是，病毒症状是在计算机系统的资源上表现出来的，具体出现哪些异常现象和所感染病毒的种类直接相关。

一般情况下，遭计算机病毒感染可能出现的症状如下：键盘、打印、显示有异常现象；运行速度突然减慢；计算机系统出现异常死机或死机频繁；文件的长度、内容、属性、日期无故改变；丢失文件、丢失数据；系统引导过程变慢；计算机存储系统的存储容量异常或有不明常驻程序；系统不认识磁盘或是硬盘不能开机；整个目录变成一堆乱码；硬盘的指示灯无缘无故地亮了；计算机系统蜂鸣器出现异常声响；没进行写操作时出现“磁盘写保护”信息；异常要求用户输入口令；程序运行出现异常现象或不合理的结果；网络中断，网卡统计收到或者发出的数据包数量为0；任务管理器中的进程异常增多。

总之，任何的异常现象都可以怀疑为计算机病毒的存在，但异常情况并不一定说明系统内肯定有病毒，要真正的确定，必须通过适当的检测手段来确认。

5.2.2 病毒的传播途径

一般来说，计算机网络中有网络服务器和网络结点站（包括本地工作站和远程工作站），计算机病毒一般首先感染工作站，通过工作站的软盘和硬盘进入网络，然后开始在网络上传播。具体地说，其传播方式如下。

通过共享资源：病毒先传染网络中一台工作站，在工作站内存驻留，通过查找网络上共享资源来传播病毒；

网页恶意脚本：在网页上附加恶意脚本，当浏览该网页时，该脚本病毒就感染该计算机，然后通过该计算机感染全网络；

FTP方式：当用户从Internet网上下载程序时，病毒趁机感染计算机，再由此感染网络；

邮件感染：把病毒文件附加在邮件里，通过Internet网传播，当用户接受邮件时感染计算机继而感染全网络。

总之，企业在应用网络的便利信息交换特性的同时，病毒也正在充分利用网络的特性来达到它的传播目的。企业在充分地利用网络进行业务处理时，就不得不考虑企业的病毒防范问题，以保证关系企业命运的业务数据安全不被破坏。

5.2.3 网络病毒的特点

在网络环境下，网络病毒除了具有可传播性、可执行性、隐蔽性、破坏性等计算机病毒的共性外，还具有一些新的特点：

1. 感染速度快

在单机环境下，病毒只能通过软盘或其他存储介质从一台计算机带到另一台，而在网络中则可以通过网络通信机制进行迅速扩散。根据测定，针对一台典型的PC网络在正常使用情况下，只要有一台工作站有病毒，就可在几分钟内将网络上的数百台计算机全部感染。

2. 扩散面广

病毒在网络中扩散速度快，扩散范围大，不但能迅速传染局域网内所有计算机，还能通过远程工作站将病毒在一瞬间传播到千里之外。

3. 难以控制

利用网络传播、破坏的计算机病毒，一旦在网络中传播、蔓延，则很难控制。往往在准备采取防护措施的时候，可能已经遭受病毒的侵袭。除非关闭网络服务，但是这样做很难被人接受，同时关闭网络服务可能会遭受更大的损失。

4. 难以根治、容易引起多次疫情

各个工作站之间病毒具有相互保护性，一台工作站刚清除病毒，另一台染毒工作站可能马上再次感染它。因此，仅对局部工作站进行病毒杀除并不能解决病毒对全网络的危害。"美丽杀"病毒最早在1999年3月份爆发，人们花了很多精力和财力控制住了它。但是，2001年在美国它又死灰复燃，再一次形成疫情，造成破坏。之所以出现这种情况，一是由于人们放松了警惕性，新投入使用系统未安装防病毒系统；二是使用了旧的染病毒文档，激活了病毒再次流行。

5. 破坏性极大

网络上病毒将直接影响网络的工作，轻则降低速度，影响工作效率，重则服务器信息被破坏，使多年工作毁于一旦。有的造成网络拥塞，甚至瘫痪；有的造成重要数据丢失；还有的造成计算机内储存的机密信息被窃取；甚至还有的计算机信息系统和网络被人控制。例如"爱虫"、"美丽杀"及CIH等病毒都给世界计算机信息系统和网络带来灾难性的破坏。

6. 激发性

网络病毒激发的条件多样化，可以是内部时钟、系统的日期和用户名，也可以是网络的一次通信等。一个病毒程序可以按照病毒设计者的要求，在某个工作站上激发并发出攻击。

7. 具有病毒、蠕虫和后门(黑客)程序的功能，出现混合型趋势

计算机病毒的编制技术随着网络技术的普及和发展也在不断地提高和变化。过去病毒最大的特点是能够复制自身给其他的程序。现在，计算机病毒具有了蠕虫的特点，可以利用网络进行传播，如利用Email。同时，有些病毒还具有了黑客程序的功能，一旦侵入计算机系统后，病毒控制者可以从入侵的系统中窃取信息，远程控制这些系统，呈现出计算机病毒功能的多样化。因而，其更具有危害性。

5.3　网络病毒的防治

5.3.1　依法治毒

我国在1994年颁布实施了《中华人民共和国计算机信息系统安全保护条例》和1997年出台的新《刑法》中增加了有关对制作、传播计算机病毒进行处罚的条款。2000年5月，公安部又颁布实施了《计算机病毒防治管理办法》，进一步加强了我国对计算机病毒的预防和控制工作。同时，为了保证计算机病毒防治产品的质量，保护计算机用户的安全，公安部建立了计算机病毒防治产品检验中心，并在1996年颁布执行了《中华人民共和国公共安全行业标准》GA 135—1996《DOS环境下计算机病毒的检测方法》和GA 243—2000《计算机病毒防治产品评级准则》。开展病毒的防治工作要严格遵循这些标准和法规，做到依法防毒治毒。

5.3.2　建立一套行之有效的病毒防治体系

根据计算机病毒的特点和多年病毒防治工作的经验来看，从根本上完全杜绝和预防计算机病毒的产生和发展是不可能的。目前面临的计算机病毒的攻击事件不但没有减少，而且日益增多。并且，病毒的种类越来越多，破坏方式日趋多样化。每出现一种新病毒，就要有一些用户成为病毒的受害者。面对此种形势，不能坐以待毙，而是要寻找一种解决方案，力争将计算机病毒的危害性降至最低。因此，亟须建立一种快速的预警机制，能够做到在最短的时间内发现并捕获病毒，及时向计算机用户发出警报，并提供计算机病毒的防治方案。

5.3.3　制定严格的病毒防治技术规范

对于网站服务器应做到以下几个方面的技术规定：

(1) 重要部门的计算机，尽量专机专用与外界隔绝；

(2) 不要随便使用在别的机器上使用过的可擦写存储介质(如软盘、U盘、硬盘、可擦写光盘等)；

(3) 坚持定期对计算机系统进行计算机病毒检测；

(4) 坚持经常性的数据备份工作，这项工作不要因麻烦而忽略，否则后患无穷；

(5) 坚持以硬盘引导，需用软盘、光盘、U盘等引导，应确保软盘、光盘或U盘无病毒；

(6) 对新购置的机器和软件不要马上投入正式使用，经检测后，试运行一段时间，未发现异常情况再正式运行；

(7) 严禁玩游戏；

(8) 对主引导区、引导扇区、FAT表、根目录表、中断向量表等系统重要数据做备份；

(9) 定期检查主引导区、引导扇区、中断向量表、文件属性(字节长度、文件生成时间等)、模板文件和注册表等；

(10) 局域网的机器尽量使用无盘(软盘)工作站；

(11) 对局域网络中超级用户的使用要严格控制，在网关、服务器和客户端都要安装使用病毒防火墙，建立立体的病毒防护体系；

(12) 一旦遭受病毒攻击，应采取隔离措施；

(13) 安装系统时,不要贪图大而全,要遵守适当的原则,如未安装 Windows Scripting Host 的系统,可以避免"爱虫"这类脚本语言病毒的侵袭;

(14) 不要轻易下载使用免费的软件;

(15) 不要轻易打开电子邮件的附件,尤其是来历不明的邮件;

(16) 对如下文件注册表的键值作经常性检查:

HKLM\Software\Microsoft\Windows\CurrentVersion\Run

HKLM\Software\Microsoft\Windows\CurrentVersion\RunServices

同时,要对 Autoexec.bat 文件的内容进行检查,防治病毒及黑客程序的侵入;

(17) 要将 Office 提供的安全机制充分利用起来,将宏的报警功能打开;

(18) 发现新病毒及时报告国家计算机病毒应急中心和当地公共信息网络安全监察部门;

如果在做网站管理的时候能做到以上几个方面的技术规定的话,可以在很大程度上减少服务器被病毒侵害的可能性。

5.3.4 超前培训和技术储备

随着计算机网络的发展,计算机病毒对信息安全的威胁日益严重,一方面要掌握对当前的计算机病毒的防范措施,另一方面要加强对未来病毒发展趋势的研究,超前培训、武装好反病毒"杀手",真正做到防患于未然。目前,随着掌上型移动通信工具和 PDA 的广泛使用,针对这类系统的病毒已经开始出现。尤其是随着 WAP 协议的功能日益增强,病毒对手机和无线网络的威胁越来越大。因此,还要提前作好技术上的储备,严阵以待,保障人们的信息安全。

5.3.5 杀毒工具的使用

杀毒工具指的是杀毒软件,常见的杀毒软件有:金山毒霸、江民杀毒软件、瑞星、McAfee、卡巴斯基、诺顿、NOD32 等。

1. 杀毒软件的选择

现在提及杀毒软件马上就会想到诺顿、卡巴斯基、McAfee、NOD32 等世界知名的杀毒软件。尤其是很多人对世界排名第一的卡巴斯基颇有好感,因为它每小时都更新病毒库。卡巴斯基的杀毒能力确实很强,对得起排名世界第一的称号,但是监控方面却存在不足,而且内存资源的占用很严重。卡巴斯基的查毒速度是很慢的,就是因为病毒库较大,每个文件都要与 13 万的病毒库去对比。有人认为卡巴斯基病毒库升级很迅速所以就很好,其实不完全正确,虽然卡巴斯基升级很频繁,但是很多病毒库都不是最终版,也就是很容易出现误报现象,所以应该在周末的时候再升级卡巴斯基,因为周末是卡巴斯基整理一周病毒库、删除错误病毒库的时候。

杀毒软件的性能不能简单的以病毒库的更新速度和大小来衡量。例如,有比较新的病毒库可以查出自己的机器已经中了某种比较新的病毒,但只是能查出来病毒的存在,却杀不掉,甚至隔离都失败。这就是问题的所在了,杀毒软件不但要有质量较高的病毒库,还要有高速的扫描引擎,更要有强大的杀毒功能。

另一款著名的杀毒软件 McAfee,它的杀毒功能并没有多么厉害,肯定没有卡巴斯基那么强硬,但是它也拥有广泛的用户群和有很好的口碑,原因在于 McAfee 的监控做得很好,可以说滴水不漏，作为一款杀毒软件如果监控做得这么好，其杀毒能力稍微弱点也是可以原谅的。因为监控做得好，就使第 1 道防线病毒都无法逾越。反观卡巴斯基其杀毒软件是厉害，但是恰恰是由于它监控做得不足，使病毒可以入侵，但鉴于杀毒能力很强，所以第 2 道防线病毒就通不过了。

在此不得不提起国产杀毒软件，国产杀毒软件也有很多用户群。但是有很多人会说，国产的技术不行，靠不住。其实国产杀毒软件也是很不错的，比如大家熟知的 KV 2005，江民的产品还是不错的，杀毒监控能力表现不错。瑞星和金山的起步稍晚一些，有些地方做得还是不够理想，但毕竟是在不断进步，希望能越做越好。国产的杀毒软件产品的普遍特点就是界面比较简单，适合初级使用者使用。另外，值得一提的是，在 2008 年的北京奥运会上，国产的杀毒软件发挥了很好的作用。

其实对于杀毒软件除了国内的杀毒软件，国外的杀毒软件建议都使用英文原版的，那些汉化内核的版本最好别用，bug 太多，除了真正的简体中文版本。

2. 杀毒软件的使用方法

下面我们以瑞星 2008 单机版杀毒软件为例，为大家介绍如何设置杀毒软件。

对于杀毒软件的使用并不是安装后及时升级就能保证系统安全了，还需要进行正确的设置。接下来通过以下几个方面讲解如何设置杀毒软件。

(1) 手动查杀设置

手动查杀提供了手动查杀病毒的设置界面，如图 5-1 所示。使用时根据实际需求对手动查杀时的病毒处理方式和查杀文件类型进行不同的设置，也可以使用滑块调整查杀级别。在【自定义级别】中，同样可以对安全级别进行设置，单击【默认级别】按钮将恢复瑞星杀毒软件的出厂设置，单击【应用】或【确定】按钮将保存用户的全部设置，以后程序在扫描时即是根据此级别的相应参数进行病毒扫描。

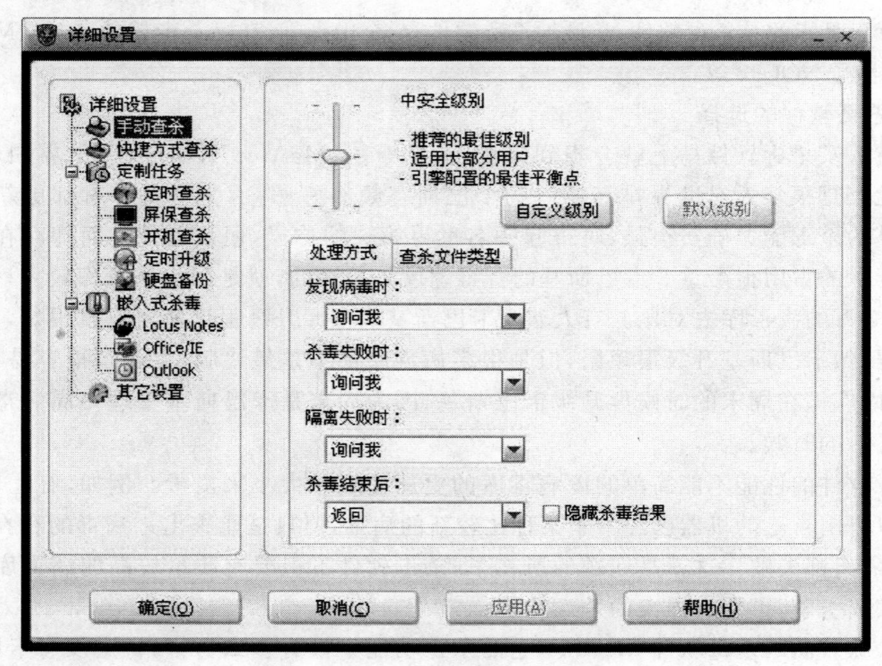

图 5-1 手动查杀设置

（2）快捷方式查杀设置

如图 5-2 所示，根据实际情况对快捷方式查杀进行不同参数的设置，也可以通过勾选参数项自定义高、中、低的扫描级别。当用户怀疑某一文件有病毒时，可以选中此文件，右击，对其查杀病毒，也可以拖动文件到瑞星杀毒软件的主界面中，进行查杀病毒，此时瑞星杀毒软件转到杀毒标签页下的快捷方式页面，并显示杀毒结果。快捷方式查杀选项同手动查杀选项。

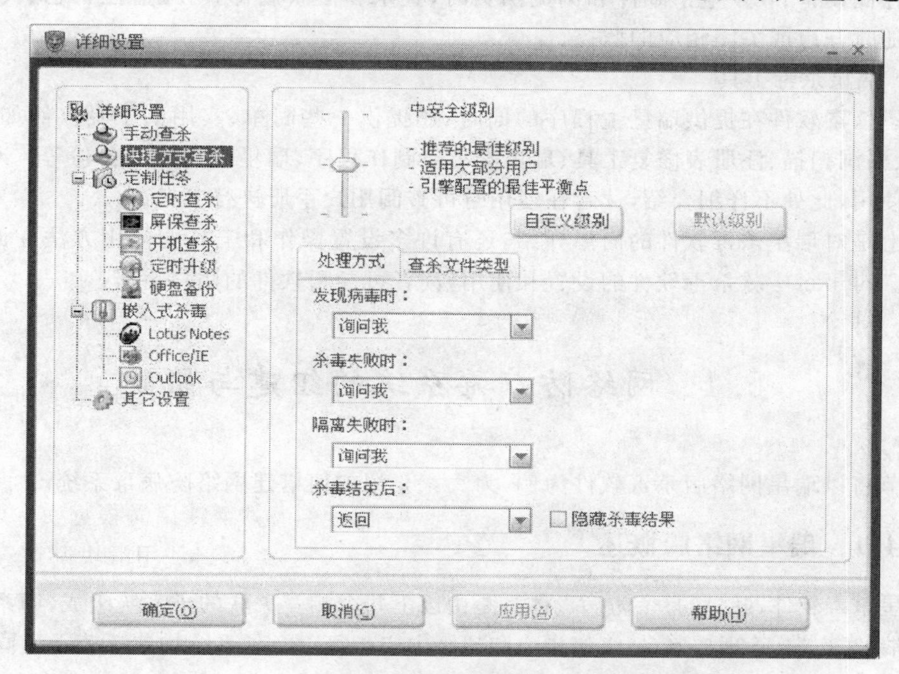

图 5-2　快捷方式查杀设置

（3）定制任务

定制任务包括定时查杀、屏保查杀、开机查杀。

定时查杀指在设定的时间，瑞星杀毒软件自动启动，对预先设置的查杀目标进行扫描病毒。此功能提供了即使在无人值守的情况下，也能保证计算机防御病毒的安全。

屏保查杀是在 Windows 进入屏幕保护程序时，瑞星杀毒软件随即开始查杀病毒，充分利用计算机的空闲时间。

开机查杀功能能够在用户刚开机且 Windows 未启动时，优先加载瑞星杀毒程序，扫描所有硬盘、系统盘、Windows 系统目录、所有服务和驱动，可以有效地清除 RootKit 和具有自我防护能力的恶意程序、流氓软件。如图 5-3 所示，按〈任意键〉开始杀毒，按〈ESC〉键退出。

图 5-3　开机查杀

开机查杀功能只在 Windows 2000 以上版本的操作系统中适用。设置完毕相应的查杀功能后，通过勾选相应的选项启动该功能，单击【确定】按钮保存设置。

(4) 瑞星监控中心

瑞星监控中心包括文件监控、邮件监控、网页监控。这些功能可以在打开陌生文件、访问移动存储设备、收发电子邮件和浏览网页时，查杀和截获病毒。在【监控状态】页面中，用户可以随时开启或关闭相应的监控。

(5) 瑞星杀毒工具

瑞星杀毒软件在提供瑞星主程序的同时，还提供一些简单、实用的工具。例如，病毒隔离系统、漏洞扫描、注册表修复工具、瑞星安装包制作程序、瑞星硬盘数据备份等。对于这些工具的使用，此处不详细介绍，读者在使用时可查阅用户手册进行参考。

以上是对瑞星杀毒软件的简单介绍，还有许多设置操作和工具的使用方法在此不作详细讲解。对于每一款杀毒软件的设置和使用，读者可参阅软件的用户手册。

5.4 网络防病毒系统的组建与维护

本节将以瑞星网络版杀毒软件为例，为大家介绍如何搭建网络防病毒系统。

5.4.1 瑞星网络版概述

瑞星杀毒软件网络版整个防病毒体系是由以下几个相互关联的子系统组成，即系统中心、服务器端、客户端、管理控制台、多级中心和超级中心。每一个子系统均包括若干不同的模块，除承担各自的任务外，还与其他子系统通信，协同工作，共同完成对网络的病毒防护工作。

系统中心是瑞星杀毒软件网络防病毒系统信息管理和病毒防护的自动控制核心。它实时记录防护体系内每台计算机上的病毒监控、检测和清除信息。根据管理控制台的设置，实现对整个防护系统的自动控制。其他子系统只有在系统中心工作后，才可实现各自的网络防护功能。系统中心必须先于其他子系统安装到符合条件的服务器上。

服务器端是专门为可以应用于网络服务器的操作系统而设计的防病毒子系统。客户端是专门为网络工作站(客户机)设计的防病毒子系统。管理控制台是为网络管理员专门设计，对网络防病毒系统进行设置、使用和控制的操作平台。利用管理控制台可以集中管理网络上所有已安装有瑞星杀毒软件网络版客户端的计算机，保障每个纳入瑞星杀毒软件防护网络的计算机时刻处于最佳的防病毒状态。它既可以安装到服务器上，又可以安装到客户机上，视网络管理员的需要，可自由安装。所以，它又被称为【移动管理控制台】。

本节简单介绍瑞星杀毒软件网络版的安装、配置操作。瑞星杀毒软件网络版的基本安装对象包括系统中心的安装、服务器端的安装、客户端的安装和管理控制台的安装。安装时建议先在服务器上安装系统中心，然后再进行其他模块的安装。

5.4.2 瑞星网络杀毒软件的安装

1. 系统中心的安装

系统中心负责管理、协调瑞星杀毒软件网络版所有子系统的工作；实现授权许可证的验证和管理；负责瑞星杀毒软件网络版中各系统版本更新及检测和清除病毒等工作。安装系统中心时，安装程序将在该服务器上同时安装一套服务器端系统和一套管理控制台系统。

使用瑞星网络版部署网络防毒系统时，系统中心必须被首先安装，为此应该首先安装瑞星杀毒软件网络版系统中心的服务器，具体安装步骤如下。

第 1 步：启动瑞星杀毒软件网络版安装主界面后，选择【安装系统中心组件】按钮开始安装，并按照安装向导单击【下一步】按钮继续，如图 5-4 所示。

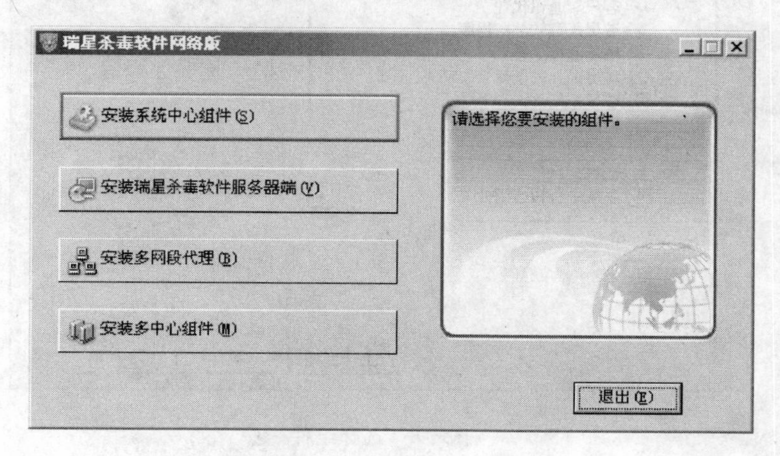

图 5-4 【安装系统中心组件】

第 2 步：如果计算机配置了多网卡或多个 IP 地址将会出现【选择 IP 地址】界面，单击下拉箭头选择通信时本机使用的 IP 地址，如图 5-5 所示。

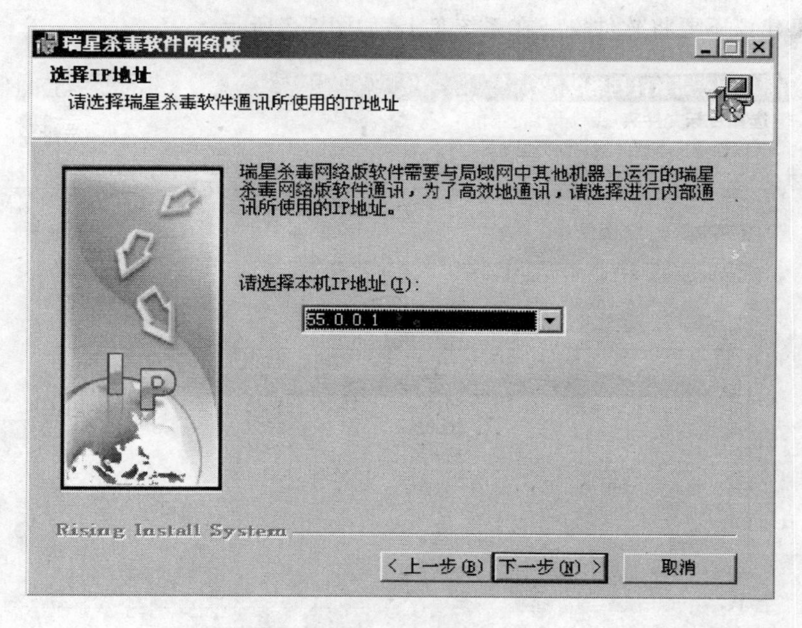

图 5-5 设置【IP 地址】

第 3 步：选择需要安装的组件项目，单击【下一步】继续安装，【安全插件】中提供了华为 3COM 安全插件，此插件提供了与华为 3COM EAD AV 联动功能，此功能依赖华为设备和软件的支持，如图 5-6 所示。

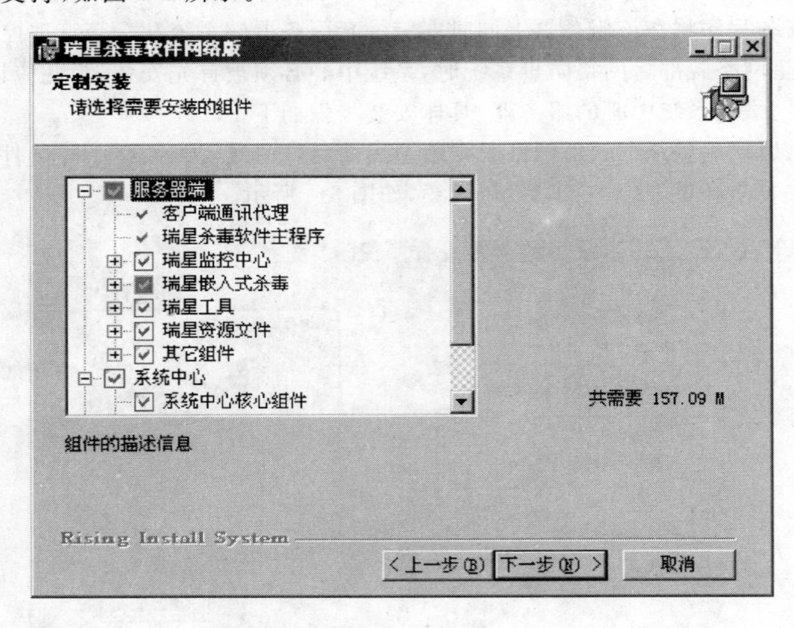

图 5-6　选择组件

第 4 步：输入瑞星杀毒软件网络版产品序列号，正确输入产品序列号后，立即显示产品类型、服务器端和客户端允许安装的数量，接下来按照安装向导继续安装。

第 5 步：在【选择目标文件夹】界面中选择安装瑞星软件的目标文件夹，单击【下一步】继续安装，这里建议不要将软件安装在系统盘上，如图 5-7 所示。

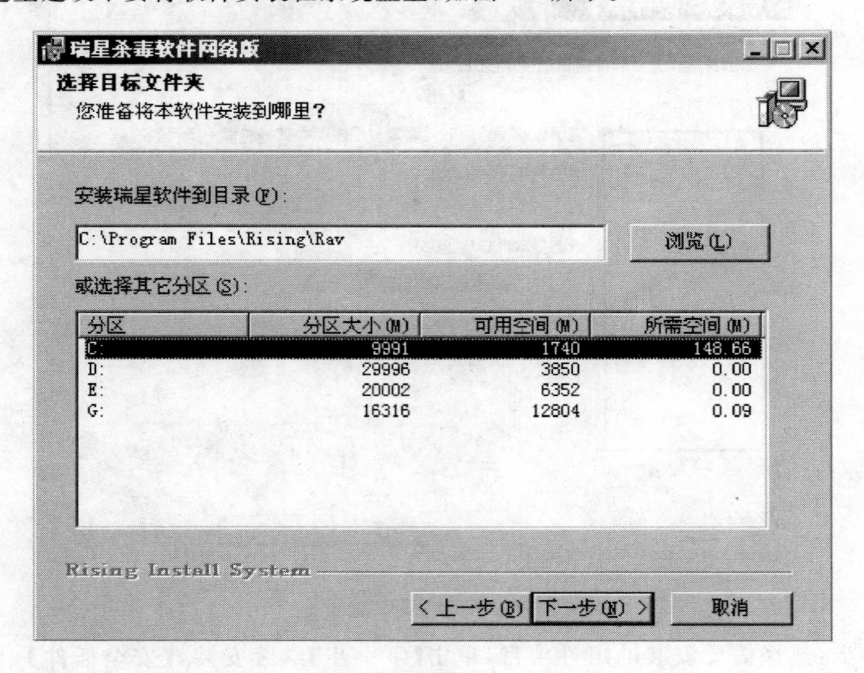

图 5-7　设置安装路径

第 6 步：在【设置补丁包共享目录】界面中，设置提供给客户端下载补丁包的共享目录和共享名称，这里不建议使用系统目录，单击【下一步】继续安装，如图 5-8 所示。

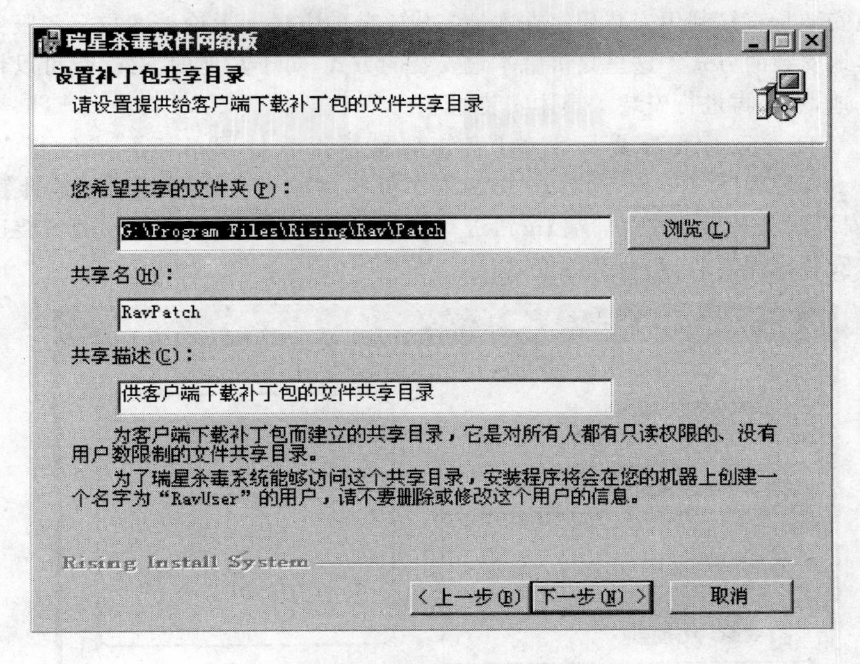

图 5-8　【设置补丁包共享目录】

第 7 步：在【瑞星杀毒系统密码】界面中，输入系统管理员密码和客户端保护密码，如不设置，默认口令都为空，单击【下一步】继续安装，直到完成，如图 5-9 所示。

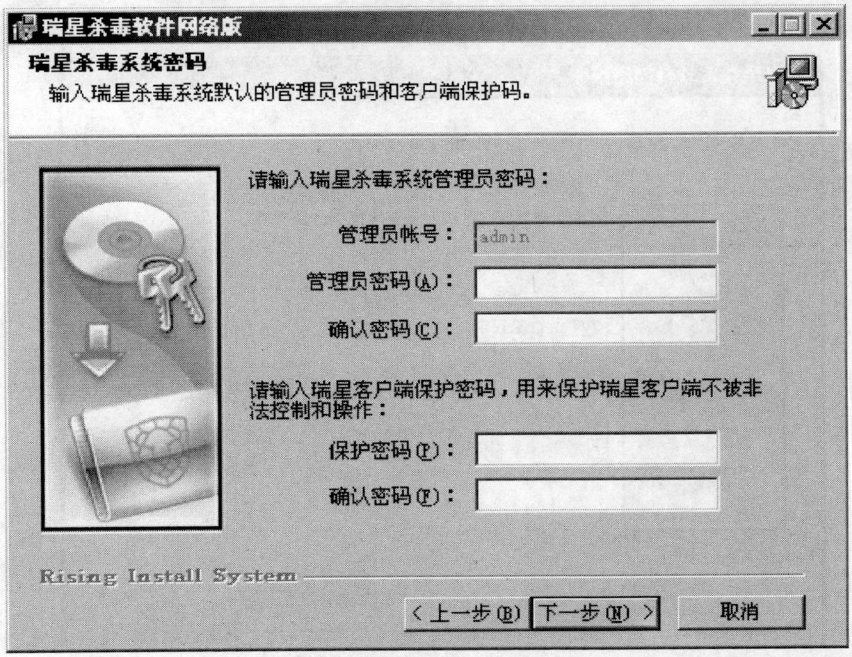

图 5-9　【瑞星杀毒系统密码】

2. 服务器端和客户端的安装

服务器和客户端可采用脚本安装、远程安装、本地安装和 Web 安装 4 种安装方式进行安装。本地安装是直接利用安装程序在本地完成安装的方法。无论是客户端和服务器端都可以采取本地安装的方式。这里只讲解本地安装的方式，对于其他的方式，都可以将安装程序复制到本地，然后再进行安装。具体安装如下：

单击光盘自动运行程序界面上的【安装瑞星杀毒软件网络版】，或运行光盘中的 RavSetup. exe安装程序（RavSetup. exe 安装程序可脱离原有介质复制到本地计算机中运行），单击【安装瑞星杀毒软件客户端】按钮进行安装，如图 5-10 所示。之后的安装过程与系统中心组件安装过程类似，此处不再赘述。

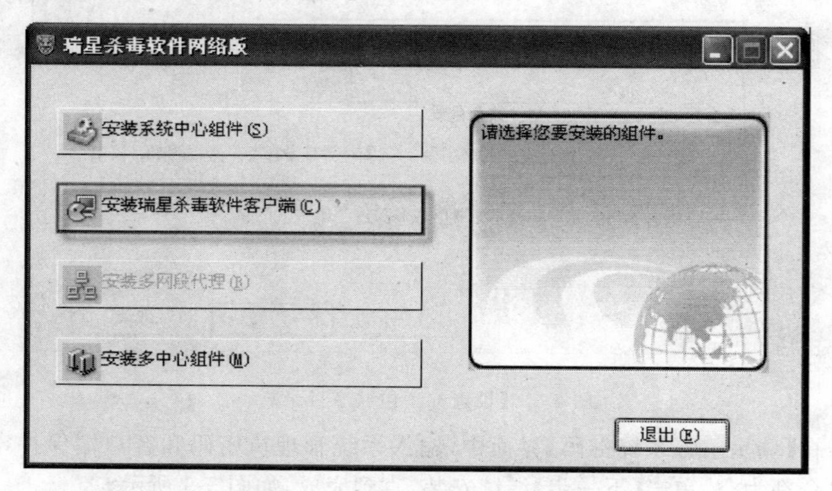

图 5-10 【安装瑞星杀毒软件客户端】

安装完成后，可看到如图 5-11 所示的对话框。

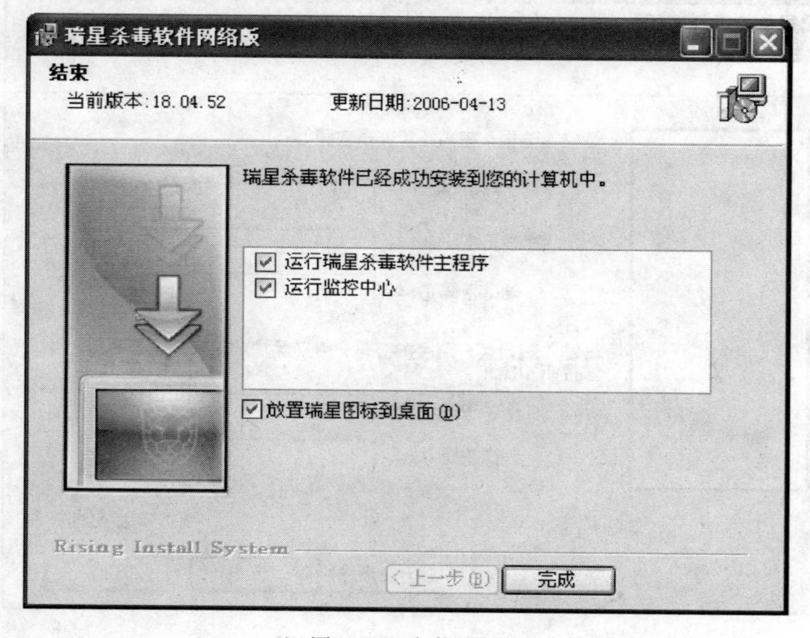

图 5-11 安装成功

3. 控制台的安装

控制台的安装有通过光盘安装和通过控制台远程安装两种方式。通过光盘安装控制台时，只要按照安装向导单击【下一步】就可以完成安装。远程安装控制台，系统管理员可以将管理控制台远程安装在其他计算机上。在计算机列表栏选中将要远程安装控制台的计算机，单击【操作】菜单，选择【安装控制台】，或在选中的计算机上单击右键，在弹出菜单中选择【安装管理控制台】。

完成远程安装控制台后，在计算机列表栏中相应计算机的图标有所变化，表示该计算机已安装控制台（提示：不要在局域网上安装过多的管理控制台，以保障管理的统一化）。

5.4.3 管理功能

对于瑞星网络版的管理功能，本书只讲解管理控制台的管理，对于其他的管理功能请读者参考软件的用户手册。

管理控制台是在网络上集中管理所有安装有瑞星杀毒软件网络版客户端软件的计算机的管理工具。通过管理控制台可以远程管理网络中的任何一台计算机中的瑞星杀毒软件。网络上任何一台计算机的病毒警告信息都能在管理控制台得到汇总，通过管理控制台也能直观地查看网络上所有计算机当前的实时监控状态、病毒查杀情况和当前版本信息等。管理控制台能对远程计算机安装杀毒软件和移动管理控制台，让管理控制台自由移动到管理员认为合适的计算机上去。管理员通过管理控制台的操作就能对网络上所有计算机进行定期、实时地查杀病毒和全网统一升级管理，真正做到在整个网络中建立一面坚实的网络病毒防护系统。

1. 登录管理控制台

双击桌面【管理控制台】图标，进入登录界面。在【管理员登录】界面（如图 5-12 所示）中，输入账号和口令（默认账号为 admin、口令为空）后，单击【登录】进入管理控制台界面。

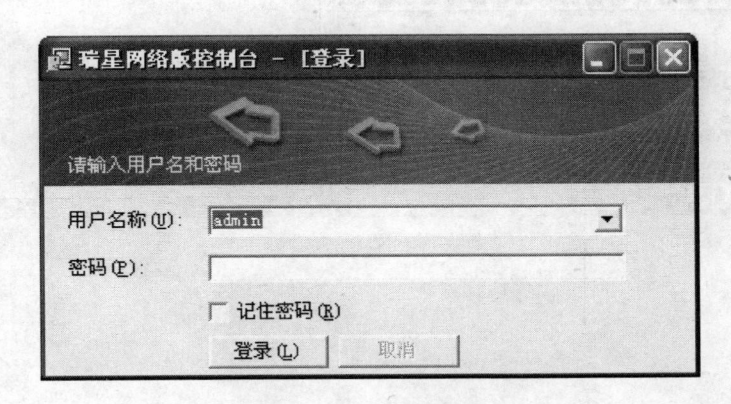

图 5-12　控制台【登录】界面

2. 界面介绍

管理控制台（如图 5-13 所示）分为 5 个部分：功能菜单项和工具栏、组管理界面、计算机列表栏、日志栏和状态栏。

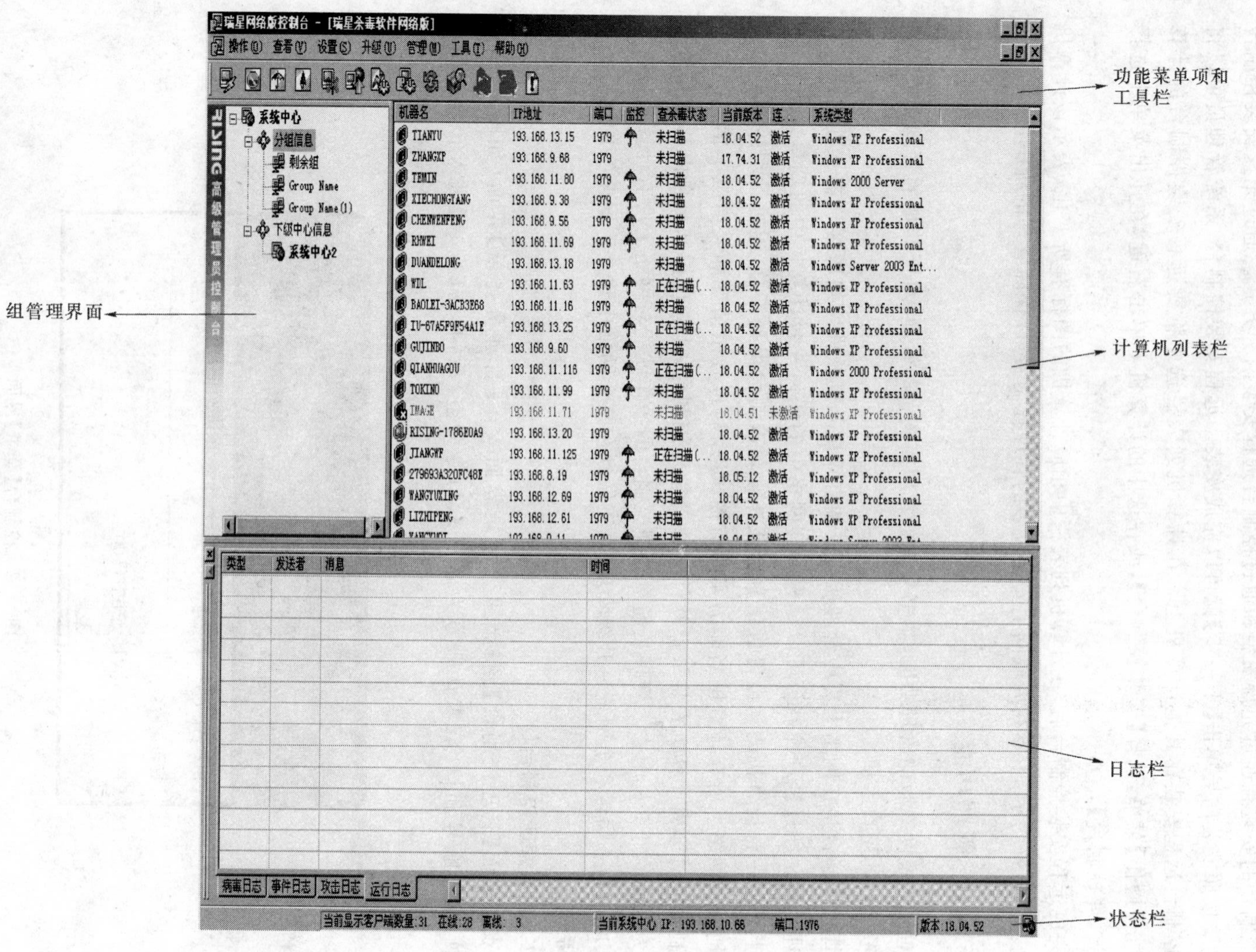

图5-13 【管理控制台】界面

组管理界面是一种基于用户分组管理的功能界面，能够以树形结构显示多级系统中心的层次结构。在这里可以创建组、添加组成员，对某个组进行统一操作等。

计算机列表栏，在该列表栏中显示已注册到系统中心的计算机名、IP地址、端口、实时监控状态、查/杀毒状态、当前版本、连接状态及系统类型。

3. 开启/关闭实时监控

在管理控制台上可以任选一台或多台计算机，选择【操作】/【打开实时监控】或【关闭实时监控】即可开启或关闭选中计算机的实时监控。该操作仅对处于激活状态的客户端有效。通过菜单【操作】/【打开实时监控】或【关闭实时监控】，可以指定具体监控进行操作。

5.4.4　瑞星网络防毒系统的设置

1. 关于设置对象的说明

瑞星杀毒软件网络版的策略包括防毒策略和客户端选项两部分，以下关于设置对象的说明适用于这两部分策略的操作。

如果在组管理界面上选中某个组，则对组设置策略；如果在组管理界面上选中系统中心，则对本级系统中心及下属所有客户端进行统一设置。若要同时将设置应用到下级中心，可以在【设置防毒策略】窗口中勾选【应用到所有下级中心】；如果在计算机列表中选中某个客户端，则修改指定计算机的策略。

在组管理界面选择某个组、系统中心或【分组信息】进行设置时，策略将定期分发到所选对象的每个客户端，且对未激活客户端同样有效；而在计算机列表中选中某个客户端进行设置时，策略将即时生效，且只能应用于已激活的客户端，即对离线客户端无效。

2. 设置防毒策略

打开管理控制台，选中一个设置对象，然后选择【操作】/【设置防毒策略】，弹出【设置防毒策略】界面。页面设置选项包括【实时监控设置】、【嵌入式杀毒】、【手动扫描】、【快捷扫描】、【定制任务】、【硬盘备份】和【其他设置】。

只应用已修改选项：只应用修改选项，可以减少客户端同步策略的网络传输量。

应用到所有下级中心：将把设置同时应用到所有下级中心。

导入：将 *.ccf 格式文件导入，可以用于还原以前的备份的配置，能够快速应用相同设置，避免了手工设置的麻烦。

导出：保存设置窗口内所有参数信息导出为 *.ccf 格式文件，作为当前配置的备份。

这里只以实时监控设置为例讲解设置方法，其他选项的设置方法请读者参照此设置自行练习。实时监控设置的设置方法如下。

在【设置防毒策略】界面上，单击【实时监控设置】标签，进入实时监控设置页面，如图5-14所示。在此页面中可以设定启用哪些监控、启动计算机时是否自动启动实时监控、是否开启未登录时监控自动处理功能。每个选项前的"红锁"代表该选项已被管理员锁定，"绿锁"代表该选项未被管理员锁定。管理员通过单击图标可以改变锁的颜色。如果管理员锁定了该选项，客户端将无法在本地更改该选项，直到远程管理员将该选项解锁。这样管理员可以控制远程客户端对选项的更改操作。在设置防毒策略对话框中，单击每个监控的标签，可以对此监控进行高级设置。

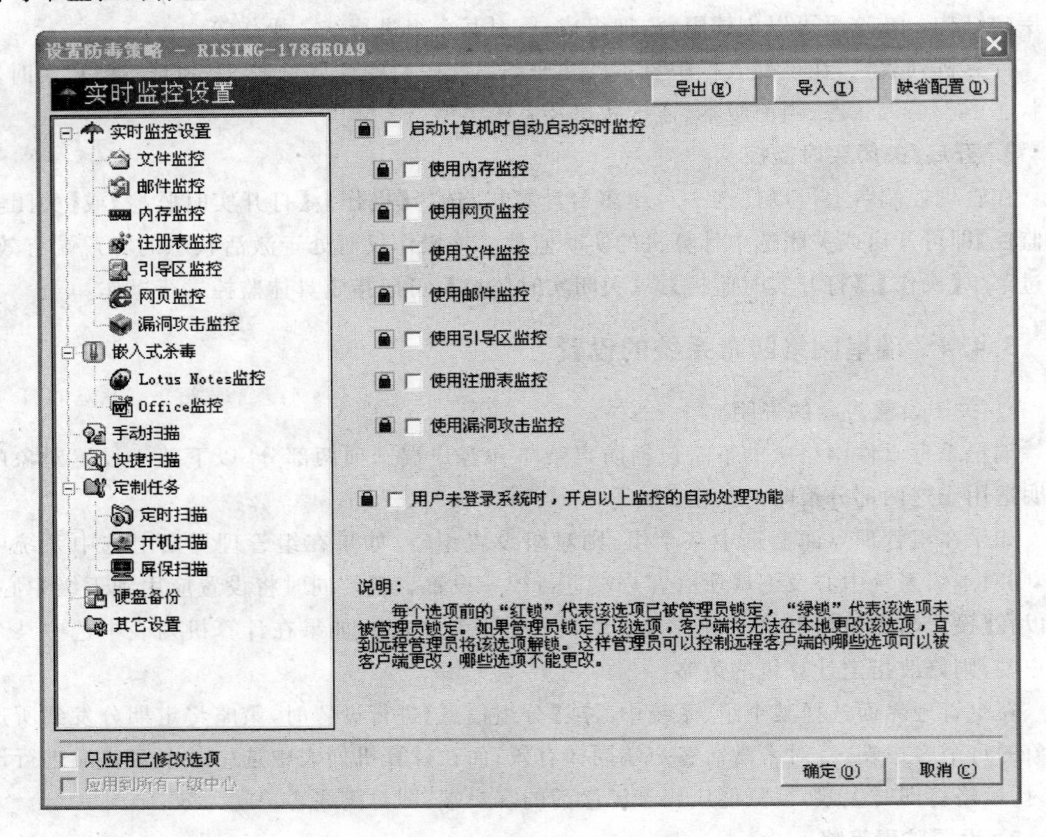

图 5-14 【设置防毒策略】

3. 设置系统中心

在管理控制台的组管理界面上选中一个系统中心，单击右键选择【系统中心设置】，弹出【系统中心设置】界面。系统中心设置包含以下标签：【系统中心设置】、【网络设置】、【升级设置】、【黑白名单设置】、【漏洞扫描设置】、【对象端口设置】。

下面主要讲解系统中心设置和升级设置，对于其他方面的设置读者自己参照相关用户手册或帮助文件。

(1) 系统中心设置

在系统中心设置页面（如图 5-15 所示）中，可以指定系统中心 UDP 监听 IP，当系统中心有多个 IP 地址，但只想要管理一个网段上的客户端时，则使用此项设置，单击下拉按钮选择想要监听的 IP 地址，则只有该 IP 地址所在网段内的客户端能够通过发 UDP 数据包找到此系统中心；在此页可以设置使用自动清除病毒日志、事件日志、漏洞信息功能，在相应的选项前勾选后，可以设定日志时间范围；还可以选择自动清除系统中心的客户端信息，以及修改系统中心显示名称。

(2) 升级设置

在升级设置页面（如图 5-16 所示）中，可以填写用户 ID，设置系统中心升级方式，设定升级频率，指定升级时间，选择是否使用静默升级。在进行升级之前请确认已输入用户 ID，否则可能影响升级。还可以对系统中心升级方式进行设置,选项包括自动升级、从上级中心升级、从网站智能升级、从网站下载手动升级包。

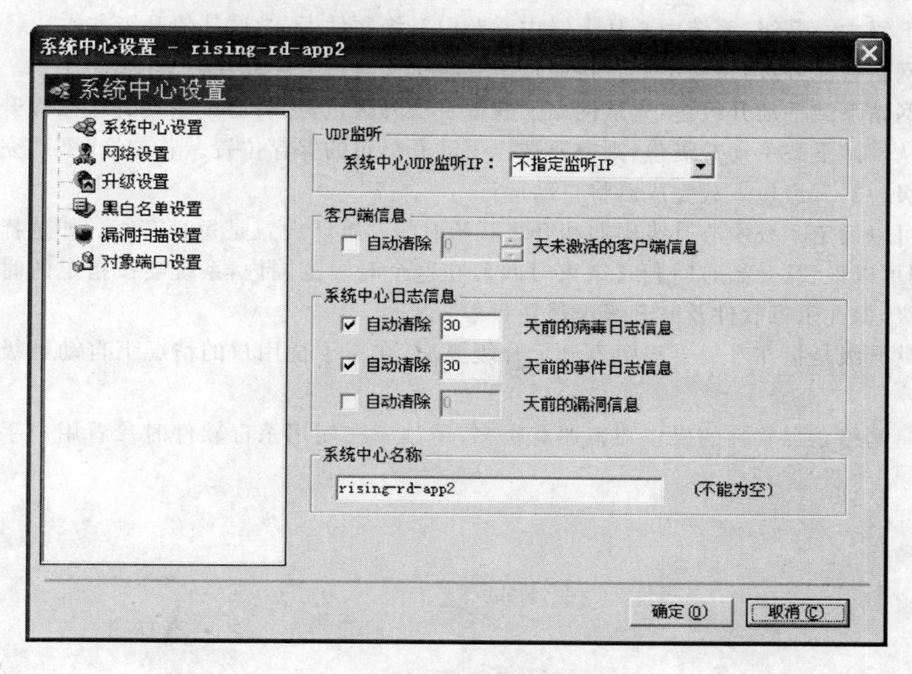

图 5-15　【系统中心设置】

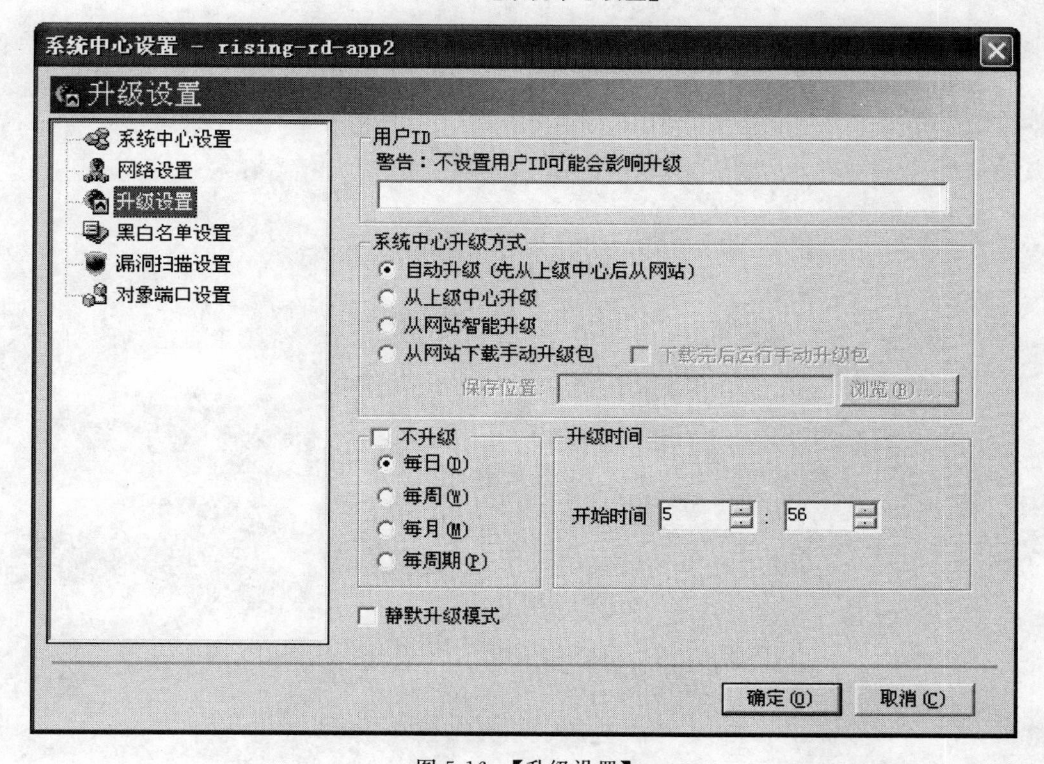

图 5-16　【升级设置】

自动升级:先尝试从上级中心获取升级文件,如果没有上级中心,系统中心将从网站上获取升级文件。

从上级中心升级:系统中心从上级中心获取升级文件,不尝试其他升级方式。

从网站智能升级:系统中心直接通过 Internet 从网站上获取升级文件。

从网站下载手动升级包:先从网站上获取手动升级包,然后通过手动升级操作升级。如果选择从网站下载手动升级包,则需要选择手动升级包的保存位置。若勾选【下载完后运行手动升级包】,升级包下载完成后将自动运行。

还可以设定系统中心升级周期和升级开始时间。默认设置是每日升级。如选择每周期升级,则可以设置【开始时间】和【结束时间】,在这个时间范围内,系统会按指定的时间间隔尝试升级,保证杀毒软件及时升级至最新版本。

静默升级是指在升级过程中不显示升级界面,在不干扰用户的情况下自动升级到最新版本。

瑞星网络杀毒软件的操作知识还有很多,请读者在使用杀毒软件时参看用户手册或帮助文件。

第6章 黑客与反黑客技术

"黑客"一词，源于英文Hacker，原指热心于计算机技术，水平高超的计算机专家，尤其是程序设计人员。但到了今天，"黑客"一词已被用于泛指那些专门利用计算机搞破坏或恶作剧的人。对这些人的正确英文叫法是Cracker，有人翻译成"骇客"。由于在中文媒体中，"黑客"的这个意义已经约定俗成，本书也沿用"黑客"的叫法来指Cracker。

6.1 黑客的攻击步骤

要想对黑客进行防范，首先要了解黑客的攻击步骤，常见的黑客攻击步骤如下。

第1步：隐藏自已的位置。

普通攻击者都会利用别人的计算机隐藏他们真实的IP地址。老练的攻击者还会利用800电话的无人转接服务连接ISP，然后再盗用他人的账号上网。

第2步：信息收集（扫描目标计算机）。

黑客尽量多地收集关于你的计算机的信息，他试图找到漏洞，让你察觉不到你的计算机已受到攻击。如果黑客已选择了特定的目标，通过Internet，黑客可以了解可能目标的大量信息。如果黑客没有明确的目标，有许多工具都可以用来扫描Internet并查找可能的目标。最简单的是ping扫描，它可以迅速扫描数以千计的计算机。黑客使用程序来ping具有一系列IP地址的计算机。如果有响应，说明存在具有该IP地址的计算机。

第3步：初始访问（获取进入口令）。

黑客利用在收集信息过程中找到的漏洞，建立进入你计算机的入口点。黑客访问Windows计算机的最简便方法就是使用Microsoft网络。许多计算机上都启用了Microsoft网络，因此网络上的任何人都可以连接到该计算机。

第4步：增加权限。

一旦黑客连接到你的计算机，下一步就是获得对你计算机上更多程序和服务的访问权限。一个策略是黑客会试图通过破解密码获得对你计算机的管理权限，黑客会下载密码文件，并对其进行解码。另一个策略是黑客会将"特洛伊木马"放置到你的计算机上。

第5步：窃取信息。

攻击者找到攻击目标后，会继续下一步的攻击。例如，下载敏感信息；实施窃取账号密码、信用卡号等经济偷窃。有时黑客也会通知管理员修补相关漏洞。

第 6 步:隐蔽踪迹。

黑客隐藏或删除入侵证据,有时会保持入口点打开以便返回。在运行 Windows 2000/XP 等的计算机上,黑客会试图关闭审计功能,并修改或清除事件日志。在所有计算机上,黑客都会隐藏文件以供他们将来访问时使用。在极端情况下,黑客可能会格式化受到攻击的计算机的硬盘以避免被识别。

6.2 常见的网络攻击方式及防范对策

要想更好地保护网络不受黑客的攻击,就必须对黑客的攻击方法、攻击原理、攻击过程有深入、详细的了解,只有这样才能更有效、更有针对性地进行主动防护。这也应验了《孙子兵法》中的"知己知彼,百战不殆"的军事思想。下面就来详细介绍常见的黑客攻击方法、原理及相应的防范对策。

网络攻击方式有以下 4 类:拒绝服务攻击、利用型攻击、消息收集型攻击及假消息攻击。下面就逐一的讲解。

6.2.1 拒绝服务攻击

拒绝服务攻击(Denial of Service,DoS)是指一个用户占据了大量共享资源,使系统没有剩余的资源给其他用户再提供服务的攻击方式。利用合理的服务请求来占用过多的服务资源,致使服务超载,无法响应其他的请求。这些服务资源包括网络带宽,文件系统空间容量,开放的进程或者向内的连接。这种攻击会导致资源的匮乏,无论计算机的处理速度多么快,内存容量多么大,互联网的速度多么快都无法避免这种攻击带来的后果。因为任何事都有一个极限,所以总能找到一个方法使请求的值大于该极限值,因此就会使所提供的服务资源匮乏,像是无法满足需求。千万不要自认为自己拥有了足够宽的带宽就会有一个高效率的网站,拒绝服务攻击会使所有的资源变得非常渺小。

下面给出几个属于此类的攻击和相应的防范对策。

1. Land 攻击

攻击特征:用于 Land 攻击的数据包中的源地址和目标地址是相同的,因为当操作系统接收到这类数据包时,不知道该如何处理堆栈中通信源地址和目的地址相同的这种情况,或者循环发送和接收该数据包,消耗大量的系统资源,从而有可能造成系统崩溃或死机等现象。

检测方法:判断网络数据包的源地址和目标地址是否相同。

防御方法:适当配置防火墙设备或过滤路由器的过滤规则就可以防止这种攻击行为(一般是丢弃该数据包),并对这种攻击进行审计(记录事件发生的时间、源主机和目标主机的 MAC 地址和 IP 地址)。

2. Ping of Death 攻击(死亡之 Ping)

攻击特征:该攻击数据包大于 65 535 B。由于部分操作系统接收到长度大于 65 535 B 的数据包时,就会造成内存溢出、系统崩溃、重启、内部审核失败等后果,使服务器瘫痪无法对外提供服务,从而达到攻击的目的。

检测方法:判断数据包的大小是否大于 65 535 B。

防御方法:使用新的补丁程序,当收到大于 65 535 B 的数据包时,丢弃该数据包,并进行系统审计。其实现在所有的标准 TCP/IP 实现都已实现对付超大尺寸的包,并且大多数防火墙能够自动过滤这些攻击,包括从 Windows 98 之后的 Windows NT(Service Pack 3 之后),Linux、Solaris 和 Mac OS 都具有抵抗一般 Ping of Death 攻击的能力。此外,对防火墙进行配置,阻断 ICMP 及任何未知协议,都将防止此类攻击。

3. UDP 洪水(UDP Flood)

攻击特征:利用简单的 TCP/IP 服务,如 Chargen 和 Echo 来传送毫无用处的占满带宽的无用数据。

防御方法:关掉不必要的 TCP/IP 服务,或者对防火墙进行配置阻断来自 Internet 的请求。UDP Flood 是比较单纯的流量攻击,攻击者通过向一些基于 UDP 的基本服务发送大量的报文,使被攻击的设备忙于处理这些无用的请求,最终耗尽处理能力,达到拒绝服务的目的。

4. 分布式拒绝服务攻击(Distributed Denial of Service, DDoS)

分布式拒绝服务攻击(如图 6-1 所示)是 DoS 攻击的演进,早在 1999 年夏天,还只是作为理论上的探讨;从 2000 年 2 月开始大行其道。分布式拒绝服务攻击的实质,就是攻击者在客户端控制大量的攻击源,并且同时向攻击目标发起的一种拒绝服务攻击。其攻击原理很简单,黑客先入侵网络上一些主机,特别是以较高速率与 Internet 连接的主机,然后从这些主机同时向被攻击的对象发送 DoS 数据分组,如 TCP SYN 分组、UDP 数据分组、电子邮件数据等,当攻击源流量大于被攻击主机实际能够处理的同样类型的流量时,就造成了被攻击机器的拒绝服务。

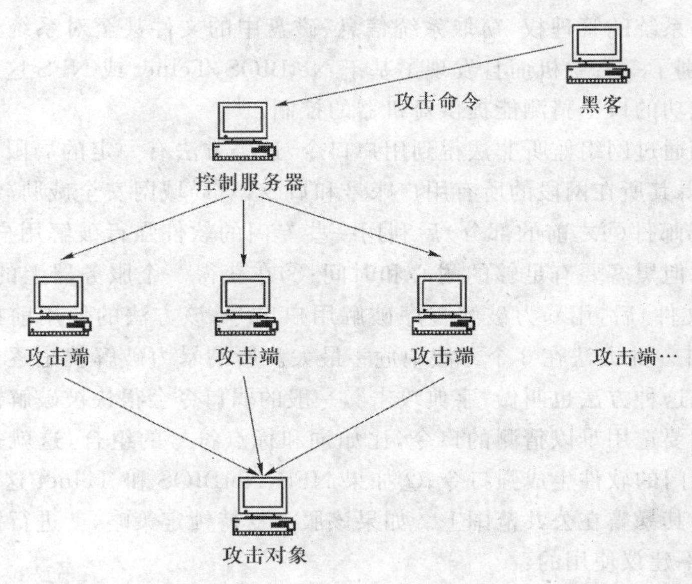

图 6-1 分布式拒绝服务攻击

攻击特征:黑客在自己的计算机上就能远程操纵整个攻击过程。图 6-1 中黑客首先控制一个或多个控制服务器,控制服务器是一台已经被黑客入侵并完全控制的运行特定攻击程序的系统主机;然后再由控制服务器主机去控制多个攻击端,每个攻击端也是一台已被入侵并运行特定程序的系统主机,攻击端的程序由控制服务器的攻击程序来控制。当黑客向控制服务器发出攻击命令后,控制服务器再往每个攻击端发送,再由攻击端向被攻击目标送出发动拒绝服务攻击的数据分组。

防御方法:Windows 系统必须安装最新的补丁,目前的 Linux 内核已经不受影响。如果可能,在网络边界上禁止碎片包通过,或者限制每秒通过碎片包的数目。如果防火墙有重组碎片的功能,必须确保自身的算法没有问题,否则分布式拒绝服务攻击就会影响整个网络。Windows 系统中,自定义 IP 安全策略,设置碎片检查。

防治分布式拒绝服务攻击的最佳手段就是预防。其实,很多攻击方法并不新,存在时间也很长了,基本上人们对它们已经有所了解,只是当它被有恶意的人利用,破坏网络安全时,人们才意识到问题的严重性。因此,人们应充分重视建立完善的安全系统,防患于未然。也就是说,首先要保证一般的外围主机和服务器的安全,使攻击者无法获得大量的无关主机,从而无法发动有效的攻击。如果网络内部或邻近的主机被侵入,被用来对本机进行分布式拒绝服务攻击,那么攻击的效果会更明显。因此,一定要保证外围主机和网络的安全,尤其是那些拥有高带宽和高性能服务器的网络,往往是黑客首选的目标。

6.2.2 利用型攻击

利用型攻击是一类试图直接对你的机器进行控制的攻击。在类型攻击中最常见的有 3 种攻击方法:口令攻击、木马攻击、缓冲区溢出攻击。

1. 口令攻击

口令攻击是黑客最喜欢采用的入侵网络的方法。黑客通过获取系统管理员或其他特殊用户的口令,获得系统的管理权,窃取系统信息、磁盘中的文件甚至对系统进行破坏。网络上的黑客一旦识别了一台主机而且发现了基于 NetBIOS,Telnet 或 NFS 这样的服务的可利用的用户账号,成功的口令猜测能提供对机器的控制。

攻击特征:①通过网络监听非法得到用户口令,这类方法有一定的局限性,但危害极大,监听者往往能获得其所在网段的所有用户账号和口令,对局域网安全威胁较大;②在知道用户的账号(如电子邮件@之前的部分)后利用一些专门的软件强行破解用户口令,这种方法不受网段的限制,但黑客要有足够的耐心和时间;③在获得一个服务器上的口令文件(此文件称为 Shadow 文件)后,用暴力破解程序破解用户口令,该方法的使用前提是黑客获得口令的 Shadow 文件。此方法在 3 个方法中危害最大。所谓暴力破解就是逐个口令尝试直到成功为止,一般把这种方法也叫做"字典攻击",一般的弱口令会很快被破解。

防御方法:①要选用难以猜测的口令,比如词和标点符号的组合,这就是建议使用的强口令,可以使用专门的软件生成强口令;②如果 NFS,NetBIOS 和 Telnet 这样的服务是对内部网的,就不要将其暴露在公共范围上。如果该服务支持锁定策略,就进行锁定。

以下口令是不建议使用的:

(1) 口令和用户名相同。

(2) 口令为用户名中的某几个邻近的数字或字母,如用户名为 test001,口令为 test。

(3) 口令为连续或相同的字母或数字,如123456789,1111111,abcdefg,jjjjj 等。几乎所有黑客软件,都会从连续或相同的数字或字母开始口令破解。

(4) 将用户名颠倒或加签后缀作为口令，如用户名为 test，口令为 test123，aaatest，test 等。

(5) 使用姓氏的拼音或单位名称的缩写作为口令。

(6) 使用自己或亲友的生日作为口令。由于表示月份的只有1～12可以使用，表示日期的也只有1～31可以使用，表示日期的肯定是19××或20××，因此表达方式只有100×12×31×2=74 400种，即使考虑到年、月、日共有6种排列顺序，一共也只有74 400×6=446 400种。按普通计算机每秒搜索3～4万种的速度计算，突破这样的口令最多只需10 s。

(7) 使用常用英文单词作为口令。

(8) 口令长度小于6位数。

2. 木马攻击

木马是一种或直接由一个黑客，或是通过一个不令人起疑的用户秘密安装到目标系统的程序。一旦安装成功并取得管理员权限，安装此程序的人就可以直接远程控制目标系统。木马是客户端服务器程序，所以黑客一般是利用邮件、共享等途径把木马安装在被攻击的计算机上。木马的服务器程序文件一般的位置是在C\:Windows 和 C:\Windows\System 中。木马程序中最有效的一种叫做后门程序，恶意程序包括 NetBus，Back Orifice 和 BO2k，用于控制系统的良性程序如 NetCat，VNC，pcAnywhere。

下面给大家简单介绍我国的国内知名木马程序——冰河木马。

冰河木马的主要文件有两个。G_Server. exe 是被监控端后台监控程序，运行一次即自动安装，可以任意改名。在安装前可以通过 G_Client 的配置本地服务器程序功能进行一些特殊配置，例如是否经动态 IP 发送到指定信箱、更改监听端口、设置访问口令等。G_Client. exe 是监控端执行程序，用于监控远程计算机和配置服务器程序。

冰河软件主要用于远程监控，具体功能如下。

(1) 自动跟踪目标主机屏幕变化。

(2) 鼠标和键盘输入的完全模拟。

(3) 记录各种口令信息：包括开机口令、屏保口令、各种共享资源口令及绝大多数在对话框中出现过的口令信息，同时提供键盘记录功能。

(4) 获取系统信息：包括注册公司、当前用户、系统路径、当前显示分辨率、物理及逻辑磁盘信息等多项系统数据。

(5) 限制系统功能：包括远程关机、远程重启计算机、锁定鼠标、锁定注册表、禁止自动拨号等多项功能限制。

(6) 远程文件操作：包括上传、下载、复制、移动、压缩文件，创建、删除文件或目录，快速浏览文本，远程打开文件(提供了4种不同的打开方式——正常方式、最大化、最小化和隐藏方式)等多项文件操作功能。

(7) 注册表操作：包括对主键的浏览、增删、复制、重命名和对键值的读写等所有注册表操作功能。

(8) 发送信息：以4种图标及6种提示按钮向目标机发送短信息。

(9) 点对点通信：以聊天室形式同被监控端进行交谈。

防御方法：避免下载可疑程序并拒绝执行，运用网络扫描软件定期监视内部主机上的监听 TCP 服务，关闭已知的有危险的端口。安装木马查杀软件，如木马克星、木马分析专家、木马清道夫等。

对于木马的监测和预防后面会专门进行讲解。

3. 缓冲区溢出攻击

缓冲区是内存存放数据的地方，在程序试图将数据放到机器内存中的某一个位置的时候，因为没有足够的空间就会发生缓冲区溢出。而人为地造成缓冲区溢出是有一定企图的，攻击者写一个超过缓冲区长度的字符串，然后植入缓冲区。在向一个有限空间的缓冲区中植入超长的字符串时可能出现两个结果，一个是过长的字符串覆盖了相邻的存储单元，引起程序运行失败，严重的可导致系统崩溃；另一个是利用这种漏洞可以执行任意指令，甚至可以取得系统特级权限。

缓冲区溢出漏洞可以使任何一个有黑客技术的人取得机器的控制权甚至是最高权限。攻击方式主要有 3 种：①在程序的地址空间里安排适当的代码；②控制程序转移到攻击代码的形式；③植入综合代码和流程控制。

目前的缓冲区溢出防范方法有以下几种：

(1) 正确的编写代码。编写时重复检查代码漏洞可以使程序更加完美和安全。

(2) 非执行的缓冲区。现在的 UNIX 和 Windows 系统考虑性能和功能的速率的使用合理化，大多在数据段中动态地放入了可执行的代码，为了保证程序的兼容性，不可能使用所有程序数据段的不可执行时间。但可以通过只设定堆栈数据段不可执行，这样就在很大程度上保证了程序的兼容性能。UNIX，Linux，Windows，Solaris 都已经发布了这方面的补丁。

(3) 检查数据边界。只要保证数组不溢出，那么缓冲区溢出攻击就只能是望梅止渴了。检查数组可以利用一些优化技术来进行。

(4) 程序指针完整性检查。程序指针完整性检查在程序指针被引用之前检测到它的改变，这个时候即便是有人改变程序的指针，也会因为系统早先已经检测到了指针的改变而不会造成指针的非法利用。

6.2.3 消息收集型攻击

信息收集型攻击并不对目标本身造成危害，只是被用来为进一步入侵提供有用的信息。防御方法：当收到多个 TCP/UDP 数据包对异常端口的连接请求时，通知防火墙阻断连接请求，并对攻击者的 IP 地址和 MAC 地址进行审计。

此类攻击包括以下几种形式。

1. 扫描技术

(1) 地址扫描：运用 ping 这样的程序探测目标地址，对此作出响应的表示其存在。

(2) 端口扫描：通常使用一些软件，向大范围的主机连接一系列的 TCP 端口，扫描软件报告它成功的建立了连接的主机所开的端口。

(3) 反响映射：黑客向主机发送虚假消息，然后根据返回“Host Unreachable”这一消息特征判断出哪些主机是存在的。目前由于正常的扫描活动容易被防火墙侦测到，黑客转而使用不会触发防火墙规则的常见消息类型，如 Reset 消息、DNS 响应包。

(4) 慢速扫描:由于一般扫描侦测器的实现是通过监视某个时间帧里一台特定主机发起的连接的数目(例如每秒10次)来决定是否在被扫描,这样黑客可以通过使用扫描速度慢一些的扫描软件进行扫描。

2. 体系结构探测

黑客使用具有已知响应类型的数据库的自动工具,对来自目标主机的、坏数据包传送所作出的响应进行检查。由于每种操作系统都有其独特的响应方法(比如 Windows NT/2000 和 Solaris 的 TCP/IP 堆栈具体实现有所不同),通过将此独特的响应与数据库中的已知响应进行对比,黑客经常能够确定出目标主机所运行的操作系统。

3. 利用信息服务

(1) DNS 域转换:DNS 协议不对域转换或信息性的更新进行身份认证,这使得该协议被人以一些不同的方式加以利用。如果你维护着一台公共的 DNS 服务器,黑客只需实施一次域转换操作,就能得到你所有主机的名称及内部 IP 地址。

(2) Finger 服务:使用 finger 命令来刺探一台 Finger 服务器以获取关于该系统的用户的信息。

(3) LDAP 服务:通过 LDAP 协议窥探网络内部的系统和它们的用户的信息。

6.2.4　假消息攻击

用于攻击目标配置不正确的消息,主要包括 DNS 高速缓存污染、伪造电子邮件。

1. DNS 高速缓存污染

由于 DNS 服务器与其他名称服务器交换信息时并不进行身份验证,这就使得黑客可以将不正确的信息掺进来,并把用户引向黑客自己的主机。

2. 伪造电子邮件

由于 SMTP 并不对邮件的发送者的身份进行鉴定,因此黑客可以伪造电子邮件,声称是来自某个被相信的人,并附带上可安装的特洛伊木马程序,里面是一个指向恶意网站的链接。

6.2.5　黑客攻击的预防及处理对策

在具体工作中,可以从以下一些方面预防黑客攻击。

(1) 与因特网服务供应商(ISP)的协助和合作,这一点是非常重要的。分布式拒绝服务攻击主要是耗用宽带,如果单凭自己管理网络是无法对付这些攻击的。与你的 ISP 协商,确保他们同意帮助你实施正确的路由访问控制策略以保护带宽和内部网络。最理想的情况是,当发生攻击时,你的 ISP 愿意监视或允许你访问他们的路由器。

(2) 用足够的资源承受黑客攻击,这是一种较为理想的应对策略。如果用户拥有足够的容量和足够的资源给黑客攻击,在不断访问用户、夺取用户资源之时,自己的能量也在逐渐耗失,或许未等用户被攻击瘫痪,黑客已无力出招了。

(3) 充分利用网络设备保护网络资源。所谓网络设备是指路由器、防火墙等负载均衡设备,它们可将网络有效地保护起来。当 Yahoo 被攻击时,最先瘫痪的是路由器,但其他机器没有太大影响。瘫痪的路由器经重启后会恢复正常，而且启动起来还很快，没有什么损失。若其他服务器被攻击瘫痪，其中的数据会丢失，而且重启服务器又是一个漫长的过程，相信没有路由器这道屏障，Yahoo 会受到无法估量的重创。

(4) 使用 Internet，Express Forwarding 过滤不必要的服务和端口，即在路由器上过滤假 IP。比如，Cisco 公司的 CEF(Cisco Express Forwarding)可以针对分组 Source IP 和 RoutingTable 作比较，并加以过滤。该命令将检查进入路由器的每个数据分组，如果数据分组的源地址在 CEF 表中没有一条指向数据分组进入路由器端口的路由，路由器将丢弃该数据分组。

(5) 使用 Unicast Reverse Path Forwarding 检查访问者的来源。它通过反向路由表查询的方法检查访问者的 IP 地址是否是真，如果是假的，它将予以屏蔽。许多黑客攻击常采用假 IP 地址方式迷惑用户，很难查处它来自何处。利用 Unicast Reverse Path Forwarding 可减少假 IP 地址的出现，有助于提高网络安全性。

(6) 过滤所有 RFP 1918 IP 地址，RFP 1918 IP 地址是内部网的 IP 地址，像 192.168.0.0 和 172.16.0.0，它们不是某个网段的固定 IP 地址，应该把它们过滤掉。

(7) 限制 SYN/ICMP 的最大流量来限制 SYN/ICMP 分组所能占有的最大频宽。这样，当出现大量的超出所额定的 SYN/ICMP 流量时，说明不是正常的网络访问，而是有黑客入侵。

(8) 及时了解主机操作系统的安全漏洞，找出相应的安全措施。及时地安装补丁程序并注意定期升级系统软件，以免给黑客以可乘之机。

(9) 要定期使用漏洞扫描软件对内部网络进行检查，此类软件可以全面地检查网络中的现有的和潜在的漏洞，有效地提高系统的安全性。如中科网威公司的火眼系列网络扫描器可以有效地扫描内部网络和主机，检查网络服务和主机的漏洞，并为网络管理员提供相应的解决方案。

(10) 使用反黑客工具。根据不同的情况选用有针对性的反黑客工具，如 find_ddos(可以从 FBI 网站 foia.fbi.gov/nipc 下载)等。利用它们可以扫描系统，找出安装的攻击程序，防止自己的主机被黑客攻击和利用。

对于已经收到黑客攻击的可以采取以下处理对策，查看系统日志文件找到黑客入侵的途径，尽量做好挽救操作，加固系统。尽快更换系统密码和相关信息以减少损失。查看防火墙日志，找到攻击源的 IP 地址向网络安全机构报案，并设置目前对该 IP 地址的访问限制。

6.3 木马的判断与清除

6.3.1 黑客骗取别人执行木马程序的手段

冒充图像文件。黑客最常使用的方法就是将特洛伊木马说成图像文件，比如照片等，入侵者通常将木马文件名由“. exe”改为“. jpg”，在传送时，对方只会看到“. jpg”文件，而 Windows 默认值是不显示扩展名的，如果用户没有更改默认值，那么就很容易受到黑客的攻击了。

合并程序。合并程序就是将两个或两个以上的可执行文件结合为一个文件，执行这个合并文件时子文件也会同时执行。如果黑客将一个正常的游戏文件(play. exe)和木马文件合并，由于用户在执行合并文件时，木马程序也被用户执行了。

伪装加密程序。黑客将木马程序与小游戏合并，再用 Z-file 等工具加密，再将此“混合体”发给受害者，当受害者解压缩并执行“伪装体”时，木马程序也被成功地执行了。值得注意的是，反病毒程序很难检测到“混合体”，如果其中内含的是一触即发的病毒，那么一旦解开压缩，后果不堪设想。

伪装成应用程序扩展组件。此类属于最难辨识的“特洛伊木马”。黑客们将木马写成任何类型的文件，然后捆绑在十分出名的软件中，如 OICQ。以后，每当受害者打开 OICQ 时，木马程序也会同步执行。此类入侵者大多也是“特洛伊木马”编写者，只要将程序稍加改动就会派生出一种新的木马，所以即使是杀毒软件也很难检测到。

6.3.2　木马的判断方法

常见的木马通常是基于 TCP/UDP 协议在客户端和服务器端进行通信的，运行了木马程序的服务器端某些端口被打开。那么，就可以利用查看本机开放端口的方法检查自己是否运行了木马或其他黑客程序。

1. Windows 本身自带的 netstat 命令

netstat 命令用来显示协议统计和当前的 TCP/IP 网络连接。该命令只有在安装了 TCP/IP 协议后才可以使用。

netstat [-a] [-e] [-n] [-s] [-p protocol] [-r] [interval]

-a 显示所有连接和侦听端口。服务器连接通常不显示。

-e 显示以太网统计。该参数可以与 -s 选项结合使用。

-n 以数字格式显示地址和端口号(而不是尝试查找名称)。

-s 显示每个协议的统计。默认情况下，显示 TCP，UDP，ICMP 和 IP 的统计。

-p 选项可以用来指定默认的子集。-p (protocol)显示由 protocol 指定的协议的连接；protocol 可以是 TCP 或 UDP。如果与-s 选项一同使用显示每个协议的统计，protocol 可以是 TCP，UDP，ICMP 或 IP。

-r 显示路由表的内容。

interval 重新显示所选的统计，在每次显示之间暂停 interval 秒。按 Ctrl+B 停止重新显示统计。如果省略该参数，netstat 将打印一次当前的配置信息。

例如，输入此命令行 C:\>netstat - an 后，屏幕上会显示出本地计算机的 IP 地址和连接正在使用的端口号 Local Address，连接该端口的远程计算机的 IP 地址和连接正在使用的端口号，并显示 TCP 连接的状态。如果机器的 7626 端口被开放，而且正在监听等待连接，这表明机器很有可能已经感染了冰河病毒，则需及时断开网络，用软件进行杀毒。

2. 使用木马查杀工具

目前市场上有一些专门的木马查杀工具，如木马克星、木马终结者、木清道夫等都具有较好的木马检查和清除功能。另外，现在的杀毒软件都具备木马查杀的功能，因为木马也是病毒的一种。现在市场上比较流行安全辅助类软件，比如奇虎安全360、瑞星卡卡助手等，这些软件基本都是免费的，使用比较方便，功能也比较多，这些软件都具备木马查杀和木马防御功能。

6.3.3 木马的清除

注册表一般都是木马和病毒的寄生场所，注意在检查注册表之前要先给注册表备份，以防在检查过程中出现错误。

检查注册表中，查看 HKEY_LOCAL_MACHINE\Software\Microsoft\Windows\CurrentVersion\Run(RunServeice)中有没有不熟悉的扩展名为 .exe 的自动启动文件，然后记住此文件的文件名，再在整个注册表中查找，凡是看到一样文件名的就删除；检查 HKEY_CLASSES_ROOT\Inifile\Shell\Open\Command 和 HKEY_CLASSES_ROOT\Txtfile\Shell\Open\Command 等几个常用文件类型的默认打开程序是否被更改，如果被更改一定要改回原来的值，很多木马和病毒都是修改了文件的默认打开程序。

另外，还可以直接使用杀毒软件清除木马。从某种意义上说，木马也是一种病毒，一些常用的病毒防护软件也可以实现对木马的查杀，但不能彻底地清除，因为在一般情况下，木马在每次启动时都是自动加载的。一些专用的木马查杀软件能将木马彻底清除，这类软件目前有 The Cleaner、木马克星、木马终结者、木马清道夫等。

6.3.4 木马的预防

随着网络的普及，木马的传播越来越快，而且新的变种也层出不穷，在检测清除它的同时，更要注意采取措施来预防，下面列举几种预防木马的方法。

1. 不要执行任何来历不明的软件

很多木马病毒都是通过绑定在其他软件中实现传播的，一旦运行这个软件整个系统就会被感染，因此在下载软件的时候要特别注意，在软件安装之前一定要用反病毒软件检查，建议用专用查杀木马的软件进行检查，确定无毒后再使用。

2. 不要随意打开邮件附件

现在很多木马病毒都是通过邮件来传递的，而且有的还会连环扩散，因此对邮件附件的运行尤其需要注意。

3. 尽量少用共享文件夹

如果因工作的需要必须将计算机设置为共享，则最好是单独设置一个共享文件夹，把所有需共享的文件都放在这个共享文件夹中，注意千万不要将系统目录设置成共享。

4. 将资源管理器配置成始终显示扩展名

将 Windows 资源管理器配制成始终显示扩展名，一些文件扩展名为 .vbs，.shs，.pif 的文件多为木马病毒的特征文件，如果遇到这类可疑的文件扩展名时要引起注意。

5. 运行反木马实时监控

木马防范重要的一点就是在上网时运行反木马实时监控程序、木马克星等软件。一般都能实时显示当前所有运行程序，并有详细的描述信息。

6. 经常升级系统

很多木马都是通过系统漏洞来进行攻击的，微软公司发现这些漏洞之后都会发布补丁，很多时候打过补丁之后的系统本身就是一种最好的木马防范办法。

综上所述，木马的判断是日常所应了解的，掌握了上述的判断方法之后，清除木马就应是顺理成章的事了。同特洛伊城的人们一样，计算机中了木马的人都是自己“引马入室”的。抵御木马预防是关键，通常不要执行任何来历不明的文件、程序或附件，不管是邮件中的还是 Internet 上下载的。在下载软件时，一定要从正规的网站上下载。觉得可疑时一定要先检查，再使用。上网的计算机必备防毒软件，一个好的监测软件同样也可以查到绝大多数木马程序，但一定要记得时时更新库文件，正所谓常备无患。

第7章 外部安全和防火墙技术

7.1 防火墙的定义和功能

防火墙(FireWall)是一种隔离控制技术,在某个机构的网络和不安全的网络(如 Internet)之间设置屏障,阻止对信息资源的非法访问,也可以使用防火墙阻止专利信息从企业的网络上被非法输出。防火墙是一种被动防卫技术,由于它假设了网络的边界和服务。因此对内部的非法访问难以有效地控制。因此,防火墙最适合于相对独立的与外部网络互连途径有限、网络服务种类相对集中的单一网络。

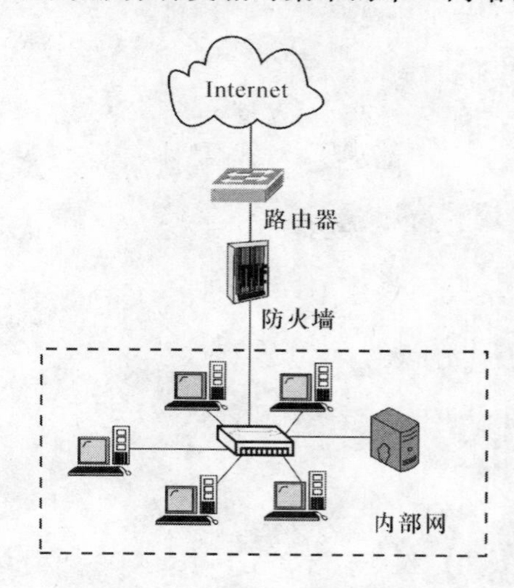

图 7-1 防火墙的网络结构图

防火墙作为一种网络安全部件,它可以是硬件也可以是软件,还可能是软、硬件的结合。防火墙位于两个或多个网络之间,比如局域网和互联网之间,网络之间的所有数据流都经过防火墙(如图 7-1 所示)。通过防火墙可以对网络之间的通信进行扫描,关闭不安全的端口,阻止外来的 DoS 攻击,封锁特洛伊木马等,以保证网络和计算机的安全。

一般防火墙具备以下特点:

(1) 广泛的服务支持:通过将动态的、应用层的过滤能力和认证相结合,可实现 WWW 浏览器、HTTP 服务器、FTP 等;

(2) 对私有数据的加密支持:保证通过 Internet 进行虚拟私人网络和商务活动不受损坏;

(3) 客户端认证只允许指定的用户访问内部网络或选择服务:这是企业本地网与分支机构、商业伙伴和移动用户间安全通信的附加部分;

(4) 反欺骗:欺骗是从外部获取网络访问权的常用手段,它使数据包好似来自网络内部。防火墙能监视这样的数据包并能扔掉它们;

(5) C/S 模式和跨平台支持:能使运行在某一平台的管理模块控制运行在另一平台的监视模块。

7.2　防火墙的类型

7.2.1　软、硬件形式上的分类

如果从防火墙的软、硬件形式来分的话，防火墙可以分为软件防火墙、硬件防火墙和芯片级防火墙。

1. 软件防火墙

软件防火墙运行于特定的计算机上，它需要客户预先安装好的计算机操作系统的支持，一般来说，这台计算机就是整个网络的网关，俗称“个人防火墙”。软件防火墙就像其他的软件产品一样，需要先在计算机上安装并作好配置才可以使用。防火墙厂商中做网络版软件防火墙最出名的莫过于CheckPoint。使用这类防火墙，需要网络管理对所工作的操作系统平台比较熟悉。

2. 硬件防火墙

这里说的硬件防火墙是指“所谓的硬件防火墙”，之所以加上“所谓”二字是针对芯片级防火墙说的。它们最大的差别在于是否基于专用的硬件平台。目前市场上大多数防火墙都是这种所谓的硬件防火墙，它们都基于PC架构，也就是说，它们和普通家庭用的PC没有太大区别。在这些PC架构计算机上运行一些经过裁剪和简化的操作系统，最常用的有老版本的UNIX，Linux和FreeBSD系统。值得注意的是，由于此类防火墙采用的依然是别人的内核，因此依然会受到OS(操作系统)本身的安全性影响。

传统硬件防火墙一般至少应具备3个端口，分别接内网、外网和DMZ区，现在一些新的硬件防火墙往往扩展了端口，常见4端口防火墙一般将第4个端口作为配置口、管理端口。很多防火墙还可以进一步扩展端口数目。

3. 芯片级防火墙

芯片级防火墙基于专门的硬件平台，没有操作系统。专有的ASIC芯片促使它们比其他种类的防火墙速度更快，处理能力更强，性能更高。做这类防火墙最出名的厂商有NetScreen，FortiNet，Cisco等。这类防火墙由于是专用OS(操作系统)，因此防火墙本身的漏洞比较少，不过价格相对比较高昂。

7.2.2　技术上的分类

防火墙技术虽然出现了许多，但总体来讲可分为包过滤型和应用代理型两大类。前者以以色列的CheckPoint防火墙和美国Cisco公司的PIX防火墙为代表，后者以美国NAI公司的GauntLet防火墙为代表。

1. 包过滤型

包过滤(Packet Filtering)型防火墙工作在OSI网络参考模型的网络层和传输层，它根据数据包头源地址、目的地址、端口号和协议类型等标志确定是否允许通过。只有满足过滤条件的数据包才被转发到相应的目的地，其余数据包则被丢弃。

包过滤方式是一种通用、廉价和有效的安全手段。通用是因为它不是针对各个具体的网络服务采取特殊的处理方式，适用于所有网络服务；廉价是因为大多数路由器都提供数据包过滤功能，所以这类防火墙多数是由路由器集成的；有效是因为它在很大程度上满足了绝大多数企业的安全要求。

在整个防火墙技术的发展过程中，包过滤技术出现了两种不同版本，称为第 1 代静态包过滤和第 2 代动态包过滤。静态包过滤类型防火墙几乎是与路由器同时产生的，它是根据定义好的过滤规则审查每个数据包，以便确定其是否与某一条包过滤规则匹配。动态包过滤类型防火墙采用动态设置包过滤规则，避免了静态包过滤所具有的问题。这种技术后来发展成为包状态监测(Stateful Inspection)技术。采用这种技术的防火墙对通过其建立的每一个连接都进行跟踪，并且根据需要可动态地在过滤规则中增加或更新条目。

2. 应用代理型

应用代理(Application Proxy)型防火墙是工作在 OSI 的最高层，即应用层。其特点是完全阻隔了网络通信流，通过对每种应用服务编制专门的代理程序，实现监视和控制应用层通信流的作用。

在代理型防火墙技术的发展过程中经历了两个不同的版本，即第 1 代应用网关型代理防火墙和第 2 代自适应代理防火墙。应用网关(Application Gateway)型防火墙是通过一种代理(Proxy)技术参与到一个 TCP 连接的全过程。从内部发出的数据包经过这样的防火墙处理后，就好像是源于防火墙外部网卡一样，从而可以达到隐藏内部网结构的作用。这种类型的防火墙被网络安全专家和媒体公认为是最安全的防火墙。它的核心技术就是代理服务器技术。自适应代理(Adaptive Proxy)型防火墙是近几年才得到广泛应用的一种新防火墙类型。它可以结合代理类型防火墙的安全性和包过滤防火墙的高速度等优点，在毫不损失安全性的基础上将代理型防火墙的性能提高 10 倍以上。组成这种类型防火墙的基本要素有两个：自适应代理服务器(Adaptive Proxy Server)与动态包过滤器(Dynamic Packet Filter)。

在自适应代理服务器与动态包过滤器之间存在一个控制通道。在对防火墙进行配置时，用户仅仅将所需要的服务类型、安全级别等信息通过相应 Proxy 的管理界面进行设置就可以了。然后，自适应代理就可以根据用户的配置信息，决定是使用代理服务从应用层代理请求还是从网络层转发包。如果是后者，它将动态地通知包过滤器增减过滤规则，满足用户对速度和安全性的双重要求。

代理类型防火墙的最突出的优点就是安全。由于它工作在最高层，所以它可以对网络中任何一层数据通信进行筛选保护，而不是像包过滤那样，只是对网络层的数据进行过滤。另外代理型防火墙采取是一种代理机制，它可以为每一种应用服务建立一个专门的代理，所以内外部网络之间的通信不是直接的，而都须先经过代理服务器审核，通过后再由代理服务器代为连接，根本没有给内、外部网络计算机任何直接会话的机会，从而避免了入侵者使用数据驱动类型的攻击方式入侵内部网。代理防火墙的最大缺点就是速度相对比较慢，当用户对内、外部网络网关的吞吐量要求比较高时，代理防火墙就会成为内、外部网络之间的瓶颈。那是因为防火墙需要为不同的网络服务建立专门的代理服务，在自己的代理程序为内、外部网络用户建立连接时需要时间，所以给系统性能带来了一些负面影响，但通常不会很明显。

7.2.3 应用部署位置上的分类

如果防火墙按应用部署位置分，可以分为边界防火墙、个人防火墙和混合防火墙3大类。

边界防火墙是最为传统的那种，它们位于内、外部网络的边界，所起的作用是对内、外部网络实施隔离，保护内部网络。这类防火墙一般都是硬件类型的，价格较贵，性能较好。

个人防火墙安装于单台主机中，防护的也只是单台主机。这类防火墙应用于广大的个人用户，通常为软件防火墙，价格最便宜，性能也最差。

混合式防火墙可以说就是“分布式防火墙”或者“嵌入式防火墙”，它是一整套防火墙系统，由若干个软、硬件组件组成，分布于内、外部网络边界和内部各主机之间，既对内、外部网络之间通信进行过滤，又对网络内部各主机间的通信进行过滤。它属于最新的防火墙技术之一，性能最好，价格也最贵。

7.2.4 性能上的分类

如果按防火墙的性能来分可以分为百兆级防火墙和千兆级防火墙两类。

因为防火墙通常位于网络边界，所以不可能只是十兆级的。这主要是指防火的通道带宽(BandWidth)，或者说是吞吐率。当然通道带宽越宽，性能越高，这样的防火墙因包过滤或应用代理所产生的延时也越小，对整个网络通信性能的影响也就越小。

7.3 防火墙产品

本节将主要介绍目前使用比较广泛的防火墙产品。目前主要有以下的防火墙产品，国外的品牌有 CheckPoint，Cisco，NAI，Trend Micro，NetScreen，GauntLet，IBM，Norton，Microsoft ISA；国内的品牌有天融信、天网、金山网彪、东大阿尔派、联想网御、北信源、青鸟、网眼、清华得实、清华紫光、清华顺风、KILL、中网、上海华依、东方龙马、实达郎新、中科网威、中科安胜、海信、四川能士等。

7.3.1 硬件防火墙产品

现在以 CheckPoint 防火墙产品为例为大家介绍硬件防火墙的几个技术指标。

CheckPoint 防火墙产品，如图 7-2 所示是一件 CheckPoint i-Security 系列的防火墙产品，型号为 SP-4500。

图 7-2 CheckPoint i-Security SP-4500 防火墙

SP-4500 是一个全面状态检测的防火墙，预安装 CheckPoint SecurePlatform 系统平台和 FireWall-1/VPN-1，可以为用户提供便捷的安装及其良好的兼容性。SP-4500 的 4 个标配千兆、可扩展至 12 个千兆网口，其热插拔电源冗余和硬盘镜像的硬件级的高可用性，完全可以满足中、小型企业或电子商务网站的网络需求。其性能特点如下。

- 预安装 CheckPoint SecurePlatform 和 FireWall-1/VPN-1，即插即用
- 4 个标配千兆、可扩展至 12 个千兆网口
- 防火墙吞吐率：1.8 Gbit/s
- 最高 VPN 流量：260 Mbit/s
- 最高并发连接数：850 000
- 策略数：无限
- 高可用性：电源冗余/硬盘镜像/多机热备 ClusterXL

由此可见，一般硬件防火墙主要有吞吐率、最高并发连接数、最高 VPN 流等 3 项技术指标。

7.3.2 软件防火墙产品

1. 企业应用的软件防火墙

下面以 Microsoft ISA Server 2006 为例，为大家介绍企业软件防火墙的基本情况。

Microsoft ISA Server 包括了网络管理者所关注的集安全防火墙、VPN、缓存器于一体，ISA Server 2006 是集成的边界安全网关，可帮助保护企业 IT 环境免于来自 Internet 的威胁，维护企业 IT 环境的安全。ISA Server 2006 提供两个版本：标准版和企业版。

ISA Server 主要有以下 4 方面的功能：

(1) 保护企业的 Microsoft 应用系统体系构架，通过状态信息包检测、应用层过滤和全面的发布工具，穿越不同的网络层面，保护你企业的应用系统、服务和数据；

(2) 改善企业的 IT 网络，使用统一的防火墙，以及结合了 Web 缓存、带宽管理和全面的访问控制的 VPN，简化管理和用户验证；

(3) 保护企业的 IT 环境，使用细化策略，以及深入扫描和屏蔽有害内容和 Web 站点的全面的工具，排除有害软件和其他攻击的破坏性影响；

(4) 连接和保护企业的分支机构，企业需要将远程站点的分支机构连接到它们的公司总部，以便提供给分支机构安全性增强的 Internet 访问，并且更加有效地使用有限的带宽。

下面就简单地介绍如何在 ISA Server 中建立 ISA 规则来管理企业内部的网络。这里所说的所有访问规则都没有限定内容类型，因为它可能给 HTTP 访问带来一些困难，通常只是在 HTTP 过滤里面设置不允许访问的文件扩展名。企业的 ISA 设置是根据需要允许特定的用户利用特定的协议在特定的时间内访问特定的网络。

下面以添加一条规则为例来演示基本的操作步骤，这个规则是内部网的所有用户在

所有时间都可以用 HTTP,HTTPS,POP3,SMTP 协议访问公司的指定内部服务器,操作步骤如下。

添加规则所需的协议,如图 7-3 所示。

添加访问源,这里设定允许所有内部网用户,如图 7-4 所示。

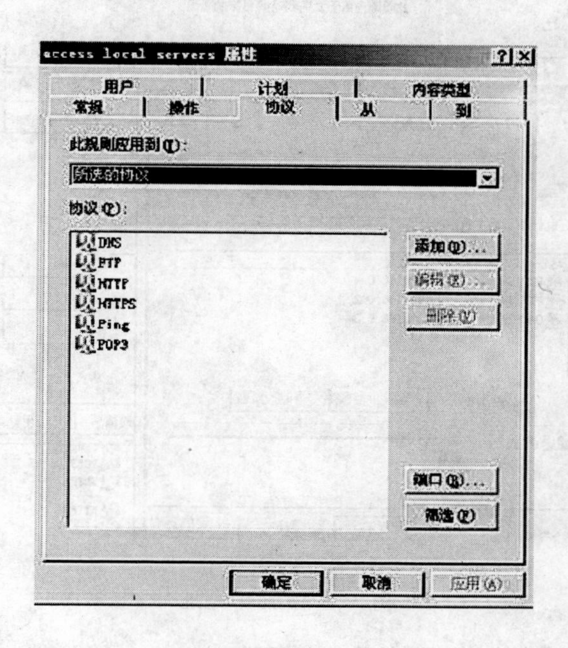

图 7-3　添加协议

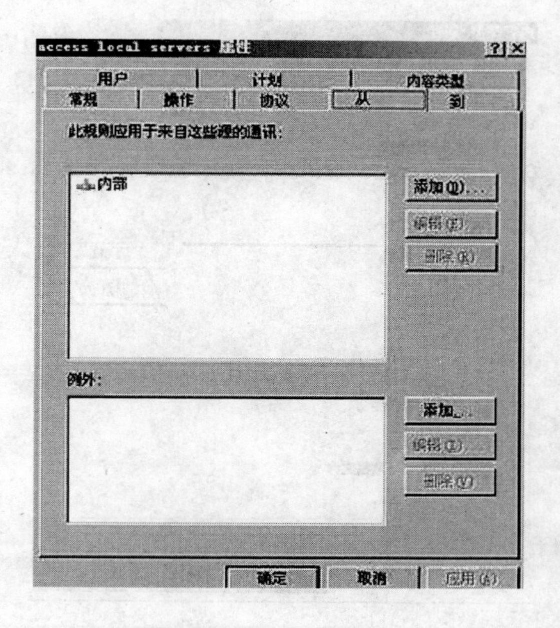

图 7-4　添加访问源

添加允许访问的服务器 IP 地址，如图 7-5 所示。

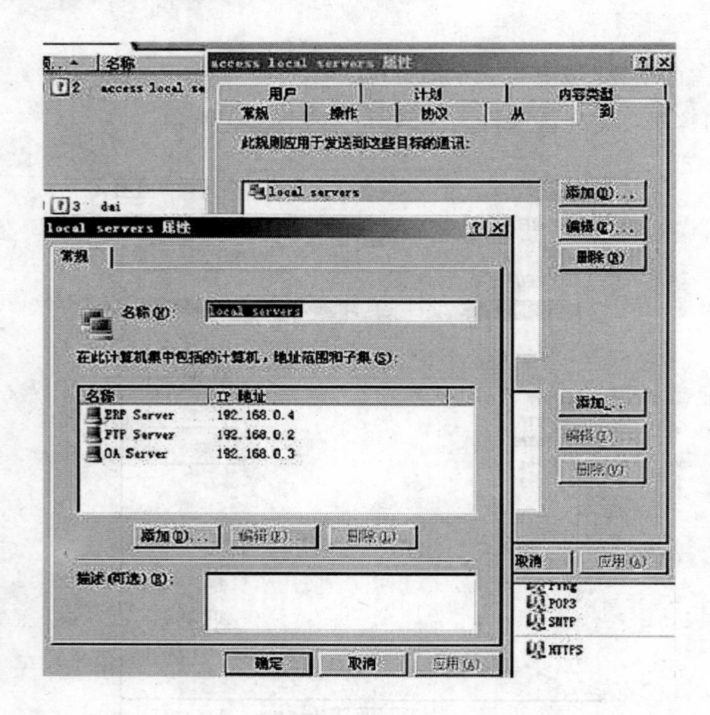

图 7-5　添加 IP 地址

选择或新建访问的【内容类型】，如图 7-6 所示。

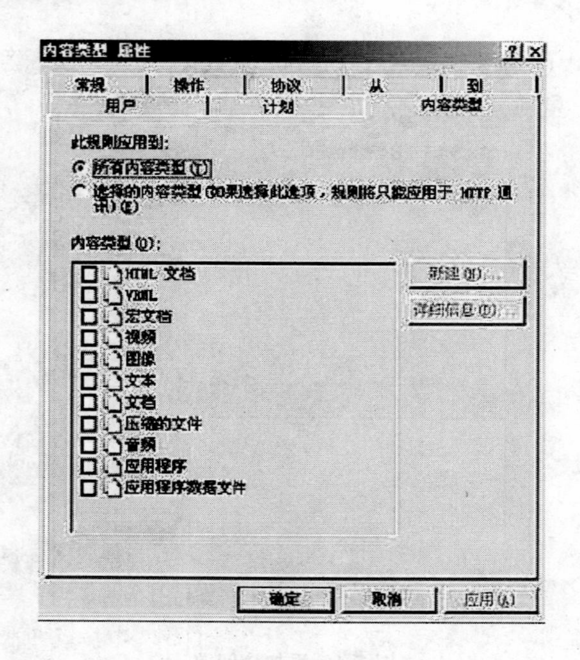

图 7-6　【内容类型】属性

2. 个人应用的防火墙

个人防火墙是为解决网络上黑客攻击问题而研制的个人信息安全产品，具有比较完备的规则设置，能够有效的监控大多数网络连接，保护网络不受黑客的攻击。个人防火墙产品中，国内的产品有很多，下面以瑞星个人防火墙为例简单介绍其用法。

这里着重介绍瑞星防火墙的设置。

(1) 普通设置

打开防火墙主程序，在菜单中依次选择【设置】/【详细设置】，进入【详细设置】界面，如图 7-7 所示。

图 7-7 【详细设置】界面

在此可以进行以下项目的设置。

启动方式：自动即设定系统启动时防火墙随系统自动启动，此设置为默认设置；手工即系统启动时防火墙不自动启动。

规则顺序：可选择访问规则优先或 IP 规则优先。当访问规则和 IP 规则有冲突的时候，防火墙将依照此规则顺序执行。例如，应用规则规定 IE 程序可以访问网络，IP 规则规定不允许访问瑞星网站，如果你选择应用规则优先，则可以访问瑞星网站；如果你选择 IP 规则优先，由于 IP 规则不允许访问瑞星网站，即使应用规则允许 IE 访问网络，也无法访问瑞星网站。

日志记录种类：指定哪些类型的事件记录在日志中，分别为【清除木马病毒】、【系统动作】、【修改配置】、【禁止应用】、【修订规则】，打勾表示选中。单击【更多设置】可进入日志详细选项的设置。

不在访问规则中的程序访问网络的默认动作，有 3 种默认动作：自动拒绝即不提示用户，自动拒绝应用程序对网络的访问请求；自动放行即不提示用户，自动放行应用程序对网络的访问请求；询问用户即提示用户，由用户选择是否允许放行。这类程序访问网络有 6 种模式，防火墙根据不同模式，不同计算机状态执行不同规则：屏保模式、锁定模式、密码保护模式、交易模式、未登录模式和静默模式。6 种模式中的屏保模式、未登录模式和锁定模式可根据计算机状态自动切换，其他 3 种模式为手工切换。

（2）设置访问规则

如图 7-8 所示，设置本机中访问网络的应用程序的过滤规则。

图 7-8 【访问规则】设置界面

图 7-8 的列表中显示当前已定义了访问规则的应用程序，具体列出程序名、状态、是否允许收发邮件、完整路径，打勾的项表示生效。

增加规则的操作如下：

① 单击【增加】按钮，如图 7-9 所示。

② 单击【浏览】按钮定位应用程序，界面上自动显示名称、公司、版本信息。选择所属类别、常规模式下访问规则、是否允许发送邮件。选择是否启用防篡改保护，选中表示在应用程序访问网络时防火墙将检查其是否已被修改过，如图 7-10 所示。

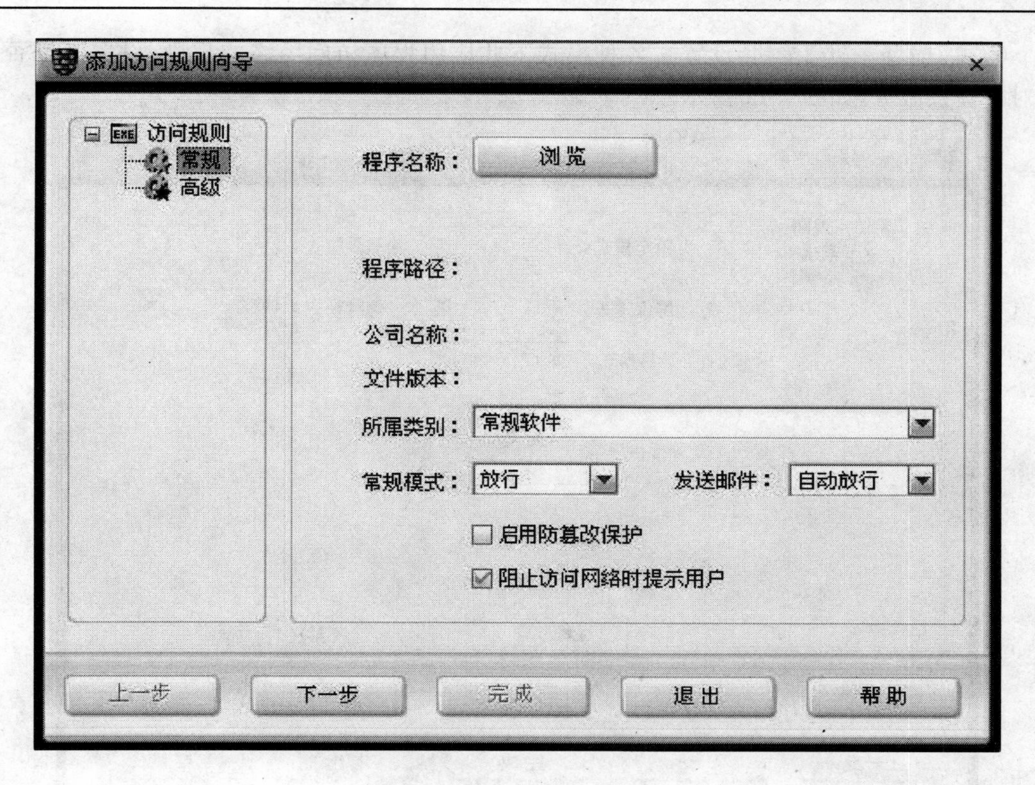

图 7-9　【增加】规则界面

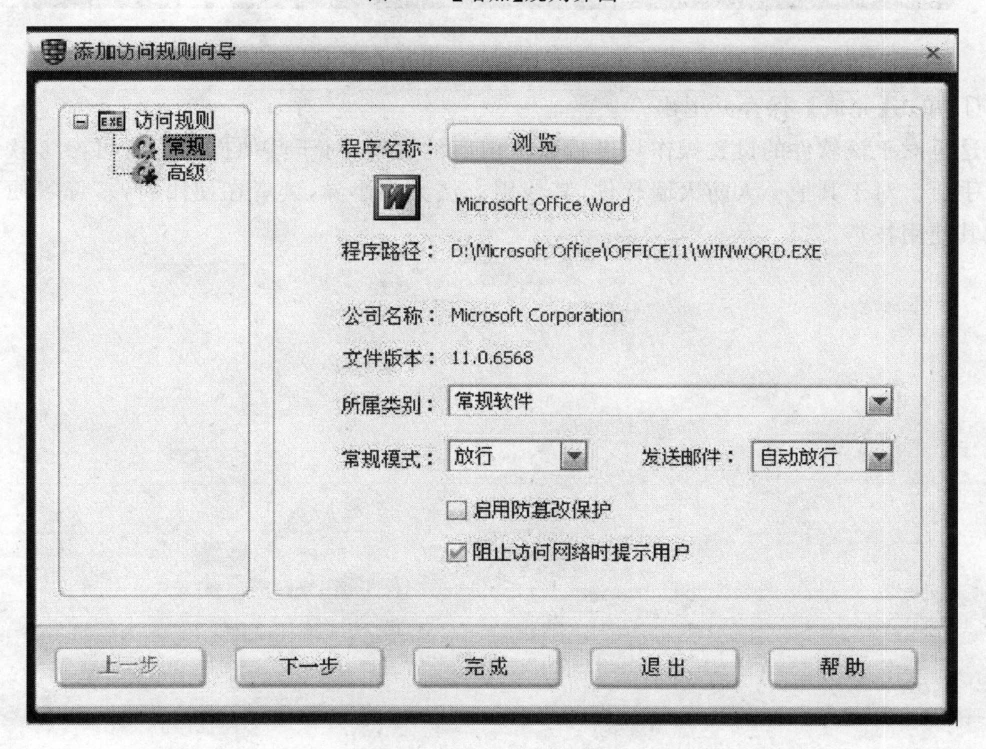

图 7-10　定位应用程序，进行【常规】设置

③ 单击【下一步】按钮，设置在各种模式下此应用程序访问网络的规则，设置其是否允许对外提供服务，如图 7-11 所示。

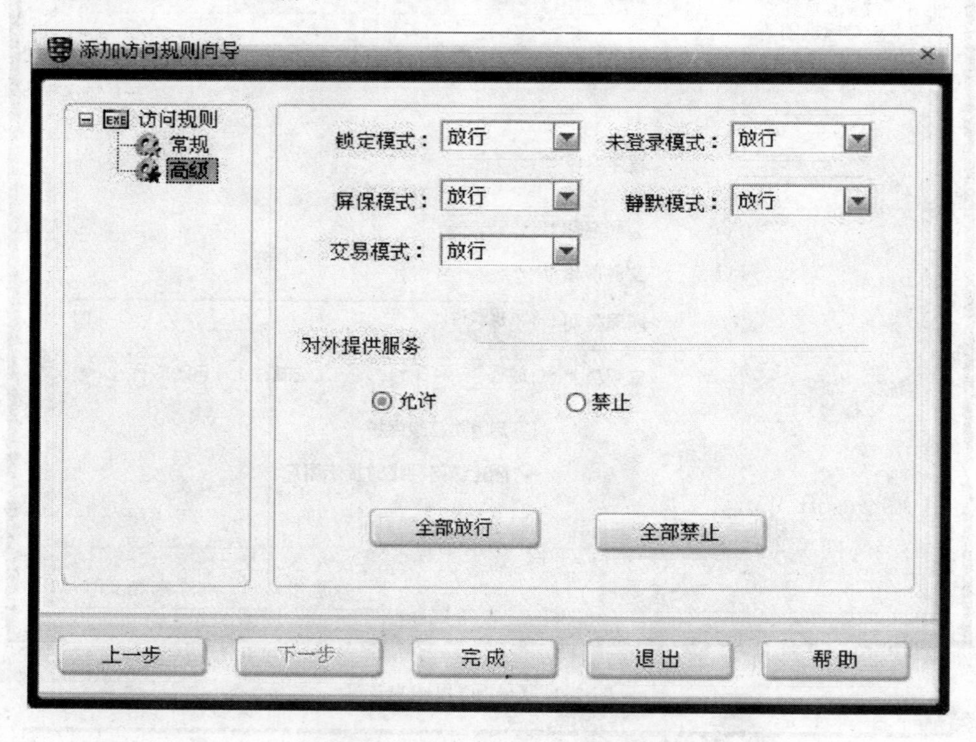

图 7-11 设置在各种模式下此应用程序访问网络的规则

④ 单击【完成】，保存并退出。

这里对于该软件的设置操作只进行以上内容的讲解，对于其他操作读者可参考软件的用户手册。对于其他个人防火墙软件，其使用方法大同小异，读者在使用时，多练习便可以掌握其使用技巧。

第8章 Web站点的安全技术

8.1 Windows Server 2003 的安全方案

使用 Microsoft Windows 系列服务器建立的 Web 站点在中、小型网站中占了绝大部分比例，在大型网站中也有一部分市场，但 Windows 服务器的安全问题也一直比较突出，这使得每个基于 Windows 的网站经常受到病毒、黑客的攻击，对于网站安全我们常常有一种如履薄冰的感觉。然而微软并没有明确的安全解决方案，只是推出了一个个补丁程序，各种安全文档上对于 Windows 服务器的安全描述也是不成系统，这让许多网站管理人员无从下手。于是很多网络管理只是忙着下各种各样的补丁程序，再安装了防火墙、杀毒软件以后就以为网站的安全工作完成了，而从来不对 Windows 服务器本身做任何安全配置。这种现状直接导致了大量网站的 Windows 服务器安全性不过关，只有极少数 Windows 网站有较高的安全性。

为此，这一部分将详细介绍如何通过对 Windows 服务器本身进行安全配置来建立一套适合 Windows 的安全方案。通过这一节的学习，读者将掌握如何通过对 Windows 服务器自身进行安全配置来提高站点安全性。对 Windows Server 2003 的站点来说，主要解决以下几方面的安全问题：Windows Server 2003 操作系统，Internet 信息服务(IIS) 6.0，Web 应用程序，IP 安全策略(IPSec)，远程管理与监视，SQL Server，用户与密码。本章中主要讲解 Windows Server 2003，Internet 信息服务(IIS)6.0，IP 安全策略(IPSec)的安全配置，对于其他方面将在以后的课程逐步讲解。

8.1.1 安装安全

要得到安全可靠的操作系统，那么在安装时就要开始有安全意识，注意安全配置，首先讲解在进行系统安装和软件安装时应注意的安全配置。

1. 将硬盘分区格式化为 NTFS 分区

NTFS 比 FAT 分区多了安全控制功能，可以对不同的文件夹设置不同的访问权限，安全性大大增强。建议最好一次性全部安装成 NTFS 分区，而不要先安装成 FAT 分区再转化为 NTFS 分区。

2. 只安装一种操作系统

安装两种以上操作系统，会给黑客以可乘之机，利用攻击使系统重启到另一个没有安全设置的操作系统（或者他熟悉的操作系统），进而进行破坏。另外，在一台服务器上安装多个版本的 Windows 的操作系统，会使文件属性和权限造成冲突，使服务器产生安全隐患。

3. 安装成独立的域控制器，选择工作组成员，不选择域

主域控制器（PDC）是局域网中对多台联网机器管理的一种方式，用于网站服务器包含着安全隐患，使黑客有可能利用域方式的漏洞攻击站点服务器。

4. 将操作系统文件所在分区与 Web 数据包括其他应用程序所在的分区分开，并在安装时最好不要使用系统默认的目录

如将 C:\WINDOWS（如果操作系统安装在 C 盘时）改为其他目录，黑客有可能通过 Web 站点的漏洞得到操作系统对某些程序的执行权限，从而造成更大的破坏。

5. Windows 程序，都要重新安装一次补丁程序

在系统安装完成以后，应立刻运行升级更新程序，下载最新的补丁。最新的补丁程序，表示系统以前有重大漏洞，非补不可了，对于局域网内服务器可以不是最新的，但站点必须安装最新补丁，否则黑客可能会利用低版本补丁的漏洞对系统造成威胁。对于新发布的 Service Pack，安装前应先在测试机器上安装一次，以防因为例外原因导致机器死机，同时作好数据备份。

6. 尽量不安装与 Web 站点服务无关的软件

其他应用软件有可能会带来黑客容易攻击的安全漏洞，或软件本身绑定木马程序等。

8.1.2 设置安全

1. 账号策略和密码策略

(1) 账号尽可能少，且尽可能少用来登录；网站账号一般只用来做系统维护，多余的账号一个也不要，因为多一个账号就会多一份被攻破的危险。

(2) 除了 Administrator 外，有必要再增加一个属于管理员组的账号。两个管理员组的账号，一方面防止管理员一旦忘记一个账号的口令还有一个备用账号；另一方面，一旦黑客攻破一个账号并更改口令，管理员还有机会重新在短期内取得控制权。

(3) 所有账号权限需严格控制，轻易不要给账号以特殊权限。

(4) 将 Administrator 重命名，改为一个不易猜的名字。其他一般账号也应遵循这一原则，这样可以使黑客不易猜到用户名，为其攻击增加了一层障碍。

(5) 将 Guest 账号禁用，同时重命名为一个复杂的名字，增加口令，并将它从 Guest 组删掉。有的黑客工具正是利用了 Guest 的弱点，可以将账号从一般用户提升到管理员组。

(6) 给所有用户账号一个复杂的口令（系统账号除外），长度最少在 8 位以上，且必须同时包含字母、数字、特殊字符。同时不要使用大家熟悉的单词（如 Microsoft）、熟悉的键盘顺序（如 asdf）、熟悉的数字（如年份）等。口令是黑客攻击的重点，口令一旦被突破也就无任何系统安全可言了，而这往往是不少网络管理所忽视的地方，据测试，仅字母加数字的 6 位口令在几分钟内就会被攻破，而所推荐的方案则要安全得多。

(7) 口令必须定期更改（建议至少两周改一次），且最好记在心里，除此以外不要在任何地方作记录；另外，如果在日志审核中发现某个账号被连续尝试，则必须立刻更改此账号（包括用户名和口令）。

（8）在账号属性中设立锁定次数，比如账号失败登录次数超过5次即锁定该账号。这样可以防止某些大规模的登录尝试，同时也使管理员对该账号提高警惕。

2. 解除NetBIOS与TCP/IP协议的绑定

NetBIOS在局域网内是不可缺少的功能，但在网站服务器上却成了黑客扫描工具的首选目标。方法是控制面版→网络和拨号连接→本地网络→属性→TCP/IP→属性→高级→Wins，选禁用TCP/IP上的NetBIOS。这样黑客就无法用NetStat命令来读取你的NetBIOS信息和网卡MAC地址了。

3. 修改NTFS文件的安全权限

NTFS下所有文件默认情况下对所有人（EveryOne）为完全控制权限，这使黑客有可能使用一般用户身份对文件做增加、删除、执行等操作，建议对一般用户只给予读取权限，而只给管理员和System以完全控制权限，但这样做有可能使某些正常的脚本程序不能执行，或者某些需要写的操作不能完成，这时需要对这些文件所在的文件夹权限进行更改，建议在作更改前先在测试机器上作测试，然后慎重更改。权限管理是管理员的一项很重要的内容。

4. 系统启动的等待时间设置为0秒

控制面板→系统→高级→启动和故障恢复设置，然后将显示操作系统列表的默认值30改为0。（或者在系统盘中的隐藏文件boot.ini里将TimeOut的值改为0。）

5. 只开放必要的端口，关闭其余端口

默认情况下，所有的端口对外开放，黑客就会利用扫描工具扫描那些端口可以利用，这对安全是一个严重威胁。端口扫描在网络扫描中大约占了96%，UDP（User Datagram Protocol）服务次之，占3.7%。除了这两种之外，剩余的0.3%是用户名和密码扫描、NetBIOS域登录信息和SNMP管理数据等。现将一些常用端口列表，如表8-1所示。

表8-1　Web站点的常用端口列表

端口号	服务	说明
135,445	Windows RPC	表明可能感染了最新的蠕虫病毒
57	Email	黑客利用FX工具对这个端口进行扫描，寻找微软Web服务器的弱点
1080,3128,6588,8080	代理服务	表示黑客正在进行扫描
25	SMTP服务	是黑客探测：SMTP服务器并发送垃圾邮件的信号
10000＋	未注册的服务	攻击这些端口通常会返回流量，原因可能是计算机或防火墙配置不当或者黑客模拟返回流量进行攻击
161	SNMP服务器	成功获得SNMP可能会使黑客完全控制路由器防火墙或交换机
1433	微软SQL服务	表明计算机可能感染了SQL Slammer蠕虫病毒
53	DNS	表明防火墙或Lan配置可能有问题
67	引导程序	表明设备可能配置不当
2847	诺顿反病毒服务	表明计算机存在设置问题

如何关闭端口将在后面的课程进行讲解。

6. 只保留 TCP/IP 协议,删除 NetBeui,IPX/SPX 协议

网站需要的通信协议只有 TCP/IP,而 NetBeui 是一个只能用于局域网的协议,IPX/SPX 是面临淘汰的协议,放在网站上没有任何用处,反而会被某些黑客工具利用。

7. 关掉并禁用不必要的服务

安装 Windows Server 2003 后,通常系统会默认启动许多服务,其中有些服务是用户根本用不到的,不但占用系统资源降低系统运行效率,还有可能被黑客利用,所以在配置系统时关闭一些服务。

Computer Browser:维护网络上计算机的最新列表及提供这个列表。

Task Scheduler:允许程序在指定时间运行。

Routing and Remote Access:在局域网及广域网环境中为企业提供路由服务。

Removable Storage:管理可移动媒体、驱动程序和库。

Remote Registry Service:允许远程注册表操作。

Print Spooler:将文件加载到内存中以便以后打印,要用打印机的朋友不能禁用这项。

Alerter:通知选定的用户和计算机管理警报。

Error Reporting Service:收集、存储和向 Microsoft 报告异常应用程序。

Messenger:传输客户端和服务器之间的 NetSend 和警报器服务消息。

Telnet:允许远程用户登录到此计算机并运行程序。

8. 合理修改注册表

注册表是 Windows 系统存储关于计算机配置信息的数据库,包括了系统运行时需要调用的运行方式的设置。Windows 注册表中包括的项目有每个用户的配置文件、计算机上安装的程序和每个程序可以创建的文档类型、文件夹和程序图标的属性设置、系统中的硬件、正在使用的端口等。为了提高系统的安全性,还需要对注册表进行必要的设置与优化。

(1) 隐藏重要文件/目录可以修改注册表实现完全隐藏

HKEY_LOCAL_MACHINE\Software\Microsoft\Windows\Current-Version\Explorer\Advanced\Folder\Hi-Dden\Showall,鼠标右击【CheckedValue】,选择【修改】,把数值由 1 改为 0。

(2) 防止 SYN 洪水攻击

HKEY_LOCAL_MACHINE\System\CurrentControlSet\Services\TcpIP\Parameters,新建 DWORD 值,名为 SynAttackProtect,值为 2。

EnablePmtuDiscovery REG_DWORD 0

NoNameReleaseOnDemand REG_DWORD 1

EnableDeadGwDetect REG_DWORD 0

KeepAliveTime REG_DWORD 300 000

PerformRouterDiscovery REG_DWORD 0

EnableIcmpRedirects REG_DWORD 0

(3)禁止响应 ICMP 路由通告报文

HKEY_LOCAL_MACHINE\System\CurrentControlSet\Services\TcpIP\Parameters\Interfaces\Interface,新建 DWORD 值,名为 PerformRouterDiscovery,值为 0。

(4) 防止ICMP重定向报文的攻击

HKEY_LOCAL_MACHINE\System\CurrentControlSet\Services\TcpIP\Parameters，将EnableIcmpRedirects值设为0。

(5) 不支持IGMP协议

HKEY_LOCAL_MACHINE\System\CurrentControlSet\Services\TcpIP\Parameters，新建DWORD值，名为IgmpLevel，值为0。

(6) 修改终端服务端口

第1处 HKEY_LOCAL_MACHINE\System\CurrentControlSet\Control\Terminal Server\Wds\ Rdpwd\Tds\Tcp，找到键值PortNumber，在十进制状态下改成你想要的端口号，比如7126之类的，只要不与其他冲突即可。

第2处 HKEY_LOCAL_MACHINE\System\CurrentControlSet\Control\Terminal Server\WinStations\Rdp-Tcp，方法同上，记得改的端口号和上面改得一样就行了。

(7) 禁止IPC空连接

黑客可以利用netuse命令建立空连接，进而入侵，还有netview，netstat这些都是基于空连接的，禁止空连接就好了。打开注册表，找到LOCAL_MACHINE\System\CurrentControlSet\Control\Lsa-RestrictAnonymous，把这个值改成1即可。

(8) 更改TTL值

黑客可以根据Ping回的TTL值来大致判断你的操作系统。例如：

TTL=107(Winnt)；

TTL=108(Win 2000)；

TTL=240或241(Linux)。

实际上可以自行更改：

HKEY_LOCAL_MACHINE\System\CurrentControlSet\Services\TcpIP\Parameters：DefaultTTL

REG_DWORD 0～0xff(0～255十进制，默认值128)改成一个莫名其妙的数字如258，这会增加强服务器的入侵难度，提高服务器的安全性。

(9) 禁止建立空连接

默认情况下，任何用户都可以通过空连接连上服务器，进而枚举出账号，猜测密码。我们可以通过修改注册表来禁止建立空连接，LOCAL_MACHINE\System\CurrentControlSet\Control\Lsa-RestrictAnonymous的值改成1即可。

(10) 删除默认共享

Windows Server 2003为管理而设置一些默认共享，必须通过修改注册表的方式取消它，方法如下：

HKEY_LOCAL_MACHINE\System\CurrentControlSet\Services\LanmanServer\Parameters：AutoShareServer的类型是REG_DWORD，把值改为0即可。

9. 安装最新的MDAC

MDAC为数据访问部件，通常程序对数据库的访问都通过它，但它也是黑客攻击的目标，为防止以前版本的漏洞可能会被带入升级后的版本，建议卸载后安装最新的版本。注意:在安装最新版本前最好先作一下测试,因为有的数据访问方式或许在新版本中不再被支持,这种情况下可以通过修改注册表来修补漏洞,详情可以参考微软公布的漏洞测试文档。

10. 安全日志

Windows Server 2003 默认安装都没有打开任何安全审核,所以需要进入【控制面板】→【管理工具】→【本地安全策略】→【审核策略】中打开相应的审核。系统提供了 9 类可以审核的事件,对于每一类都可以指明是审核成功事件、失败事件,还是两者都审核。在审核策略中打开相应的审核时,对于 Windows Server 2003 推荐的审核是:

账户管理 成功 失败

登录事件 成功 失败

对象访问 失败

策略更改 成功 失败

特权使用 失败

系统事件 成功 失败

目录服务访问 失败

账户登录事件 成功 失败

审核项目少的缺点是,一旦想看但发现没有记录,那就一点都没辙;审核项目太多不仅会占用系统资源而且会导致你根本没空去看,这样就失去了审核的意义。

8.1.3 关闭服务器端口

关闭服务器端口的有 3 种方法:通过修改注册表关闭相关端口;通过停止并禁用相关系统服务;通过配置本地 IP 安全策略实现端口的关闭。这里着重讲解通过配置 IP 安全策略关闭端口的方法。

1. 通过停止并禁用相关系统服务关闭端口

(1) 关闭 79 等端口:关闭 Simple TCP/IP Service,支持 Character Generator,Daytime,Discard,Echo 等 TCP/IP 服务,以及 Quote of the Day。

(2) 关掉 25 端口:关闭 Simple Mail Transport Protocol(SMTP)服务,它提供的功能是跨网传送电子邮件。

(3) 关掉 21 端口:关闭 FTP Publishing Service,它提供的服务是通过 Internet 信息服务的管理单元提供 FTP 连接和管理。

(4) 关掉 23 端口:关闭 Telnet 服务,它允许远程用户登录到系统并且使用命令行运行控制台程序。

(5) 关闭 Server 服务,此服务提供 RPC 支持、文件、打印及命名管道共享。关掉它就关掉了 Windows 的默认共享,比如 ipc $,c $,admin $ 等,此服务关闭不影响其他操作。

2. 配置 IP 安全策略关闭端口

IP 安全性(Internet Protocol Security)是 Windows Server 2000/2003 中提供的一种安全技术,它是一种基于点到点的安全模型,可以实现更高层次的局域网数据安全性。在网络上传输数据的时候,通过创建 IP 安全策略,利用点到点的安全模型,能够安全有效地把源计算机的数据传输到目标计算机。

下面就详细介绍创建 IP 安全策略的设置步骤。

（1）单击【开始】→【控制面板】→【管理工具】→【本地安全策略】，如图 8-1 所示。

图 8-1　打开【本地安全策略】

（2）在弹出的【本地安全设置】对话框中，选择【IP 安全策略，在本地计算机】，如图 8-2 所示。这里能够看到有 3 个内置的 IP 安全策略：服务器（请求安全）、安全服务器（需要安全）、客户端（仅响应），请读者参看各 IP 安全策略中的描述内容，如果能够满足服务器的需要，可以直接使用内置的 IP 安全策略。这里着重讲解如何新建 IP 安全策略，并使之生效。

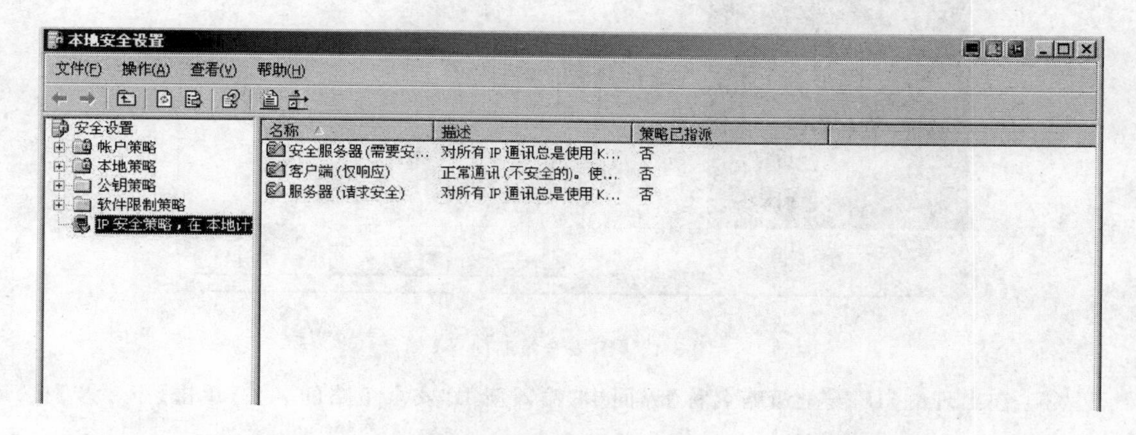

图 8-2　【IP 安全策略】主界面

（3）在右边窗格的空白位置右击鼠标，弹出快捷菜单，选择【创建 IP 安全策略】，如图 8-3 所示。

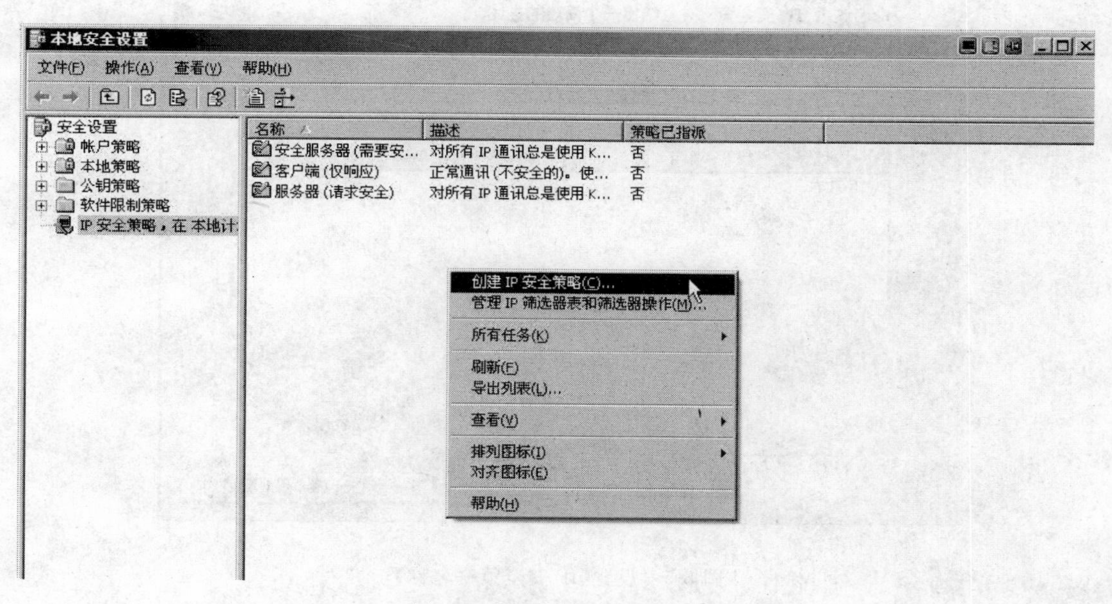

图 8-3　【创建 IP 安全策略】

(4) 在弹出的【IP 安全策略向导】对话框中,单击【下一步】按钮,如图 8-4 所示。

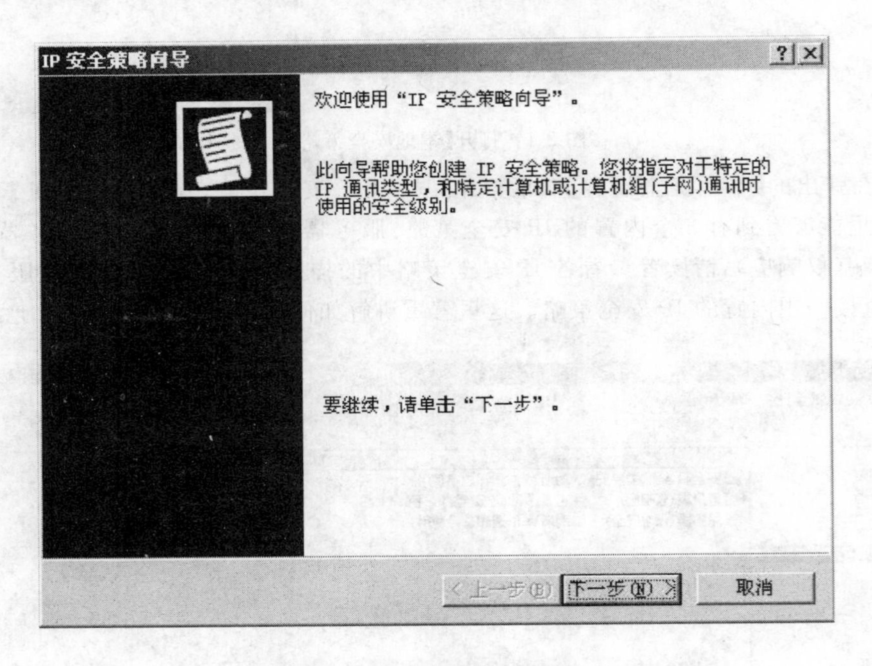

图 8-4 【IP 安全策略向导】

(5) 在出现的【IP 安全策略名称】界面中,输入新 IP 安全策略的名称,单击【下一步】按钮,如图 8-5 所示。

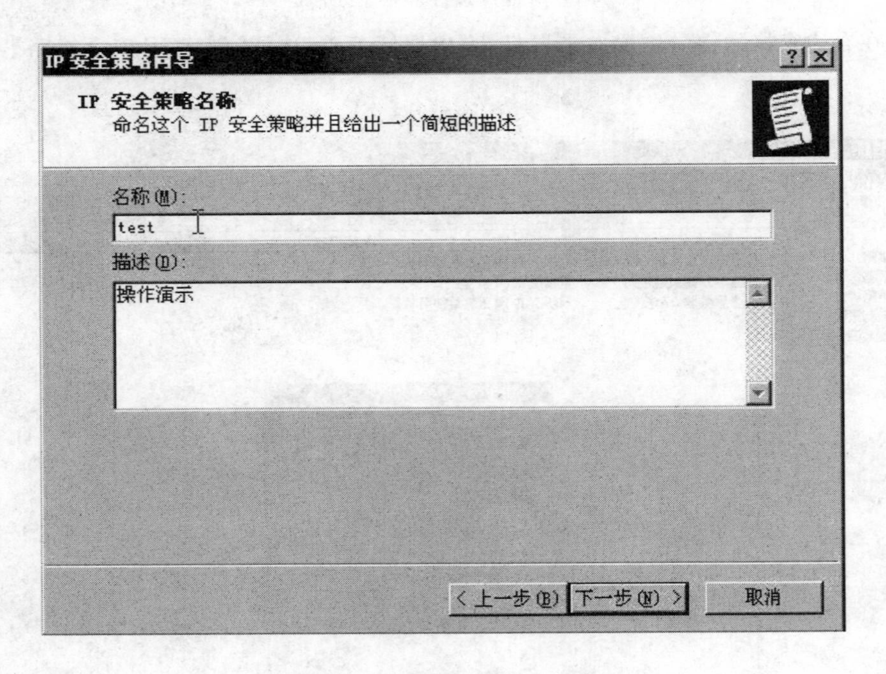

图 8-5 设置【IP 安全策略名称】

(6) 在出现的【安全通信请求】界面中,需要【激活默认响应规则】,将其前面勾选,单击【下一步】，如图 8-6 所示。

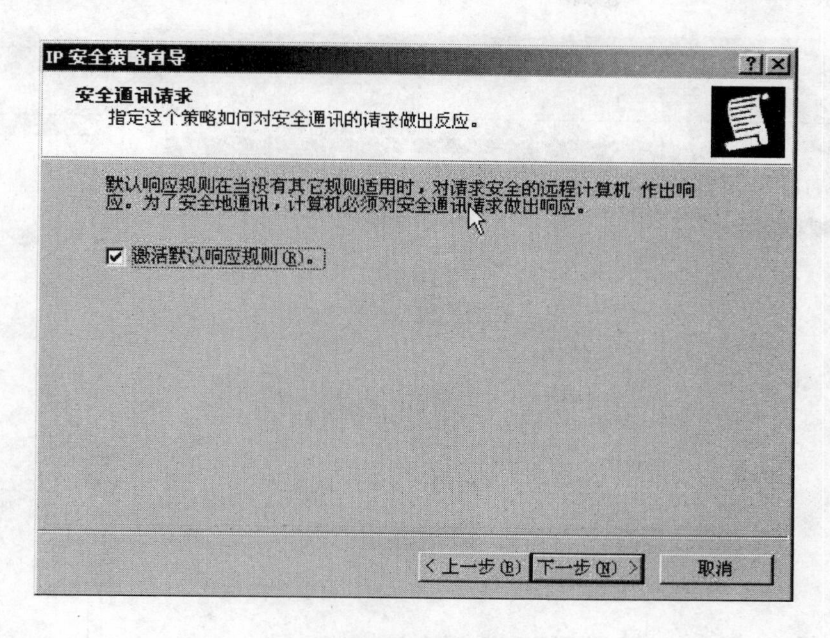

图 8-6　【激活默认响应规则】

(7) 在出现的【正在完成 IP 安全策略向导】界面中，去掉【编辑属性】前的勾，单击【完成】按钮，如图 8-7 所示。

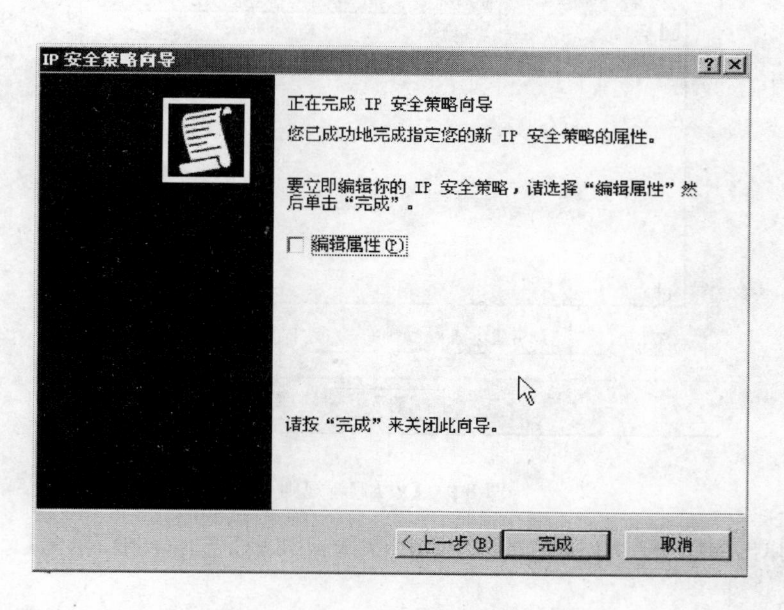

图 8-7　不【编辑属性】，单击【完成】

(8) 在【本地安全设置】对话框，选择 IP 安全策略【test】，右击，选择【属性】，如图 8-8 所示。

(9) 在弹出的【test 属性】对话框中，把【使用添加向导】左边的勾去掉，然后单击【添加】

按钮添加新的规则,如图 8-9 所示。

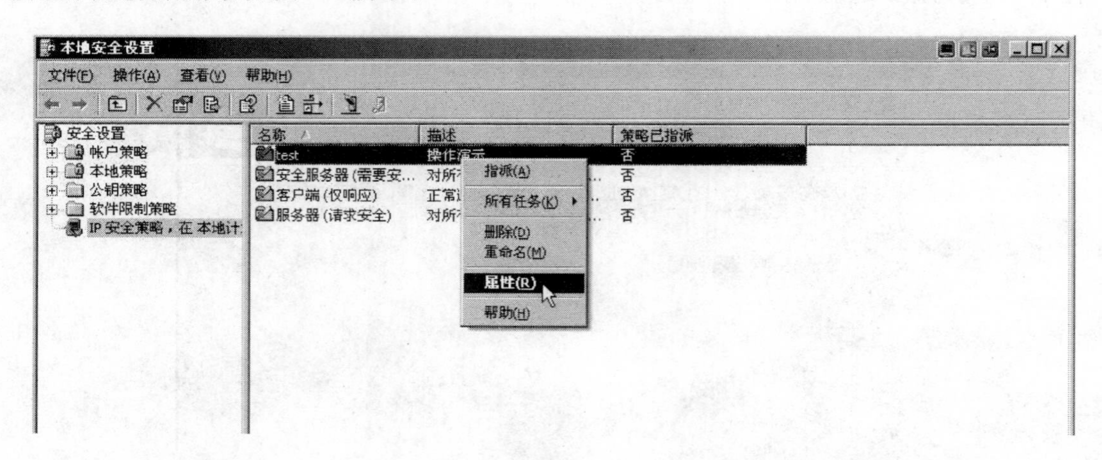

图 8-8 打开【test 属性】对话框

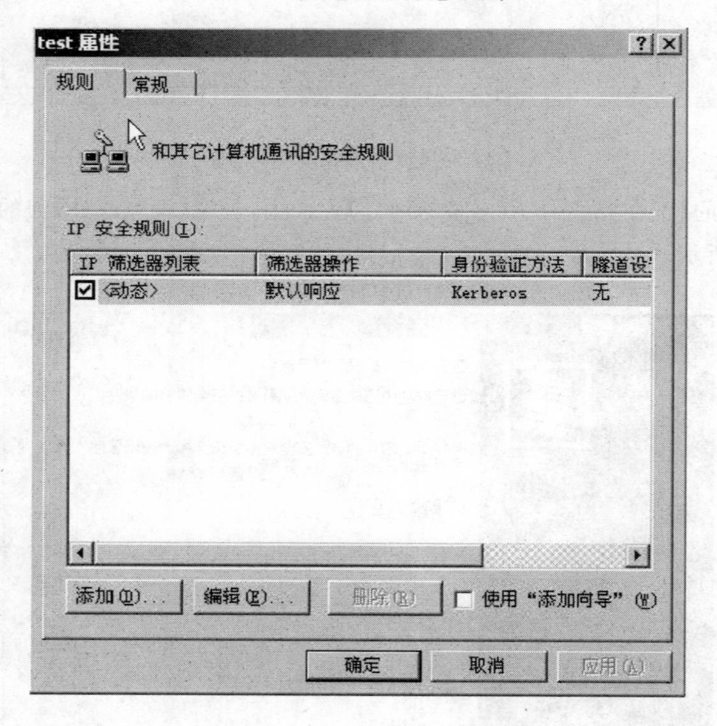

图 8-9 【添加】新规则

(10) 在弹出的【新规则属性】对话框【IP 筛选器列表】选项卡中,单击【添加】按钮,如图 8-10 所示。

(11) 在弹出的【IP 筛选器列表】对话框中,单击【添加】按钮,如图 8-11 所示。

(12) 在出现的【筛选器属性】对话框【寻址】选项卡中,把源地址设为【任何 IP 地址】,目标地址设为【我的 IP 地址】,如图 8-12 所示。

(13) 在出现的【筛选器属性】对话框【协议】选项卡中,在【选择协议类型】的下拉列表中选择【TCP】，然后在【到此端口】下的文本框中输入【135】，单击【确定】按钮，这样就添加了一个屏蔽 TCP 135(RPC)端口的筛选器，如图 8-13 所示。

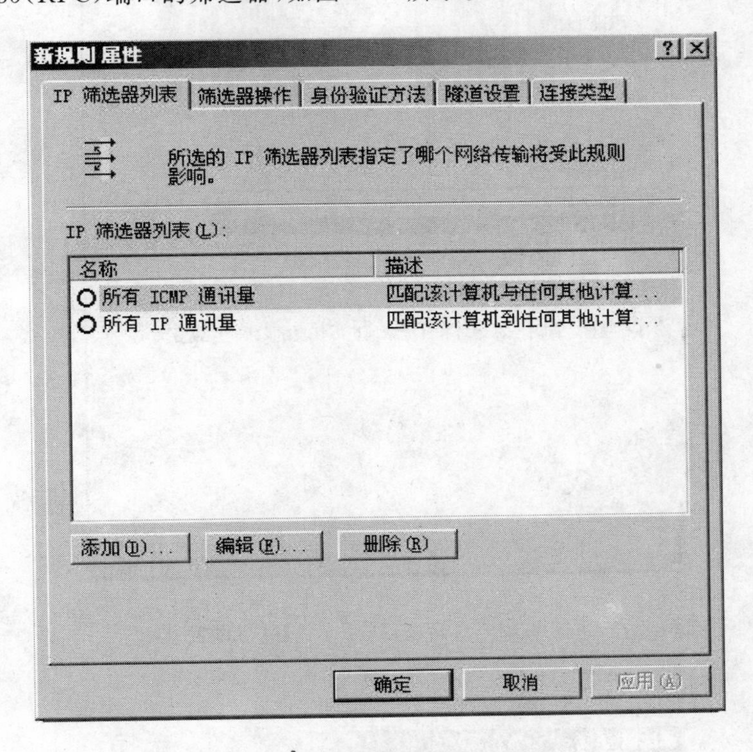

图 8-10　【添加】新的【IP 筛选器列表】

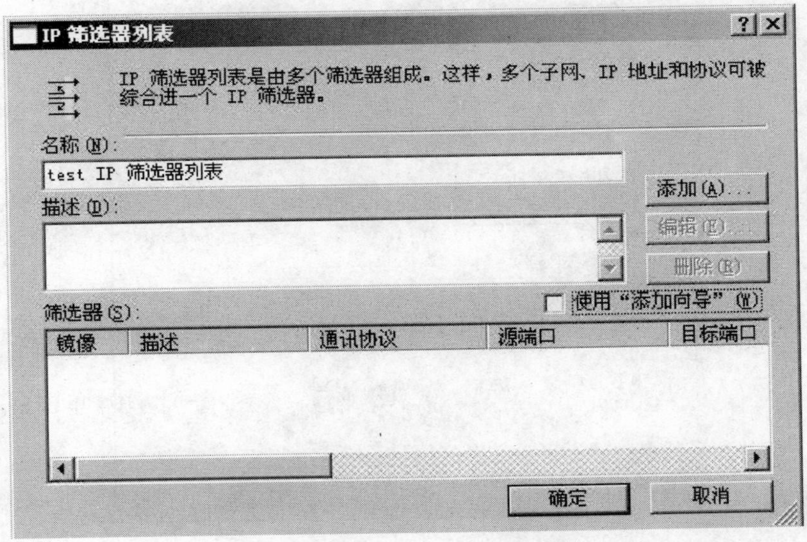

图 8-11　【添加】新的【IP 筛选器列表】

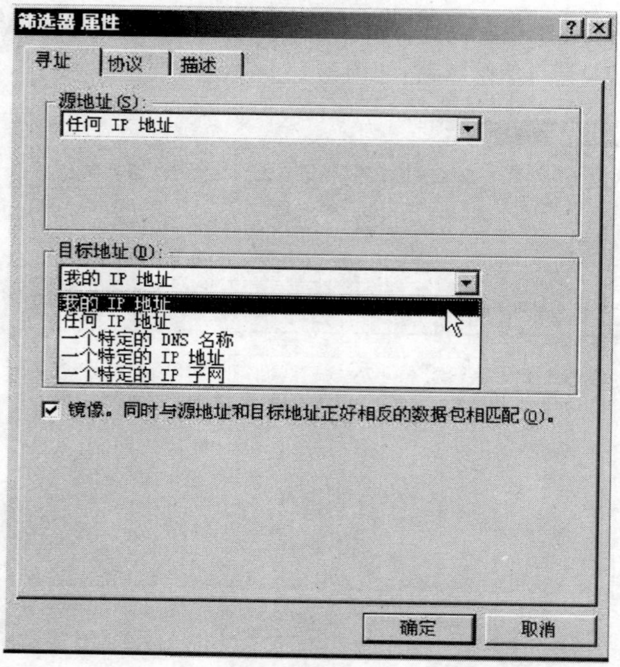

图 8-12　对筛选器的【寻址】进行设置

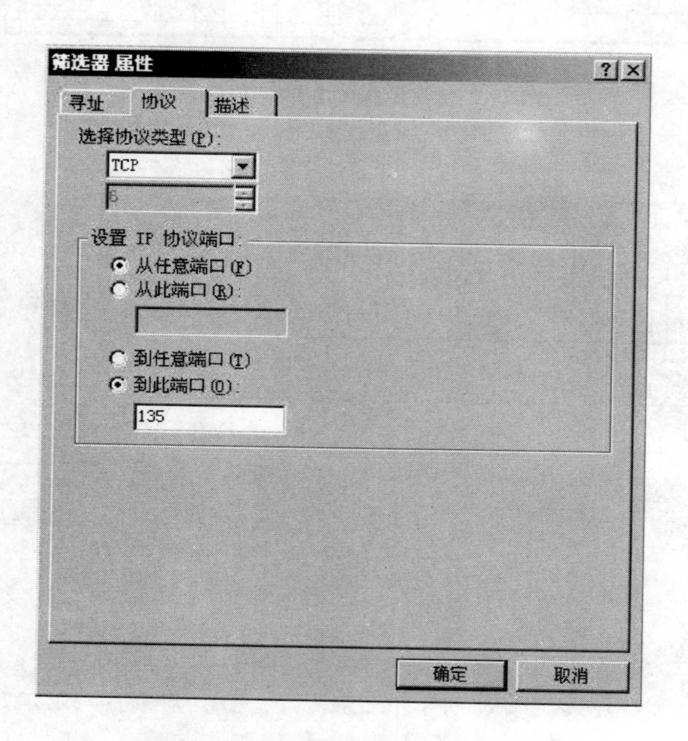

图 8-13　对筛选器的【协议】进行设置

(14) 依照以上步骤，添加 139，3389，445，137 端口筛选器，单击【确定】按钮，如图 8-14

所示。

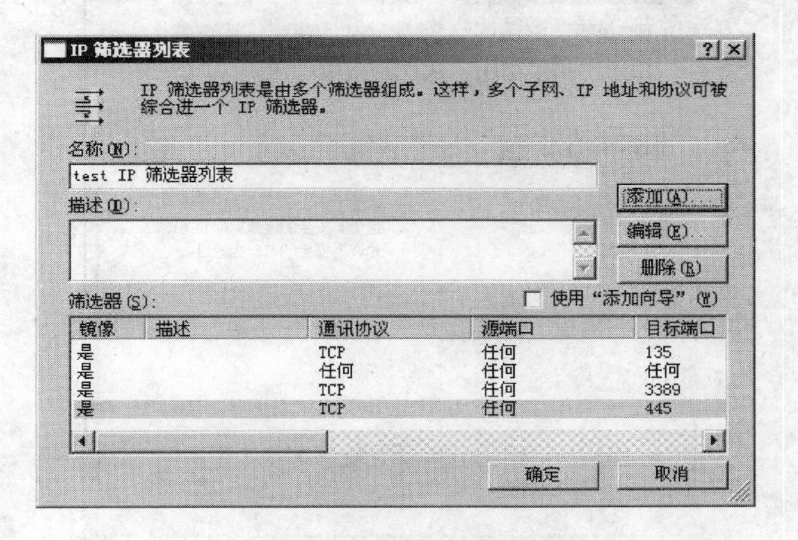

图 8-14　重复上述步骤【添加】其他筛选器

(15) 返回到【新规则属性】对话框，在【IP 筛选器列表】选项卡中，单击【test IP 筛选器列表】前的单选框，如图 8-15 所示。

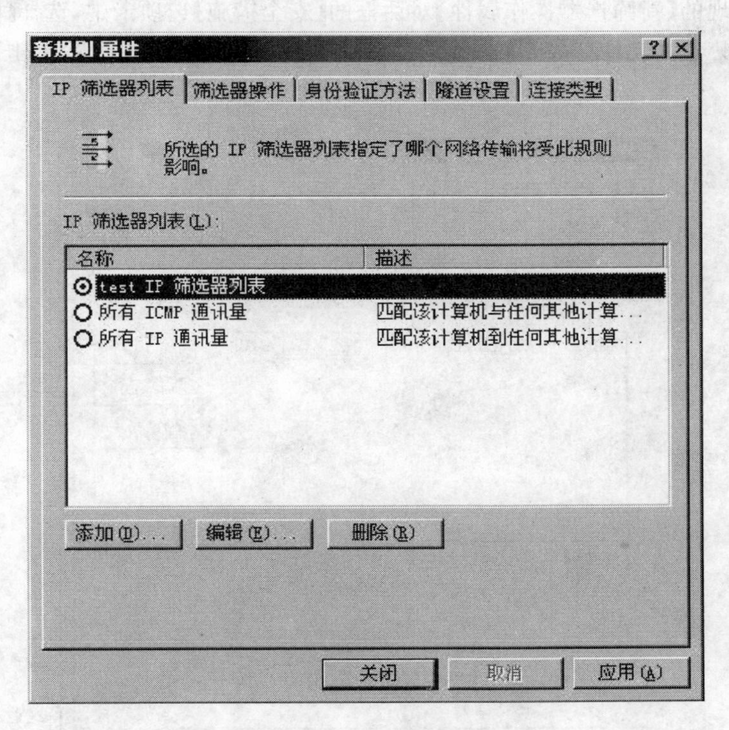

图 8-15　选中【test IP 筛选器列表】

(16) 在【新规则属性】对话框的【筛选器操作】选项卡中，去掉【使用添加向导】前的小勾，单击【添加】按钮，如图 8-16 所示。

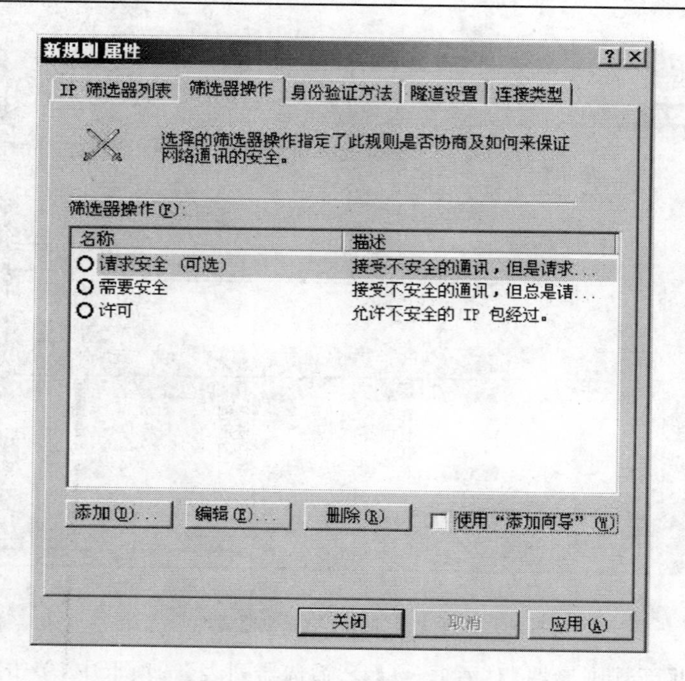

图 8-16　添加新的【筛选器操作】

(17) 在出现的【新筛选器操作属性】对话框的【安全措施】选项卡中，选择【阻止】，如图 8-17 所示。打开常规选项卡，设置新筛选器的名称为【test 的筛选器操作】，单击【确定】按钮，如图 8-18 所示。

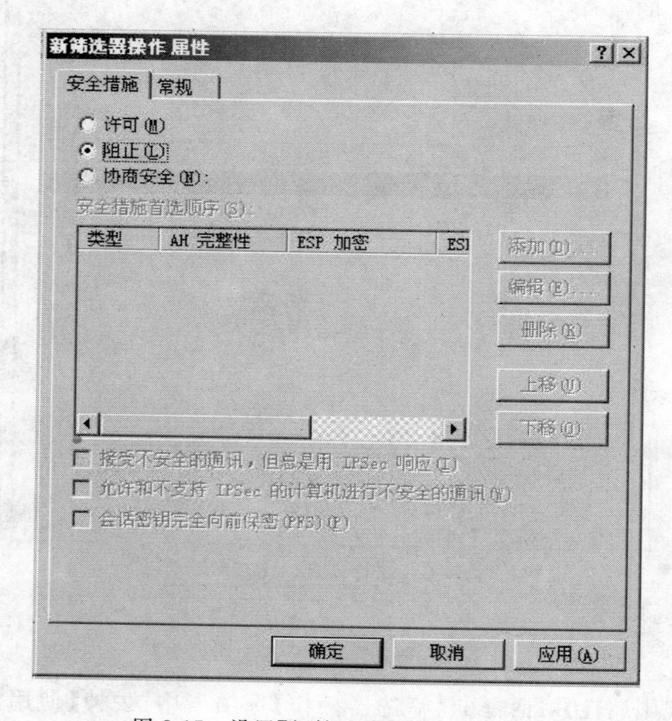

图 8-17　设置【新筛选器操作】为【阻止】

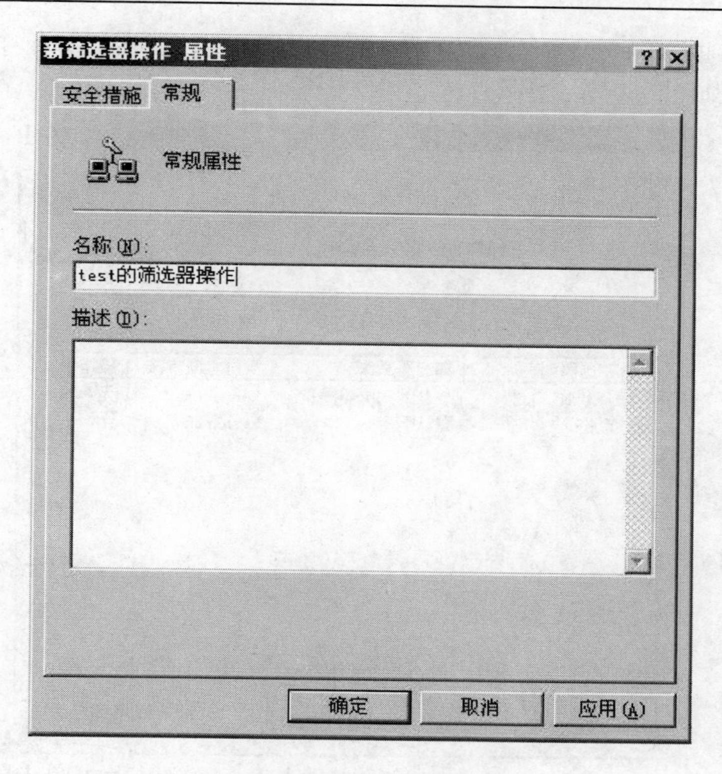

图 8-18　为该【新筛选器操作】设置名称

(18) 单击【test 的筛选器操作】左边的单项选择框，表示已经激活，单击【关闭】按钮，关闭对话框，如图 8-19 所示。

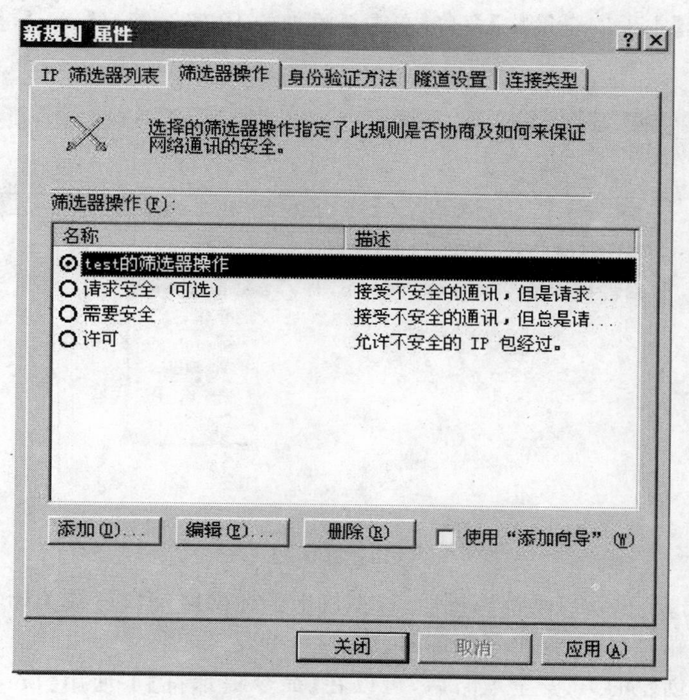

图 8-19　选定刚添加的【筛选器操作】

(19) 返回到【test 属性】对话框,在【test IP 筛选器列表】左边的复选框打勾,按【确定】按钮关闭对话框,如图 8-20 所示。

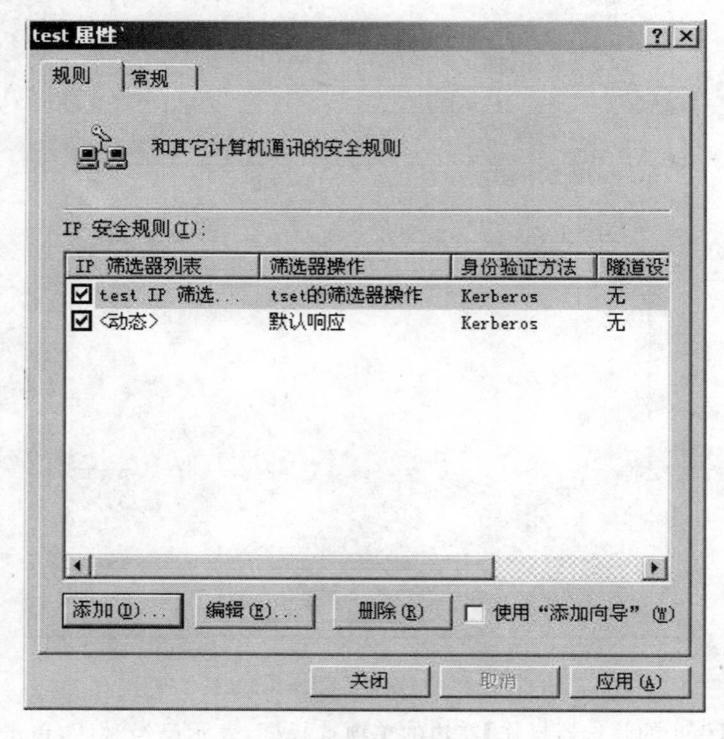

图 8-20 返回【test 属性】对话框

(20) 返回到【本地安全策略】窗口,右击新添加的 IP 安全策略【test】,然后选择【指派】,如图 8-21 所示。

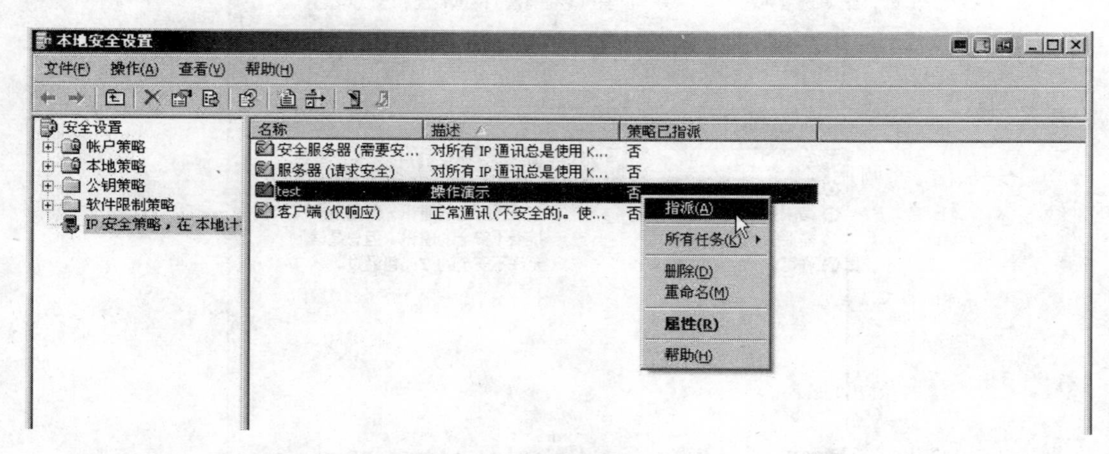

图 8-21 【指派】【test】使之生效

(21) 设置完成,重新启动计算机后,计算机中上述网络端口就被关闭了,病毒和黑客再也不能连接这些端口,从而保护了服务器。

指派了刚才创建的 IP 安全策略后,可以在【命令提示符】下使用【gpupdate/force】命令强行刷新 IPSec 安全策略。验证指派的 IPSec 安全策略很简单,在【命令提示符】下输入

【netsh ipsec dynamic show all】命令(该命令只能在 Windows 2003 系统使用),然后返回命令结果。这样,就能很清楚地看到该 IP 安全策略是否生效了。

附常用端口对照表,见附录。

8.2　IIS 的安全配置

本节中主要讲解以 Windows Server 2000 或 Windows Server 2003 搭建 Web 服务器时 IIS 的安全设置方案。下面所讲的设置方法在 IIS 5.0 和 IIS 6.0 中都基本一致。

8.2.1　加强 IIS 安全的基本设置

1. 关闭并删除默认站点

为了加强安全性,首先应该关闭并删除 IIS 默认的各个站点,如默认 FTP 站点、默认 Web 站点和管理 Web 站点。

2. 建立自己的站点,与系统不在同一分区

例如,C:\为系统盘,那么建立 D:\www.root 目录,用来存放站点的程序和数据;建立 E:\LogFiles 目录,用来存放站点的日志文件,并确保此目录上的访问控制权限是 Administrators(完全控制),System(完全控制)。

3. 删除 IIS 的部分目录

为了加强 IIS 安全,需要删除如下目录:

IISHelp,C:\Winnt\Help\IisHelp;

IISAdmin,C:\System32\Inetsrv\IisAdmin;

Msadc,C:\Program Files\Common Files\System\Msadc。

另外,还要删除 IIS 的默认安装目录 C:\Inetpub。

4. 删除不必要的 IIS 映射和扩展

IIS 被预先配置为支持常用的文件名扩展,如.asp 和.shtm 文件。IIS 接收到这些类型的文件请求时,该调用由 DLL 处理。如果所搭建的网站不使用其中某些扩展或功能,则应删除该映射。步骤如下:打开 Internet 服务管理器,选择计算机名,右击,选择【属性】,选择【编辑】,然后选择【主目录】,单击【配置】,选择扩展名.htw,.htr,.idc,.ida 和.idq,单击【删除】,如果不使用 Server Side Include,则删除.shtm,.stm 和.shtml。

5. 禁用父路径

【父路径】选项允许你在对诸如 MapPath 函数调用中使用".."。禁用父路径有可能导致某些使用相对路径的子页面不能打开,这要求管理员调整网页代码。在默认情况下,该选项处于启用状态,为了使黑客不能通过上传程序查看上级目录内容,应该禁用它。禁用该选项的步骤如下:右击该 Web 站点的根,然后从上下文菜单中选择【属性】,单击【主目录】选项卡,单击【配置】,单击【应用程序选项】选项卡,取消选择【启用父路径】复选框。

6. 在虚拟目录上设置访问控制权限

在 IIS 里把所有不包括 .asp 文件的目录,比如 Img,Image,Pic,Upload 等目录(里面一

般是没有 .asp 文件），将这些目录的执行许可设置为无，这样就算你用的程序被发现了漏洞，一旦传了木马上来，它也不能立即执行，不过要看仔细，有些目录里也是有 .asp，.asa 文件。主页使用的文件按照文件类型应使用不同的访问控制列表：CGI(. exe,. dll,. cmd,. pl)，Everyone(删除)，Administrators(完全控制)，System(完全控制)，脚本文件(. asp)，Everyone(删除)，Administrators(完全控制)，System(完全控制)，Include 文件(. inc,. shtm,. shtml)，Everyone(删除)，Administrators(完全控制)，System(完全控制)，静态内容(. txt,. gif, . jpg,. html)，Everyone(R)，Administrators(完全控制)，System(完全控制)。在创建 Web 站点时，没有必要在每个文件上设置访问控制权限，应该为每个文件类型创建一个新目录，然后在每个目录上设置访问控制权限，允许访问控制权限传给各个文件。例如，目录结构可为以下形式 D:\www. root\MyServer\Static(. html)，D:\www. root\MyServer\Include (. inc)，D:\www. root\MyServer \Script (. asp)，D:\www. root\MyServer\ExeCutable (. dll)，D:\www. root\MyServer\Images(. gif,. jpeg)。

7. 启用日志记录

(1) 日志的审核配置。在确定服务器是否被攻击时，日志记录是极其重要的。日志记录应使用 W3C 扩展格式，步骤如下：首先，打开 Internet 服务管理器，右击站点，选择【属性】，单击【Web 站点】选项卡，选中【启用日志记录】复选框，从【活动日志格式】下拉列表中选择【W3C 扩展日志文件格式】，单击【属性】，单击【扩展属性】选项卡。然后，选择以下选项：客户 IP 地址、用户名、方法、URI 资源、HTTP 状态、Win32 状态、用户代理、服务器 IP 地址及服务器端口。

(2) 日志的安全管理。①启用操作系统组策略中的审核功能，对关键事件进行审核记录；②启用 IIS，FTP 服务器等服务本身的日志功能，并对所有日志存放的默认位置进行更改，同时作好文件夹权限设置；③安装网络监视软件，对所有网络访问操作进行监视(可选，这会增大服务器负荷)；④安装自动备份工具，定时对上述日志进行异地备份，起码是在其他分区的隐蔽位置进行备份，并对备份目录设置好权限(仅管理员可访问)；⑤准备一款日志分析工具，以便随时可以使用；⑥特别关注任何服务的重启、访问敏感的扩展存储过程等事件。

8. 备份 IIS 配置

为了使网站可使用 IIS 的备份功能，将设定好的 IIS 配置全部备份下来，这样就可以随时恢复。

9. 修改 IIS 标志

(1) 使用工具程序修改 IIS 标志。这里是一个简单的修改 IIS 标志 Banner 的方法：下载一个修改 IIS Banner 显示信息的软件——IIS/PWS Banner Edit。利用它可以很轻松地修改 IIS 的 Banner。但要注意在修改之前，首先要将 IIS 停止(最好是在服务中将 World Wide Web Publishing 停止)，并要将 Dllcache 下的文件全部清除。否则会发现即使修改了，一点改变也没有。IIS/PWS Banner Edit 是个很好用的软件，只要直接在 New Banner 中输入想要的 Banner 信息，再单击 Save to File 就修改成功了。用 IIS/PWS Banner Edit 简单地修改，对一般的黑客来说，他可能已被假的信息迷惑了。可是对一些高手来说，这并没有给他们造成太大的麻烦。为此必须亲自修改 IIS 的 Banner 信息，这样才能做到万无一失。高版本 Windows 的文件路径为 C:\Windows\System32\Inetsrv\W3svc. dll，可以直接用 UltraEdit

打开 W3svc. dll，然后以【Server：】为关键字查找。利用编辑器将原来的内容替换成想要的信息，比如改成 Apache 的显示信息，这样入侵者就无法判断主机的类型，也就无从选择溢出工具了。

（2）修改 IIS 的默认出错提示信息等。

10. 重定义错误信息

防止数据库不被下载的方法有很多，众多方法中只要记住一点，不要改成 .asp 就可以了，不然黑客给你放一个简单的木马都会让你陷入极大的麻烦，然后在 IIS 中将 HTTP 404，500 等 Object Not Found 出错页面通过 URL 重定向到一个定制 HTML 文件，这样大多数的暴库得到的都是你设置好的文件，自然就掩饰了数据库的地址，还能防止一些 SQL 注入。

对于服务器管理员，既然不可能挨个检查每个网站是否存在 SQL 注入漏洞，那么就来一个加强级别的安全设置。这项设置能有效防止 SQL 注入入侵而且“省心又省力”。SQL 注入入侵是根据 IIS 给出的 ASP 错误提示信息来入侵的，如果你把 IIS 设置成不管出什么样的 ASP 错误，只给出一种错误提示信息，即 HTTP 500 错误，那么黑客就没办法入侵了。具体设置为打开【IIS 管理器】，打开【站点属性】，选择【自定义错误】选项卡，然后打开【编辑 500：100 错误】就可以了。主要把 500：100 这个错误的默认提示页面 C：\Windows\Help\IisHelp\Common\500：100. asp 改成 C：\Windows\Help\IisHelp\Common\500. htm 即可。这时，无论 ASP 运行中出什么错，服务器都只提示 HTTP 500 错误。还可更改 C：\Windows\Help\IisHelp\Common\404b. htm 内容改为〈Meta Http-Equiv=ReFresh ConTent=“0；URL=/；”〉。这样，出错了自动转到首页。

8.2.2 服务器硬盘的权限设置

为了提高 Windows Server 2003 和 IIS 6.0 的安全性，对系统的一些重要文件夹进行正确的权限设置，这样可以大大提高系统安全性和可用性，如表 8-2 所示。

表 8-2 系统文件权限设置

文件	用户	权限
C：/	Administrators	全部权限
	Iis_Wpg	只有该文件夹；列出文件夹/读数据；读属性；读扩展属性；读取权限
C：\Inetpub\www root	Administrators	完全控制；该文件夹、子文件夹及文件
	System	完全控制；该文件夹、子文件夹及文件
	IIS_Wpg	读取运行/列出文件夹目录/读取；该文件夹、子文件夹及文件
	Users	读取运行/列出文件夹目录/读取；该文件夹、子文件夹及文件
	Internet 来宾账户	创建文件/写入数据；拒绝、创建文件夹/附加数据；拒绝、写入属性；拒绝、写入扩展属性；拒绝、删除子文件夹及文件；拒绝、删除；拒绝；该文件夹、子文件夹及文件
C：/Inetpub/mailroot	Administrators	全部权限
	System	全部权限
	Service	全部权限
C：/Inetpub/ftproot	Everyone	只读和运行

续表

文　件	用　户	权　限
C:/Windows	Administrators	全部权限
	Creator Owner	不是继承的,只有子文件夹及文件,全部
	Power Users	修改、读取和运行,列出文件夹目录,读取,写入
	System	全部
	Users	读取和运行,列出文件夹目录,读取
C:/Program Files	Everyone	只有该文件夹,不是继承的,列出文件夹/读数据
	Administrators	全部
	Iis_Wpg	只有该文件夹,列出文件夹/读数据,读属性,读扩展属性,读取权限
C:/Program Files/Common Files	Administrators	全部
	Creator Owner	不是继承的,只有子文件夹及文件,全部
	Power Users	修改、读取和运行,列出文件夹目录,读取,写入
	System	全部
	Terminal Server Users(如果有这个用户)	修改、读取和运行,列出文件夹目录,读取,写入
	Users	读取和运行,列出文件夹目录,读取
C:/Program Files/Liweiwensoft	Everyone	读取和运行,列出文件夹目录,读取
	Administrators	全部
	IIS_Wpg	读取和运行,列出文件夹目录,读取
C:/Program Files/Dimac(如果有这个目录)	Everyone	读取和运行,列出文件夹目录,读取
	Administrators	全部
C:/Program Files/ComPlus Applications(如果有)	Administrators	全部
C:/Program Files/Gflsdk(如果有)	Administrators	全部
	Creator Owner	不是继承的,只有子文件夹及文件,全部
	Power Users	修改、读取和运行,列出文件夹目录,读取,写入
	System	全部
	Terminal Server Users	修改、读取和运行,列出文件夹目录,读取,写入
	Users	读取和运行,列出文件夹目录,读取
	Everyone	读取和运行,列出文件夹目录,读取
C:/Program Files/Install Shield Installation Information(如果有);C:/Program Files/Internet Explorer(如果有);C:/Program Files/NetMeeting(如果有)	Administrators	全部

续表

文件	用户	权限
C:/Program Files/ Windows Update	Creator Owner	不是继承的,只有子文件夹及文件,全部
	Administrators	全部
	Power Users	修改、读取和运行,列出文件夹目录,读取,写入
	System	全部
D:/	Administrators	全部权限
D:/FreeHost	Administrators	全部权限
	Service	全部权限
E:/(如果 WebMail Server 在这个盘中)	Administrators	全部权限
	System	全部权限
	IUSR_*	默认的 Internet 来宾账户(如果这个网站用这个用户来运行),只有子文件夹,读取权限

8.3 数据库安全

SQL Server 是 Windows 平台上用的最广泛的数据库系统,但是它的安全问题也必须引起重视。数据库中往往存在着最有价值的信息,一旦数据被窃,后果不堪设想。微软的 SQL Server 产品其自身安全性并不高,可以通过以下方法增强它的安全性。

8.3.1 安装最新的服务包

为了提高服务器安全性,最有效的一个方法就是升级到 SQL Server 最新的服务包,并安装所有已发布的安全更新。

8.3.2 服务器安全性的评估

MBSA 是一个扫描多种 Microsoft 产品的不安全配置的工具,包括 SQL Server 和 Microsoft SQL Server 2000 Desktop Engine (MSDE 2000)。它可以在本地运行,也可以通过网络运行。该工具针对下面问题对 SQL Server 安装进行检测:

(1) 过多的 SysAdmin 固定服务器角色成员;

(2) 授予 SysAdmin 以外的其他角色创建 CmdExec 作业的权利;

(3) 空的或简单的密码;

(4) 脆弱的身份验证模式;

(5) 授予管理员组过多的权利;

(6) SQL Server 数据目录中不正确的访问控制表(ACL);

(7) 安装文件中使用纯文本的 SA 密码;

(8) 授予 Guest 账户过多的权利;

(9) 在同时是域控制器的系统中运行 SQL Server;

(10) 所有人(Everyone)组的不正确配置,提供对特定注册表键的访问;

(11) SQL Server 服务账户的不正确配置;

(12) 没有安装必要的服务包和安全更新,Microsoft 的网站提供有 MBSA 的免费下载。

8.3.3 使用 Windows 身份验证模式

在任何可能的时候,你都应该对指向 SQL Server 的连接要求 Windows 身份验证模式。它通过限制对 Microsoft Windows & Reg 用户和域用户账户的连接,保护 SQL Server 免受大部分 Internet 的工具的侵害,而且服务器也将从 Windows 安全增强机制中获益,例如更强的身份验证协议及强制的密码复杂性和过期时间。另外,凭证委派(在多台服务器间桥接凭证的能力)也只能在 Windows 身份验证模式中使用。在客户端,Windows身份验证模式不再需要存储密码,存储密码是使用标准 SQL Server 登录的应用程序的主要漏洞之一。要在 SQL Server 的 Enterprise Manager 安装 Windows 身份验证模式,操作步骤如下:

(1) 展开【服务器组】;

(2) 右击【服务器】,然后单击【属性】;

(3) 在【安全性】选项卡的身份验证中,单击【仅限 Windows】。

8.3.4 隔离服务器,并定期备份

物理和逻辑上的隔离组成了 SQL Server 安全性的基础。驻留数据库的机器应该处于一个从物理形式上受到保护的地方,最好是一个上锁的机房,配备有洪水检测及火灾检测/消防系统。数据库应该安装在企业内部网的安全区域中,不要直接连接到 Internet。定期备份所有数据,并将副本保存在安全的站点外地点。

8.3.5 分配一个强健的 SA 密码

SA 账户应该总拥有一个强健的密码,即使在配置为要求 Windows 身份验证的服务器上也该如此。这将保证在以后服务器被重新配置为混合模式身份验证时,不会出现空白或脆弱的 SA。

要分配 SA 密码,操作步骤如下:

(1) 展开【服务器组】,然后展开【服务器】;

(2) 展开【安全性】,然后单击【登录】;

(3) 在【细节】窗格中,右击【SA】,然后单击【属性】;

(4) 在【密码】方框中,输入新的密码。

8.3.6 限制 SQL Server 服务的权限

SQL Server 2000 和 SQL Server Agent 是作为 Windows 服务运行的。每个服务必须与一个 Windows 账户相关联,并从这个账户中衍生出安全性上下文。SQL Server 允许 SA 登录的用户(有时也包括其他用户)来访问操作系统特性。这些操作系统调用是由

拥有服务器进程的账户的安全性上下文来创建的。如果服务器被攻破了，那么这些操作系统调用可能被利用来向其他资源进行攻击，只要所拥有的过程(SQL Server 服务账户)可以对其进行访问。因此，为 SQL Server 服务仅授予必要的权限是十分重要的。推荐采用下列设置。

1. SQL Server Engine/Ms SQL Server

如果拥有指定实例，那么它们应该被命名为 MsSQL $ Instance Name。作为具有一般用户权限的 Windows 域用户账户运行。不要作为本地系统、本地管理员或域管理员账户来运行。

2. SQL Server Agent Service/SQL Server Agent

如果你的环境中不需要，请禁用该服务；否则，请作为具有一般用户权限的 Windows 域用户账户运行。不要作为本地系统、本地管理员或域管理员账户来运行。重点：如果下列条件之一成立，那么 SQL Server Agent 将需要本地 Windows 管理员权限。

SQL Server Agent 使用标准的 SQL Server 身份验证连接到 SQL Server(不推荐)。

SQL Server Agent 使用多服务器管理主服务器(MSX)账户，而该账户使用标准 SQL Server 身份验证进行连接。

SQL Server Agent 运行非 SysAdmin 固定服务器角色成员所拥有的 Microsoft Active X & Reg 脚本或 CmdExec 作业。

如果你需要更改与 SQL Server 服务相关联的账户，请使用 SQL Server Enterprise Manager。Enterprise Manager 将为 SQL Server 所使用的文件和注册表键设置合适的权限。不要使用 Microsoft 管理控制台的【服务】(在控制面板中)来更改这些账户，因为这样需要手动地调制大量的注册表键和 NTFS 文件系统权限及 Micorsoft Windows 用户权限。

账户信息的更改将在下一次服务启动时生效。如果你需要更改与 SQL Server 及 SQL Server Agent 相关联的账户，那么你必须使用 Enterprise Manager 分别对两个服务进行更改。

8.3.7 在防火墙上禁用 SQL Server 端口

SQL Server 的默认安装将监视 TCP 端口 1433 及 UDP 端口 1434。配置你的防火墙来过滤掉到达这些端口的数据包。而且，还应该在防火墙上阻止与指定实例相关联的其他端口。

8.3.8 使用更加安全的文件系统

NTFS 是最适合安装 SQL Server 的文件系统。它比 FAT 文件系统更稳定且更容易恢复。而且，它还包括一些安全选项，如文件和目录 ACL 及文件加密(EFS)。在安装过程中，如果侦测到 NTFS，SQL Server 将在注册表键和文件上设置合适的 ACL，不应该去更改这些权限。

通过 EFS，数据库文件将在运行 SQL Server 的账户身份下进行加密，只有这个账户才能解密这些文件。如果你需要更改运行 SQL Server 的账户，那么你必须首先在旧账户下解密这些文件，然后在新账户下重新进行加密。

8.3.9 删除或保护旧的安装文件

SQL Server 安装文件可能包含由纯文本或简单加密的凭证和其他在安装过程中记录的敏感配置信息。这些日志文件的保存位置取决于所安装的 SQL Server 版本。在 SQL Server 2000 中，可能受到影响的文件如下。默认安装时＜SystemDrive＞：\Program Files\Microsoft SQL Server\Ms SQL\Install 文件夹中，以及指定实例的＜SystemDrive＞：\Program Files\Microsoft SQL Server\Ms SQL $ ＜Instance Name＞\Install 文件夹中的 sqlstp. log，sqlsp. log 和 setup. iss。Microsoft 发布了一个免费的实用工具 Killpwd，它将从你的系统中找到并删除这些密码。

8.3.10 审核指向 SQL Server 的连接

SQL Server 可以记录事件信息，用于系统管理员的审查。至少应该记录失败的 SQL Server 连接尝试，并定期地查看这个日志。在可能的情况下，不要将这些日志和数据文件保存在同一个硬盘上。要在 SQL Server 的 Enterprise Manager 中审核失败连接，操作步骤如下：

(1) 展开【服务器组】；

(2) 右击【服务器】，然后单击【属性】；

(3) 在【安全性】选项卡的【审核等级】中，单击【失败】；

(4) 要使这个设置生效，必须停止并重新启动服务器。

8.3.11 修改 SQL Server 内置存储过程

SQL Server 估计是为了安装或者其他方面，它内置了一批危险的存储过程。能读到注册表信息，能写入注册表信息，能读磁盘共享信息等。以 SQL Server 2000 为例，修补方法如下。

先来列出危险的内置存储过程：

```
xp_CmdShell
xp_RegAddMultiString
xp_RegDeleteKey
xp_RegDeleteValue
xp_RegEnumKeys
xp_RegEnumValues
xp_RegRead
xp_RegRemoveMultiString
xp_RegWrite
```

ActiveX 自动脚本：

```
sp_OACreate
sp_OADestroy
sp_OAMethod
```

```
sp_OAGetProperty
sp_OASetProperty
sp_OAGetErrorInfo
sp_OAStop
```

以上各项全在封杀之列。例如，xp_CmdShell 屏蔽的方法为 sp_DropExtendedProc 'xp_CmdShell'，如果需要的话，再用 sp_AddExtendedProc 'xp_CmdShell'，'xpsql70.dll'进行恢复。如果你不知道 xp_CmdShell 使用的是哪个.dll 文件的话，可以使用 sp_HelpExtendedProc 'xp_CmdShell'来查看 xp_CmdShell 使用的是哪个动态连接库。另外，将 xp_CmdShell 屏蔽后，还需要做的步骤是将 xpsql70.dll 文件进行改名，以防止获得 SA 的攻击者将它进行恢复。

第3篇

网 站 管 理

网站（或办公网络）的日常管理是网站（或办公网络）能够安全、高效运行的基本保证。本篇将主要从服务器的管理、MMC与组策略、网络管理命令和网络管理工具的使用3个方面介绍网站管理涉及的知识和操作技能。

第9章 服务器的管理

9.1 用户和组管理

Windows 的用户有两种不同类型，即只能用来访问本地计算机（或使用远程计算机访问本地计算机）的【本地用户账户】和可以访问网络中所有计算机的【域用户账户】。用户组是为了方便管理批量用户，减少管理的复杂程度而设置的。Windows 依靠账号来管理用户，本书中所讲的用户和组管理是将服务器作为 Web 服务器进行配置的，这里着重讲解本地用户和组的管理。

9.1.1 本地用户管理

1. 创建本地用户账户

如图 9-1 所示，打开【管理工具】→【计算机管理】→【本地用户和组】→【用户】，在右侧空白区域右击【创建新用户】，并填写用户名和密码等信息。

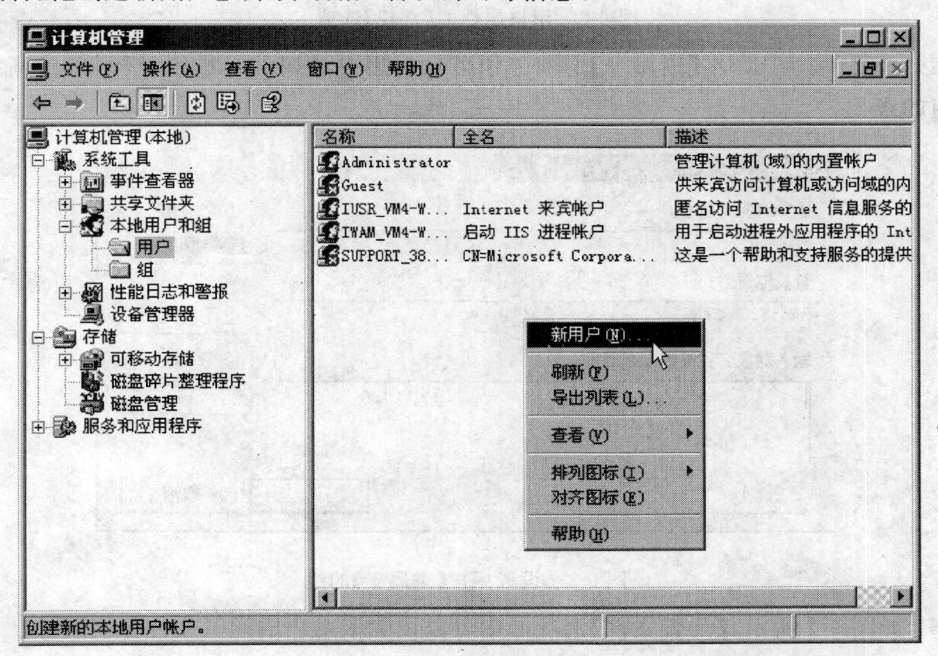

图 9-1　创建本地用户账户

2. 设置本地用户账户的属性

用户账户不止包括用户名、密码等信息，为了管理和使用的方便，一个用户还包括其他的一些属性，如用户属于的用户组、用户配置文件、用户的拨入权限、终端权限设置等。

(1) 如图 9-2 所示，【常规】选项卡中可以对用户密码进行进一步的设置。

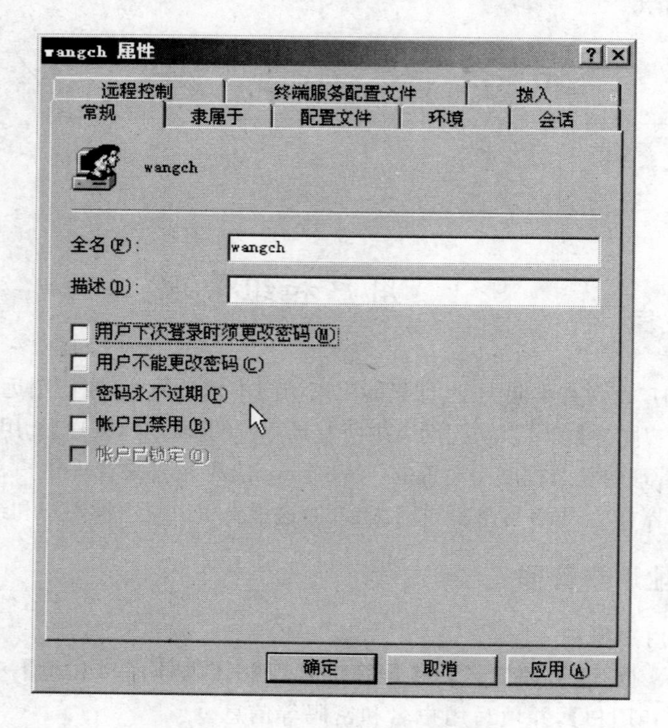

图 9-2 用户属性的【常规】选项卡

(2) 如图 9-3 所示，在【隶属于】选项卡中可以对用户隶属的组进行设置，单击高级可以进行组的查找。

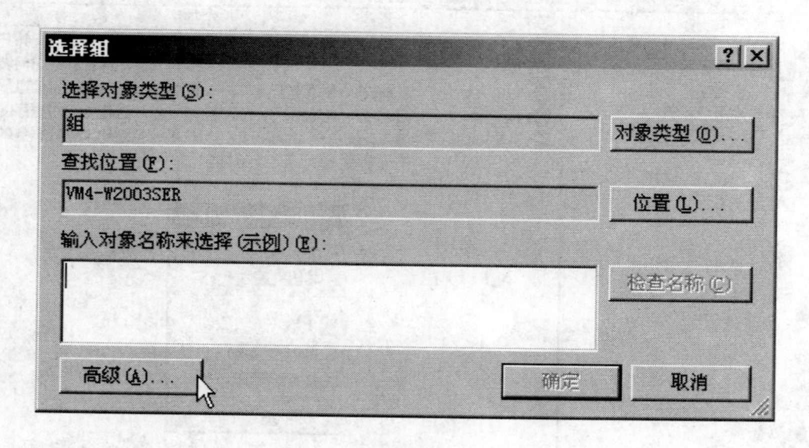

图 9-3 设置用户【隶属于】的组

(3) 如图 9-4 所示，【配置文件】选项卡中可以设置该用户的配置文件存储路径。

(4) 如图 9-5 所示，【拨入】选项卡中可以设置远程访问方式，这在配置 VPN 和进行服务器远程管理时十分必要。

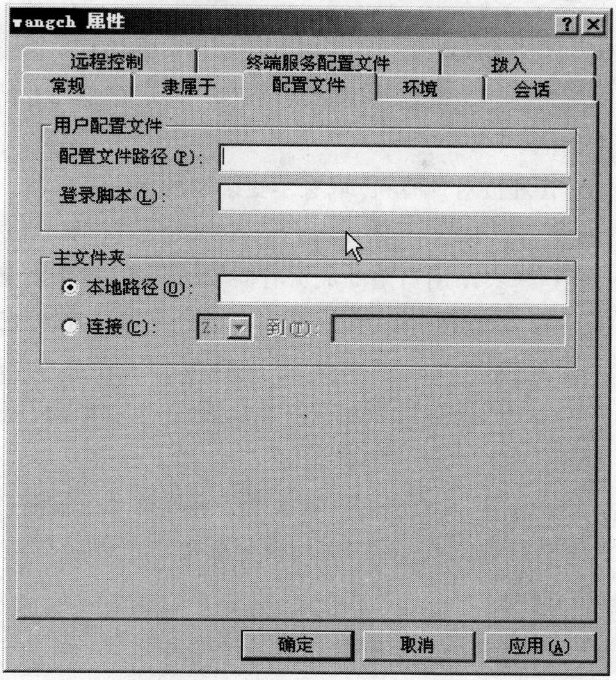

wangch 属性

远程控制　终端服务配置文件　拨入

常规　隶属于　配置文件　环境　会话

用户配置文件

配置文件路径(P):

登录脚本(L):

主文件夹

本地路径(O):

连接(C):　到(T):

确定　取消　应用(A)

图 9-4　用户属性的【配置文件】选项卡

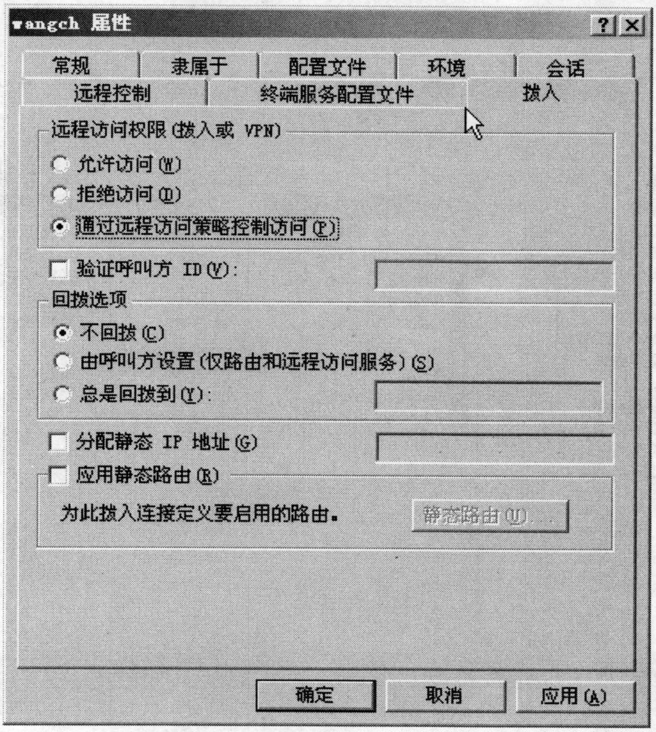

wangch 属性

常规　隶属于　配置文件　环境　会话

远程控制　终端服务配置文件　拨入

远程访问权限(拨入或 VPN)

允许访问(W)

拒绝访问(D)

通过远程访问策略控制访问(P)

验证呼叫方 ID(V):

回拨选项

不回拨(C)

由呼叫方设置(仅路由和远程访问服务)(S)

总是回拨到(Y):

分配静态 IP 地址(G)

应用静态路由(R)

为此拨入连接定义要启用的路由。　静态路由(U)...

确定　取消　应用(A)

图 9-5　用户属性的【拨入】选项卡

9.1.2 组的管理

1. 内置的用户组

Windows 为用户预先创建了系统常用的用户组，这些用户组都有默认的权限设置，下面就列举一些重要的用户组。

Administrators 组，管理员对计算机/域有不受限制的完全访问权；

Backup Operators 组，备份操作员为了备份或还原文件可以替代安全限制；

Guests 组，按默认值，来宾跟用户组的成员有同等访问权，但来宾账户的限制更多；

Network Configuration Operators 组，此组中的成员有部分管理权限来管理网络功能的配置；

Power User 组，Power User 拥有大部分管理权限，但也有限制，因此 Power User 可以运行经过验证的应用程序，也可以运行旧版应用程序；

Remote Desktop Users 组，此组中的成员被授予远程登录的权限；

Users 组，用户无法进行有意或无意的改动，因此用户可以运行经过证明的文件，但不能运行大多数旧版应用程序；

Debugger Users 组，调试器用户可以通过本地或远程的方式调试这台计算机上的进程。

2. 向组中添加用户

下面以向 Administrators 组中添加成员为例进行演示。

(1) 右击用户组选择【属性】，如图 9-6 所示。

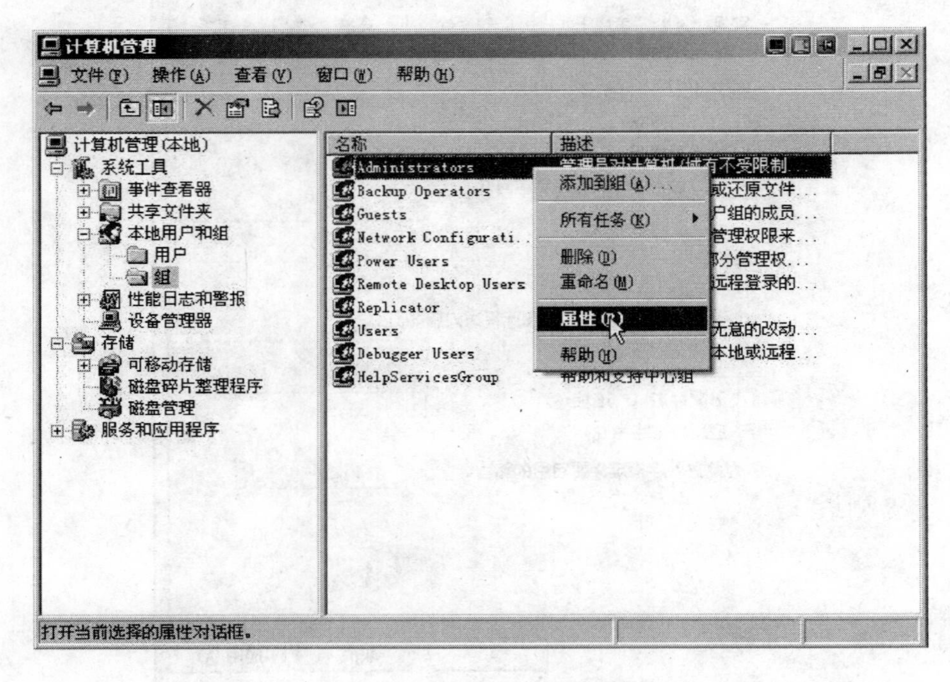

图 9-6 打开用户组的【属性】对话框

(2) 在用户组属性对话框中单击【添加】就可以向组中添加用户，如图 9-7 所示。

图 9-7　向组中【添加】用户

3. 创建本地用户组

(1) 在右侧空白处右击选择【新建组】，打开新建组对话框，如图 9-8 所示。

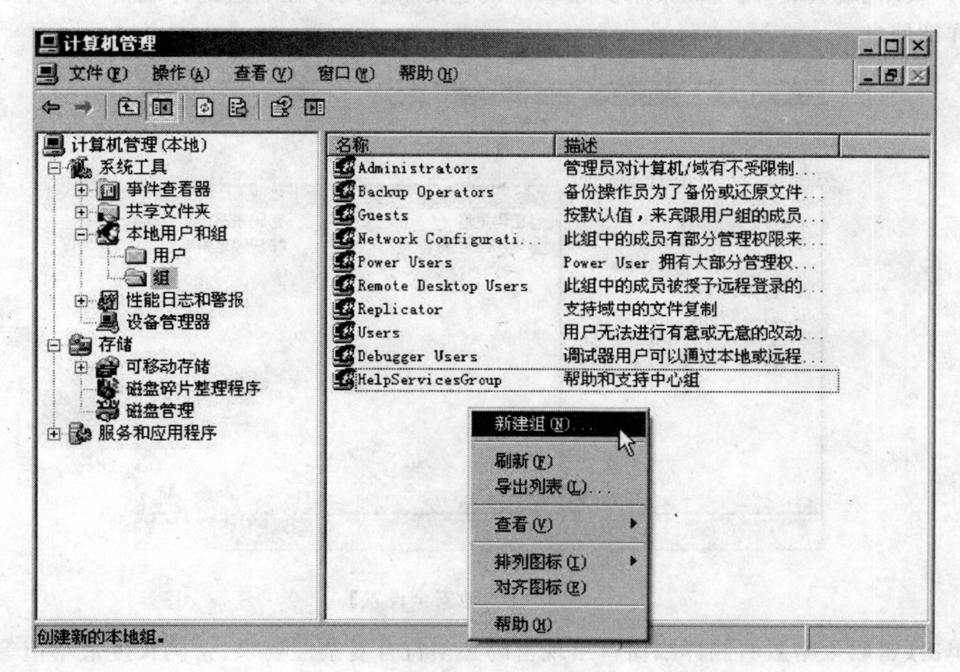

图 9-8　【新建组】

(2) 在新建组对话框中填写新建组的相关信息,单击【添加】可以向此新建组中添加成员,如图 9-9 所示。

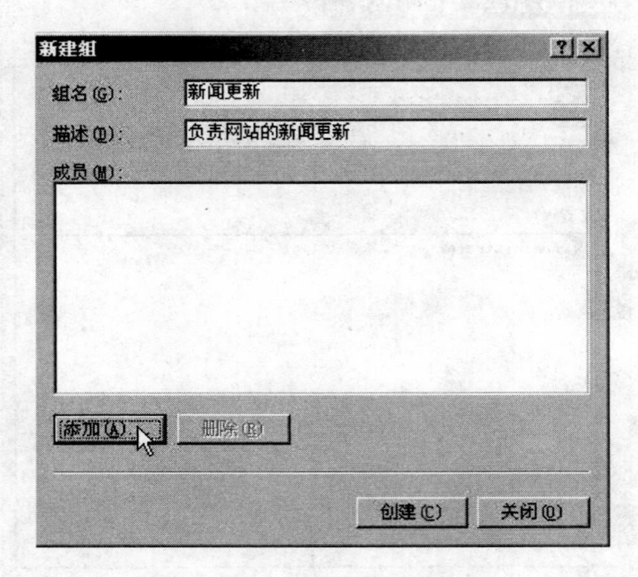

图 9-9 设置新建组信息,【添加】成员

9.1.3 账户策略

通过【管理工具】→【本地安全策略】可以打开如图 9-10 所示的本地安全设置界面。双击【账户策略】就会展开【密码策略】和【账户锁定策略】,同时在右边的详细窗口中会出现相关的详细信息。

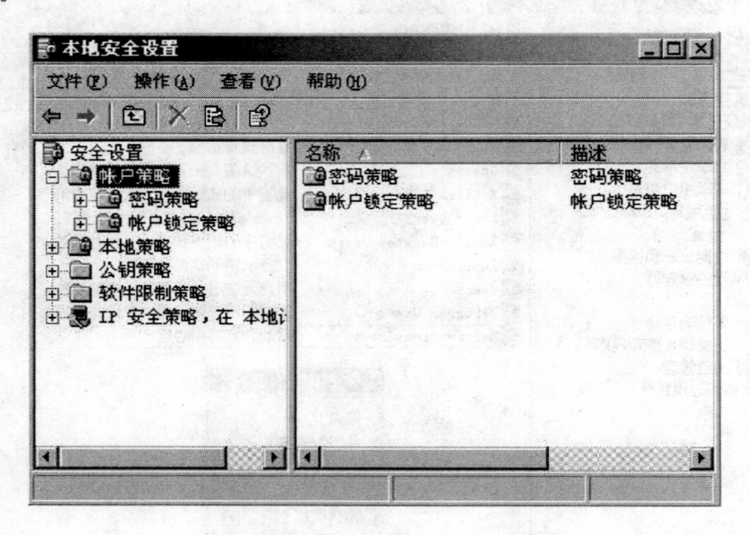

图 9-10 【本地安全设置】

单击【密码策略】,右侧详细窗口出现密码必须符合复杂性要求、密码长度最小值等 6 项对用户密码的管理设置。这里只要双击要进行设置的项目,就会打开相应的属性,如双击【密码必须符合复杂性要求】,就会打开【密码必须符合复杂性要求】属性设置,根据需要可以

对以上 6 项进行设置,如图 9-11 所示。

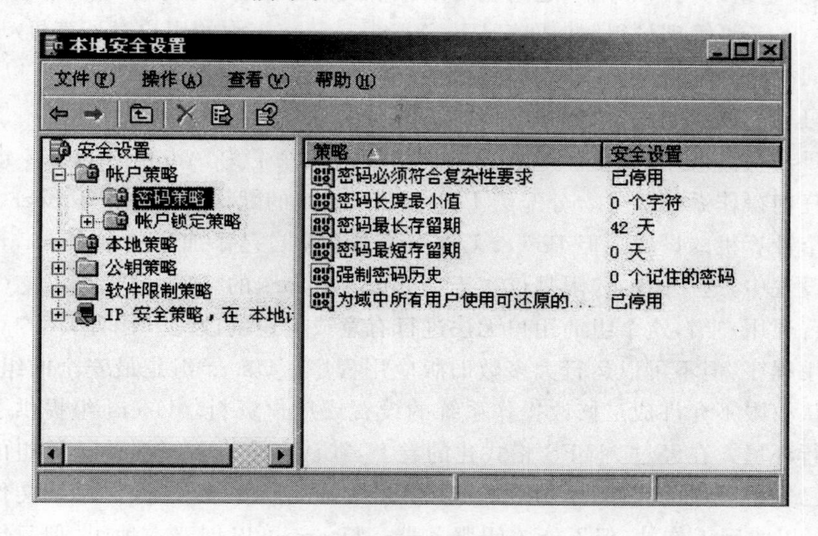

图 9-11 【密码策略】

单击【账户锁定策略】,右侧详细窗口出现账户锁定时间、账户锁定阈值等 6 项对用户锁定的管理设置。双击要进行设置的项目,就会打开相应的属性,账户锁定策略对于故意探试密码有较好的防范和保护作用,如图 9-12 所示。

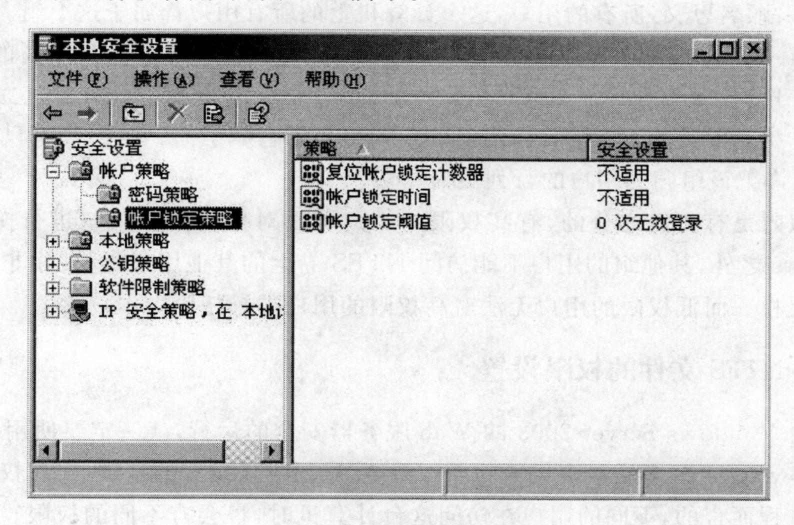

图 9-12 【账户锁定策略】

9.2 权限管理

9.2.1 Windows 内置用户和组的权限

Windows 里不同的用户有不同的权限,用户又被分成许多组,组和组之间又都有不同的权限。当然,一个组的用户和用户之间也可以有不同的权限。下面介绍常见的用户组。

Administrators:管理员组,默认情况下,Administrators 中的用户对计算机/域有不受限制的完全访问权。分配给该组的默认权限允许对整个系统进行完全控制。所以,只有受信任的人员才可成为该组的成员。

Power Users:高级用户组,Power Users 可以执行除了为 Administrators 组保留的任务外的其他任何操作系统任务。分配给 Power Users 组的默认权限允许 Power Users 组的成员修改整个计算机的设置。但 Power Users 不具有将自己添加到 Administrators 组的权限。在权限设置中,这个组的权限是仅次于 Administrators 的。

Users:普通用户组,这个组的用户无法进行有意或无意的改动。因此,用户可以运行经过验证的应用程序,但不可以运行大多数旧版应用程序。Users 组是最安全的组,因为分配给该组的默认权限不允许成员修改操作系统的设置或用户资料。Users 组提供了一个最安全的程序运行环境。在经过 NTFS 格式化的卷上,默认安全设置旨在禁止该组的成员危及操作系统和已安装程序的完整性。用户不能修改系统注册表设置、操作系统文件或程序文件。Users 可以关闭工作站,但不能关闭服务器。Users 可以创建本地组,但只能修改自己创建的本地组。

Guests:来宾组,按默认值,来宾跟普通 Users 的成员有同等访问权,但来宾账户的限制更多。

Everyone:顾名思义,所有的用户,这个计算机上的所有用户都属于这个组。

其实还有一个组也很常见,它拥有和 Administrators 一样,甚至比其还高的权限,但是这个组不允许任何用户的加入,在查看用户组的时候,它也不会被显示出来,它就是 System 组。系统和系统级的服务正常运行所需要的权限都是靠它赋予的。由于该组只有这一个用户 System,也许把该组归为用户的行列更为贴切。

用户的权限是有高低之分的,有高权限的用户可以对低权限的用户进行操作,但除了 Administrators 之外,其他组的用户不能访问 NTFS 卷上的其他用户资料,除非他们获得了这些用户的授权。而低权限的用户无法对高权限的用户进行任何操作。

9.2.2 NTFS 文件的权限设置

要使一台 Windows Server 2003 的 Web 服务器安全的运行,就一定要使用 NTFS 分区格式。Windows 是一个多用户多任务的操作系统,这是权限设置的基础,一切权限设置都是基于用户和进程而言的,不同的用户在访问这台计算机时,将会有不同的权限。NTFS 文件系统是特别为网络和磁盘配额、文件加密等管理安全特性设计的磁盘格式。随着以 NT 为内核的 Windows 2000/XP 的普及,很多个人用户开始用到了 NTFS。NTFS 以族为单位来存储数据文件,但 NTFS 中族的大小并不依赖于磁盘或分区的大小。族尺寸的缩小不但降低了磁盘空间的浪费,还减少了产生磁盘碎片的可能。NTFS 支持文件加密管理功能,可为用户提供更高层次的安全保证。

了解了 Windows NTFS 文件系统,下面来设置 NTFS 文件系统目录的权限。下面通过图示来讲解如何设置用户的权限。

(1) 找到要进行权限设置的文件夹,此处以 C 盘的根目录【Documents and Settings】

为例，如图 9-13 所示。

图 9-13　选择要进行权限设置的文件夹

(2) 右击该文件夹，打开【属性】，如图 9-14 所示。

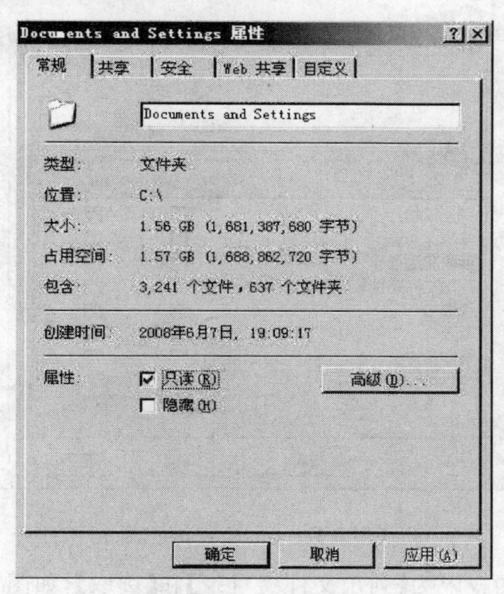

图 9-14　右击打开【属性】

(3) 选择【安全】选项卡，如图 9-15 所示。

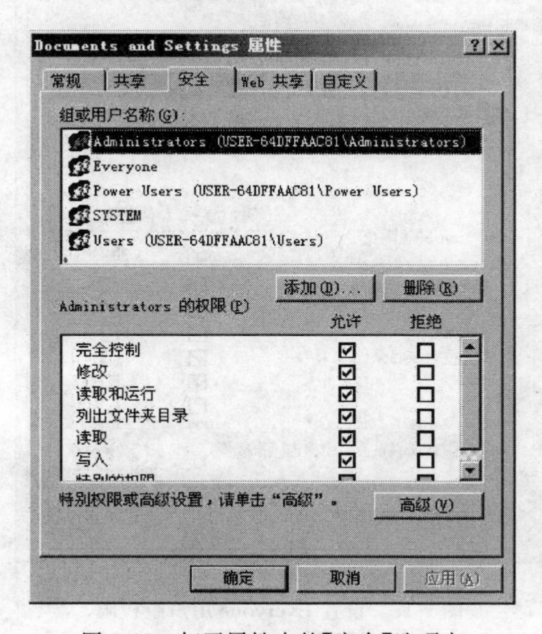

图 9-15　打开属性中的【安全】选项卡

(4) 设置文件权限，删除 Power Users 和 Users，分别选中这两个用户，单击【删除】按钮，如果在实际中需要增加新的用户，可以单击【添加】来增加新用户，如图 9-16 所示。

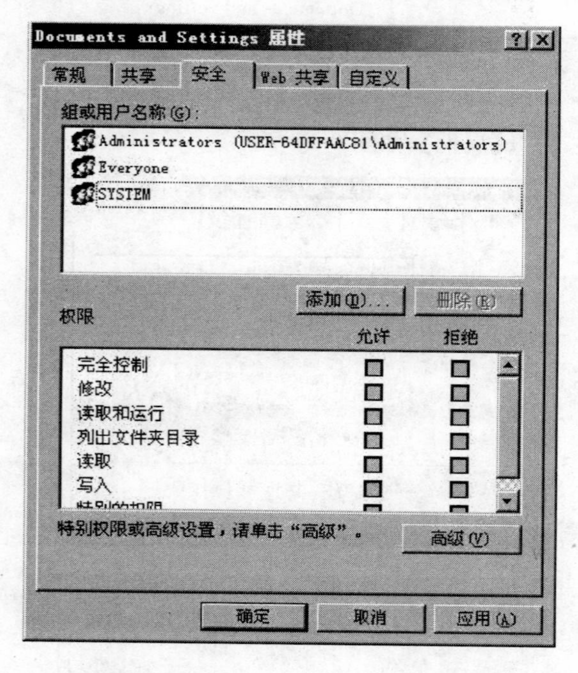

图 9-16 【删除】Power Users 和 Users 用户

(5) 设置 Everyone 的权限为【列出文件夹目录】和【读取】，如图 9-17 所示。

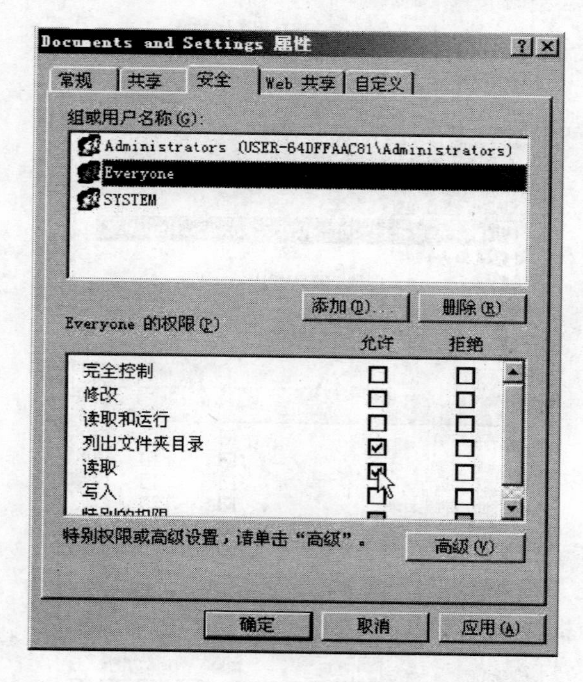

图 9-17 设置 Everyone 用户组权限

平常使用计算机的过程中，不会感觉到有权限阻挠做某件事情，这是因为在使用计算机的时候，用的都是 Administrators 中的用户登录的。这样有利也有弊，利当然是你能去做你想做的任何一件事情而不会遇到权限的限制。弊就是以 Administrators 组成员的身份运行计算机将使系统容易受到木马、病毒及其他安全风险的威胁。访问Internet站点或打开电子邮件附件的简单行动都可能破坏系统。不安全的 Internet 站点或电子邮件附件可能有“特洛伊木马”代码，这些代码可以下载到系统并被执行。如果以本地计算机的管理员身份登录，“特洛伊木马”可能使用管理访问权重新格式化硬盘，造成不可估量的损失，所以在没有必要的情况下，最好不用 Administrators 中的用户登录。

9.3 服务器的远程管理

Windows Server 2003 的远程管理，可以通过终端服务方式和 HTML 方式进行远程管理。Windows Server 2003 的 HTML 方式远程管理不同于 Windows Server 2000 终端服务中的【远程桌面 Web 连接】。

9.3.1 使用终端服务进行远程管理

从 Windows Server 2000 起，Microsoft 开始在服务器操作系统中集成终端服务，除了做应用程序服务器外，还可以作为远程管理使用，Windows Server 2003 自然也提供了这种终端服务。

1. 安装终端服务

终端服务器是 Windows Server 2003 中的一项组件，默认并没有安装，为了启用终端服务，必须进行安装，如图 9-18 所示。

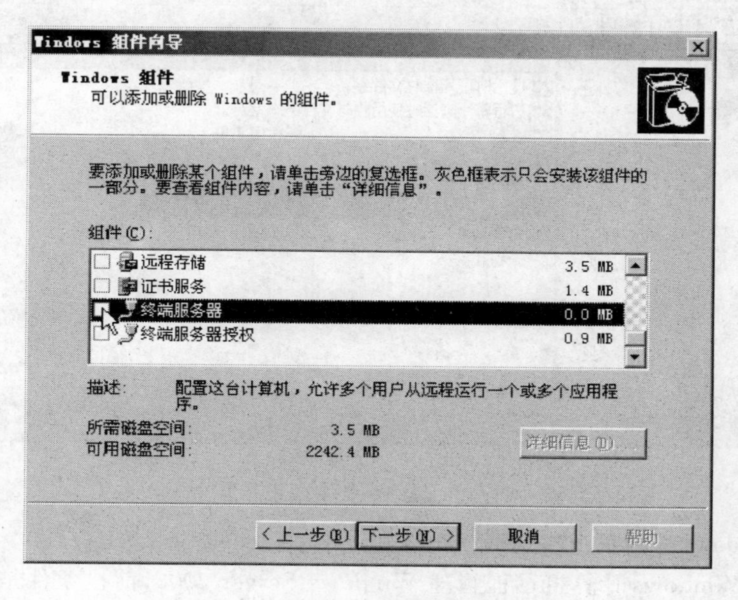

图 9-18 添加【终端服务器】组件

2. 终端服务器授权

单击【激活服务器】,如图 9-19 所示。

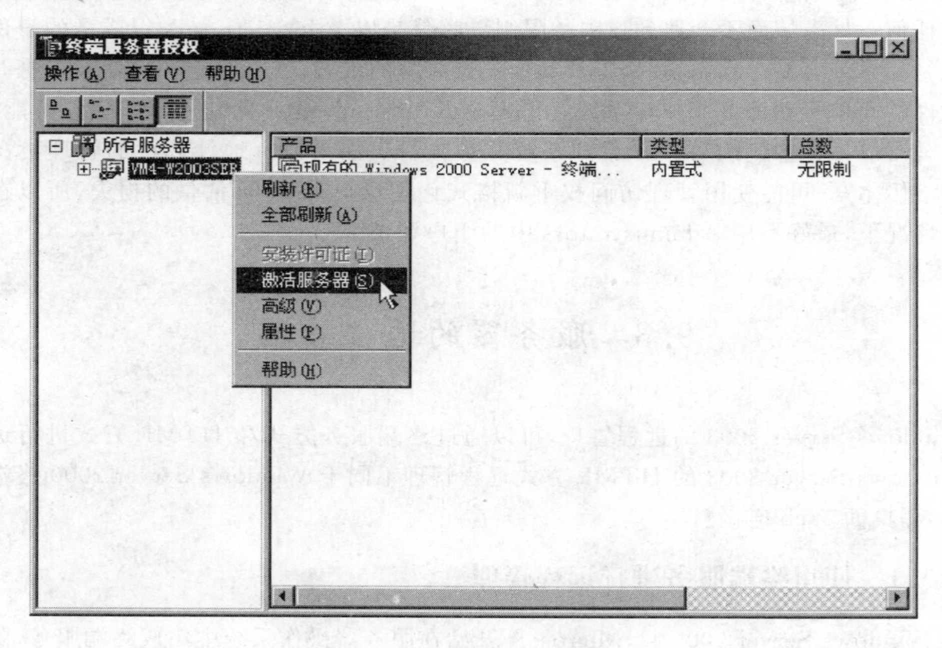

图 9-19 【激活服务器】

3. 终端服务器的配置

单击【服务器设置】,配置终端服务器,如图 9-20 所示。

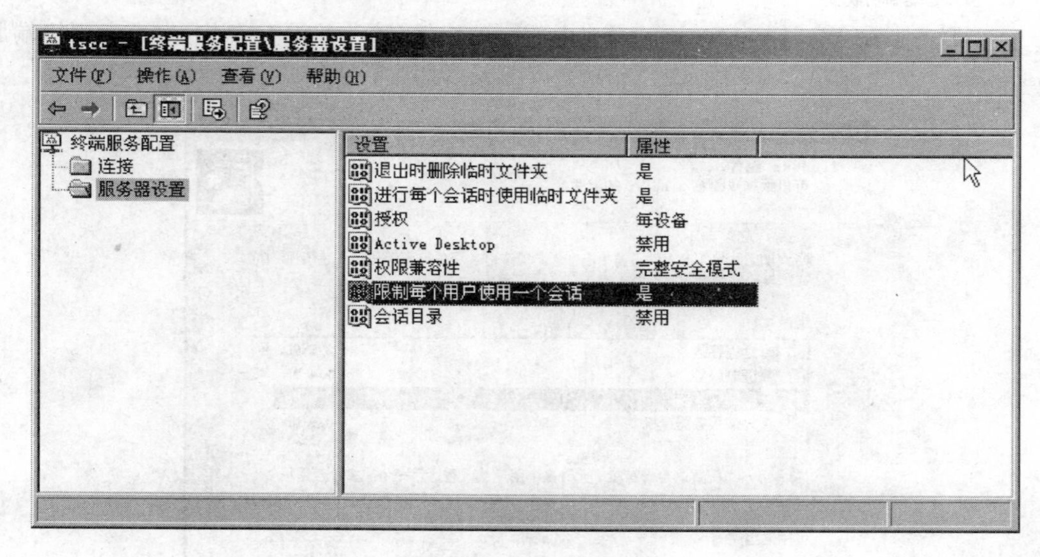

图 9-20 【终端服务器配置】

4. 在 Windows 客户机上实现远程管理

使用各种 Windows 计算机远程管理 Windows Server 2003,前提条件是:第一,进行远程管理的 Windows 客户机必须使用 TCP/IP 协议连接到 Windows Server 2003;第二,进行远程管理的 Windows 客户机必须安装终端客户连接程序。如果使用 Windows XP/2003 进行远程管理,则不必安装终端客户连接程序或远程桌面连接程序。Windows 2000 客户机则必须安装终端客户连接程序(或远程桌面连接程序)。以下主要以 Windows XP/2003 作为客户机进行远程管理为例进行讲解。

Windows XP 操作系统的客户机本身就集成安装了【远程桌面 Web 连接】,在使用 Windows XP 的计算机管理远程的终端服务器时,不需要安装任何程序。Windows Server 2003 也内置了远程桌面程序,通过远程桌面,可以连接到 Windows Server 2003 的终端服务器进行管理,用 Windows Server 2003 内置的远程桌面工具只能通过窗口方式而不能使用【全屏】方式进行管理。

5. 使用终端服务器的注意事项

(1) 终端服务器,不要在软驱中放置软盘,最好不要在光驱中放置启动光盘;

(2) 进行远程管理时,不要进行更改 IP 地址、子网掩码、网关等事情,这种工作最好到服务器处进行更改;

(3) 如果不是网络管理员专用的管理工作站,不要轻易安装远程桌面客户端软件,这时推荐使用远程桌面 Web 连接方式;

(4) 在进行远程管理的时候,为了避免死机之后无法再进行登录的情况(终端服务只能登录两个用户),请限制终端会话的时间、断开时间等设置;

(5) 如果有多个管理员,可以使用【管理工具】中的【终端服务管理器】来查看有没有其他的管理员进行远程管理;

(6) 管理处于防火墙后的服务器,需要在防火墙上打开 TCP/IP 协议的 3389,80 和 443 端口。

9.3.2 使用 IE 进行远程管理

Windows Server 2003 提供了【远程桌面 Web 连接】组件,通过这一组件,可以直接使用 Internet Explorer,在 IE 浏览器中远程管理 Windows Server 2003 的终端,如图 9-21 所示。

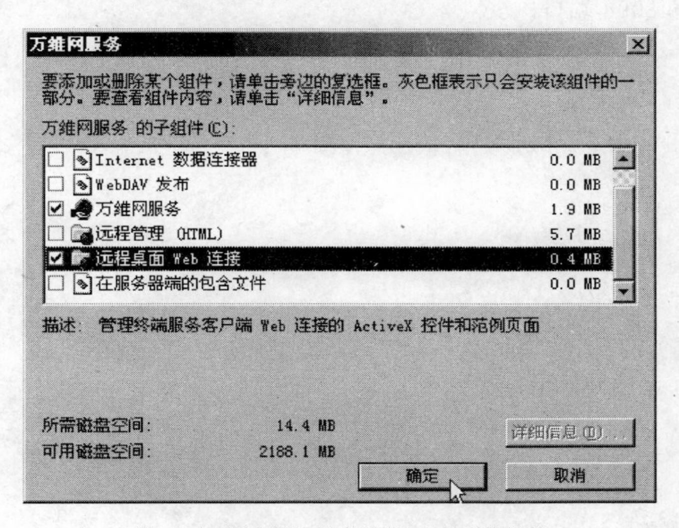

图 9-21 添加【远程桌面 Web 连接】组件

1. 添加远程管理(HTML)功能

远程管理是 Windows Server 2003 新增加的一种管理方法,使用这一组件,可以实现通过加密的安全的 Web 连接对 Windows Server 2003 进行远程管理,并且这种管理方法也不需要在服务器上安装终端服务。

通过【Windows 组件向导】→【Internet 信息服务(IIS)】→【详细信息】→【万维网服务】→【远程管理(HTML)】来实现添加远程管理功能,如图 9-22 所示。

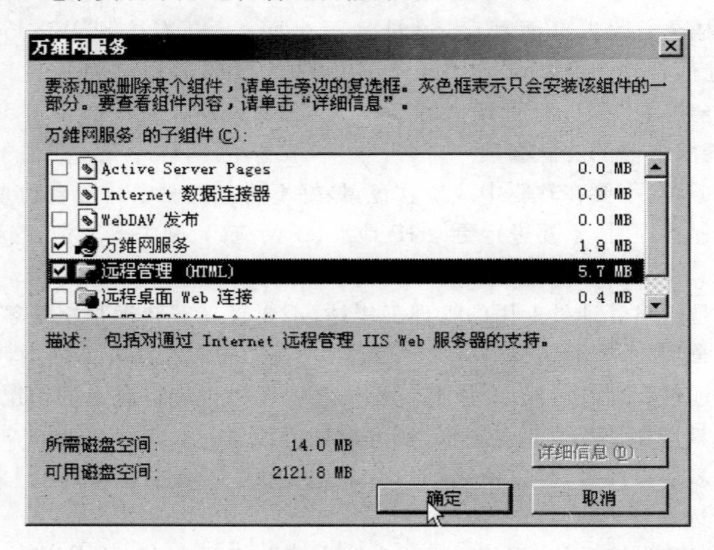

图 9-22 添加【远程管理(HTML)】功能

2. 实现远程管理功能

在远程的计算机上,打开 IE 浏览器,在地址栏中输入 http://192.168.1.99:8098。其中,192.168.1.99 是安装远程管理的 Windows Server 2003 的 IP 地址。由于远程管理功能使用了安全的连接,使用了 TCP/IP 的 8098 端口,为了让管理员能远程管理,必须在防火墙上打开 TCP/IP 的 8098 端口。

第10章 MMC 与组策略

10.1 MMC 简介

管理控制台(Microsoft Management Console,MMC)是 Windows 管理工具的统一管理平台,但不执行管理功能,用户可以使用 MMC 创建、保存或打开管理工具来管理硬件、软件和 Windows 系统的网络组件。MMC 控制台由分成两个窗格的窗口组成,左边窗格显示控制台树,控制台树显示控制台中可以使用的项目,右边的窗格包括详细信息窗格,如图 10-1 所示。

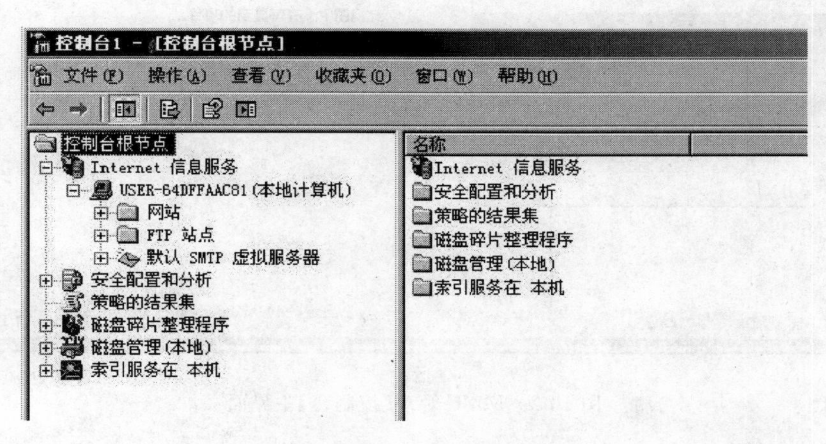

图 10-1 MMC 界面

在 MMC 中,每一个单独的管理工具,算做一个管理单元,每一个管理单元完成一个任务。在一个 MMC 中,可以同时添加许多管理单元。管理单元是 MMC 控制台的基本组件。管理单元总在控制台中,但不能自己运行。当安装了一个组件,在运行 Windows 的计算机上有与之关联的管理单元的时候,管理单元对于任何在该计算机上创建控制台的人员都可用,除非受用户策略的限制。

使用 MMC 有两种常规方法:在用户模式中,用已有的 MMC 控制台管理系统,经常使用的 IIS、计算机管理等管理界面都是属于用户模式 MMC 的;在作者模式中,创建新控制台或修改已有的 MMC 控制台。

MMC 支持两种类型的管理单元:独立管理单元和扩展管理单元。独立管理单元可以将独立管理单元(通常称为管理单元)添加到控制台树中,而不用先添加另外的项目。扩展管理单元通常称为扩展,一般添加到已有独立或扩展的管理单元的控制台树。当启用管理单元的扩展时,它们操作由管理单元控制的对象,如计算机、打印机、调制解调器或其他设备。

10.2 MMC的使用

使用MMC控制台,可以管理本地或远程计算机的一些服务或应用,这些服务或应用与安装在被管理的计算机上的程序相关。使用MMC创建或管理计算机管理工具的操作如下。

(1) 在【开始】→【运行】中输入命令MMC,回车就能看见【控制台1】界面,再通过【文件】→【添加/删除管理单元】就可以实现向管理控制台中添加管理单元,如图10-2所示。

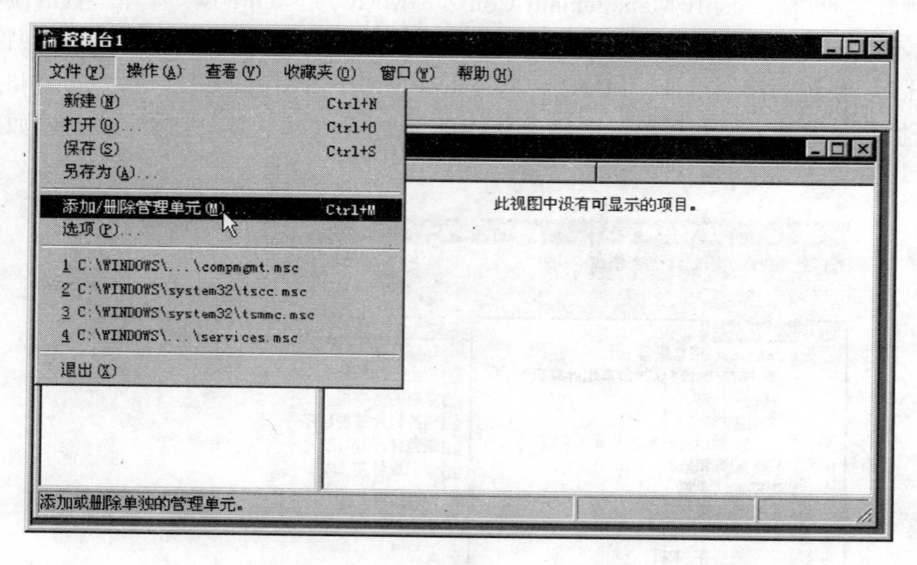

图10-2 MMC管理【控制台】主界面

(2) 在弹出的对话框的【独立】选项卡中,单击【添加】,这就进入了为【控制台1】添加独立管理单元的界面,在【添加独立管理单元】中选择要添加的单元,然后单击【添加】即可,如图10-3所示。

(3) 使用MMC可以简化本地计算机的管理,可以将常用的管理服务添加到一个MMC管理界面中,也可以把本地计算机上的所有管理都添加到一个管理界面中。在这个MMC中的所有操作与在Windows自带的管理工具中的操作一样有效。例如,在如图10-4所示的界面中,如果对IIS进行相关的设置,那么所有的设置与通过【管理工具】→【Internet信息服务】中进行设置效果一样。

(4) 控制台的保存。控制台在保存时要进行的一项重要工作就是设置控制台的访问模式,这种设置会在保存关闭后的下一次访问时生效,访问模式有两种,即作者模式和用户模式，其中用户模式又有 3 个层次：用户模式——完全访问，用户模式——受限访问、多窗口，用户模式——受限访问、单窗口。通过【文件】→【选项】→【控制台模式】进行设置。设置控制台模式后，通过【文件】→【保存】就可以完成对该新建控制台的保存，如图 10-5 所示。

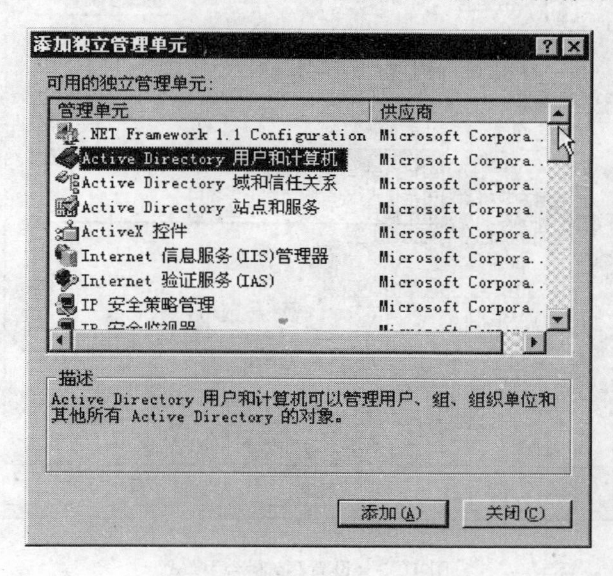

图 10-3　【添加独立管理单元】

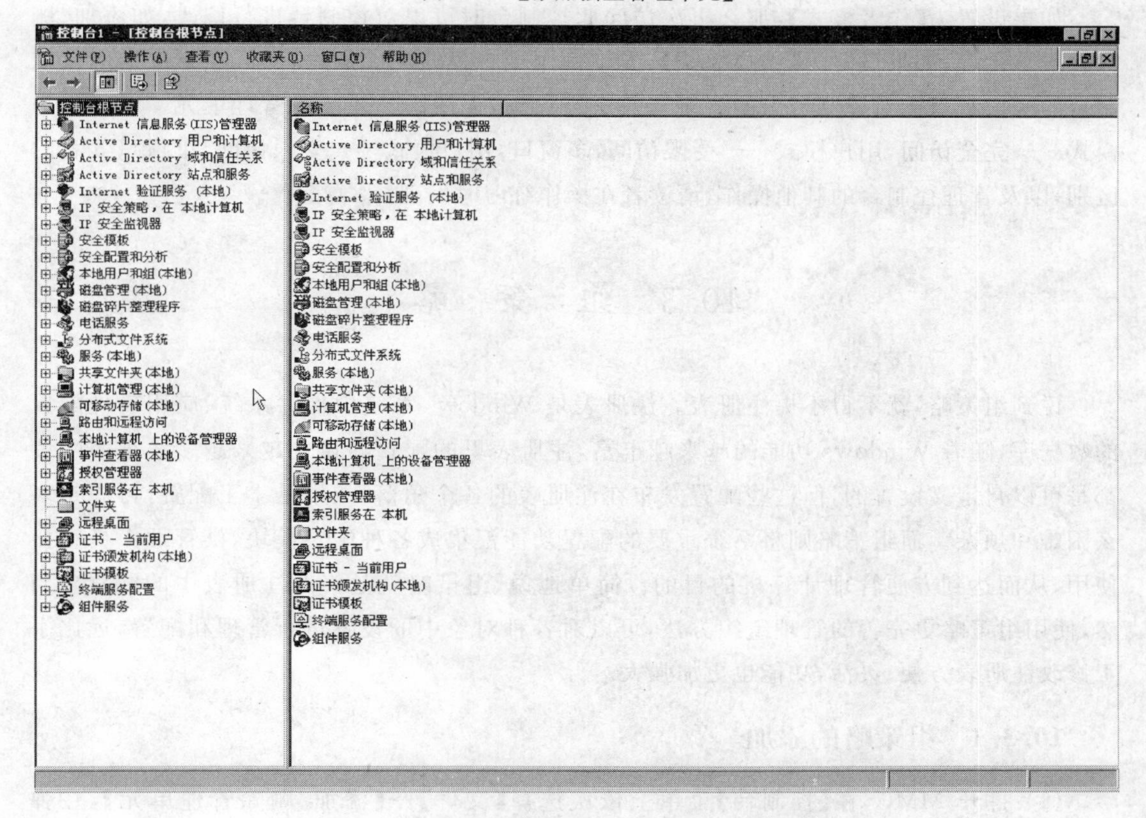

图 10-4　添加完所有管理插件的 MMC【控制台】

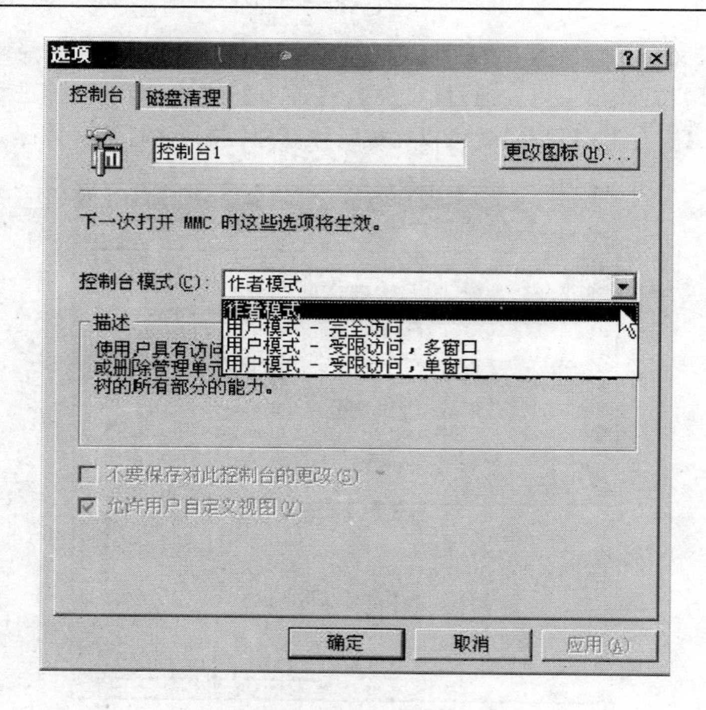

图 10-5　设置【控制台】模式

如果设置为【作者模式】，那么再次访问此控制台时可以对控制台进行修改，如添加、删除管理单元等；如果设置为【用户模式】，无论使用用户模式的哪一种，那么在下次访问此控制台的时候都只能对控制台内的管理工具进行设置，无法添加或删除管理单元。对于用户模式——完全访问，用户模式——受限访问、多窗口，用户模式——受限访问、单窗口 3 者的区别，以及管理控制台的其他操作，请读者在操作练习时发现。

10.3　组　策　略

说到组策略，就不得不提注册表。注册表是 Windows 系统中保存系统、应用软件配置的数据库，随着 Windows 功能的越来越丰富，注册表里的配置项目也越来越多。很多配置都是可以自定义设置的，但这些配置发布在注册表的各个角落，如果是手工配置，可想是多么困难和烦杂。而组策略则将系统重要的配置功能汇集成各种配置模块，供管理人员直接使用，从而达到方便管理计算机的目的。简单地说，组策略就是修改注册表中的配置。当然，使用组策略更完善的管理组织方法，可以对各种对象中的设置进行管理和配置，远比手工修改注册表方便、灵活，功能也更加强大。

10.3.1　组策略的添加

(1) 打开 MMC，在【控制台】菜单上依次选择【文件】→【添加/删除管理单元】，在弹出的对话框中单击【添加】，进入【添加独立管理单元】界面，找到【组策略对象编辑器】并将其选中，单击【添加】，如图 10-6 所示。

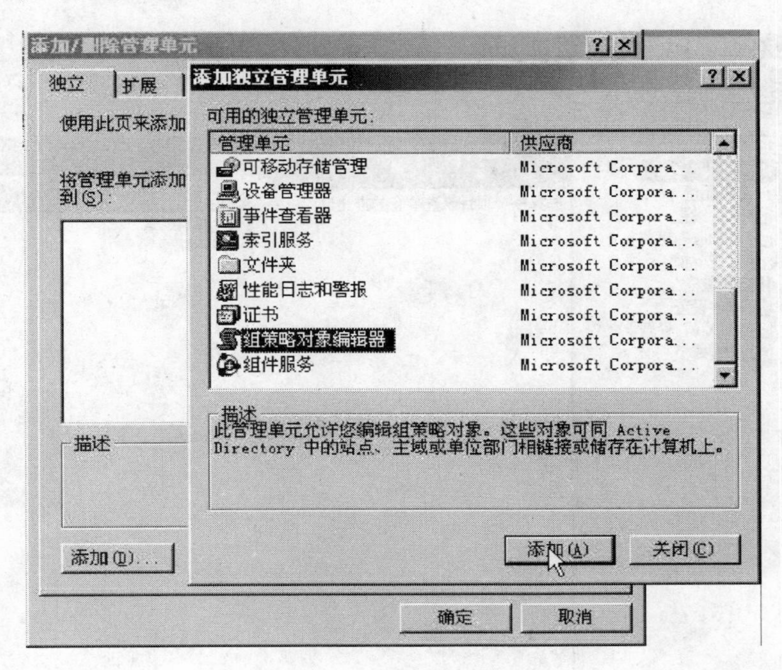

图 10-6　【添加】组策略对象编辑器

(2) 设置组策略对象。这里默认【本地计算机】，还可以通过浏览域中的计算机作为组策略对象，这里的组策略对象是【本地计算机】，如图 10-7 所示。

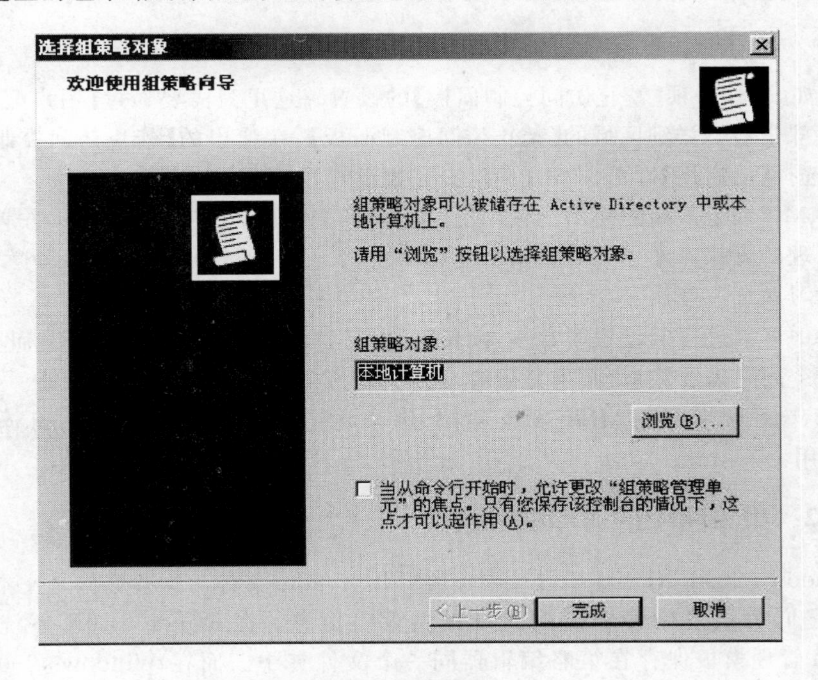

图 10-7　设置组策略对象

(3) 返回控制台界面,可以按照需要进行设置,如图 10-8 所示。

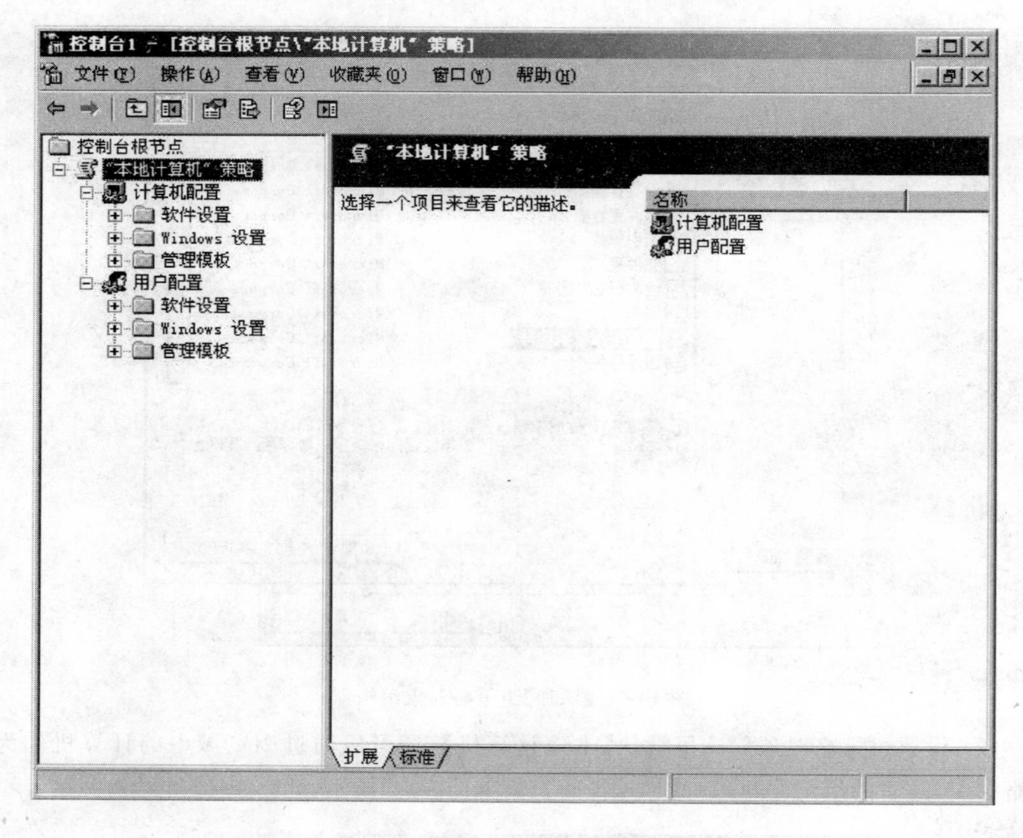

图 10-8 【添加】组策略的【控制台】

(4) 例如,要作一项【禁止访问控制面板】的设置。这里只需要通过【用户配置】→【控制面板】,然后双击右侧详细区域的【禁止访问控制面板】,在弹出的【禁止访问控制面板属性】对话框中,选择【已启用】即可,单击【确定】,完成设置,如图 10-9 所示。

关于 MMC 和组策略的使用比较广泛,而且使用方便,不需要借助第三方软件,所以比较受网络管理的青睐。本书只对其进行了基本介绍,更多的操作请读者参考微软相关技术资料进行学习和练习使用。

组策略中可以进行的设置非常多,读者可以根据自己需要进行设置练习,此处不作一一讲解。有一个问题需要注意:必须是管理员或具有相等权力才能配置组策略。使用某一版本的 Windows 系统来配置 MMC 的组策略,则该功能只在相同版本的 Windows 上运行的 MMC 中可用。

10.3.2 组策略中的管理模板

在 Windows 2000/XP/2003 目录中包含了几个.adm 文件。这些文件是文本文件,称为管理模板,它们为组策略管理模板项目提供策略信息。在 Windows 9X 系统中,默认的 Admin.adm 管理模板保存在策略编辑器同一个文件夹中。而在 Windows 2000/XP/2003 的系统文件夹的 .inf 文件夹中,包含了默认安装下的 4 个模板文件,分别为:system.adm 默认情况下安装在组策略中,用于系统设置;inetres.adm 默认情况下安装在组策略中,用于

Internet Explorer 策略设置；wmplayer. adm 用于 Windows Media Player 设置；conf. adm 用于 NetMeeting 设置。

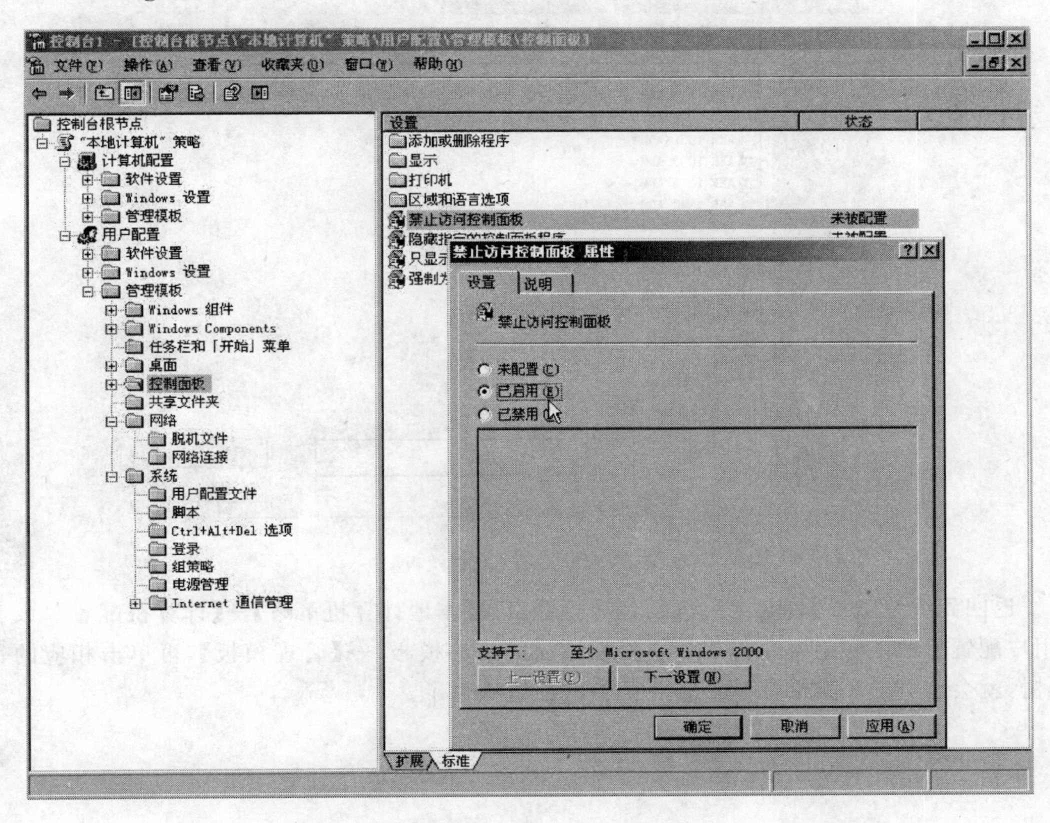

图 10-9　设置【禁止访问控制面板】

下面介绍在 Windows 2000/XP/2003 组策略控制台中使用策略模板的方法。

(1) 在组策略程序中选择【计算机配置】或者【用户配置】下的【管理模板】，右击，在弹出的菜单中选择【添加/删除模板】，弹出如图 10-10 所示的对话框。

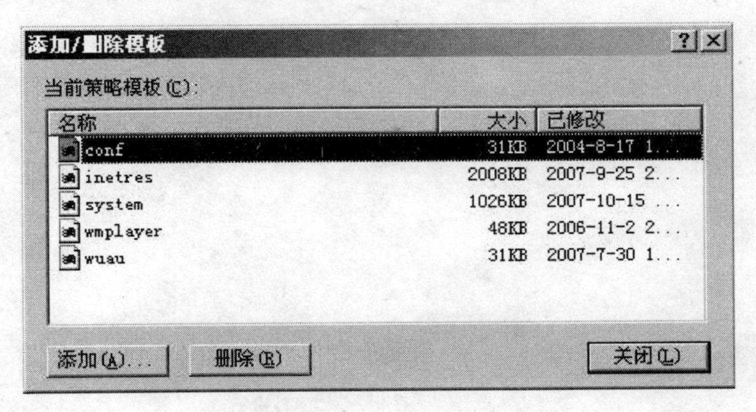

图 10-10　【添加/删除模板】对话框

(2) 单击【添加】按钮，在弹出的对话框中选择相应的. adm 文件，单击【打开】按钮，在系统策略编辑器中打开选定的脚本文件，并等待用户执行，如图 10-11 所示。

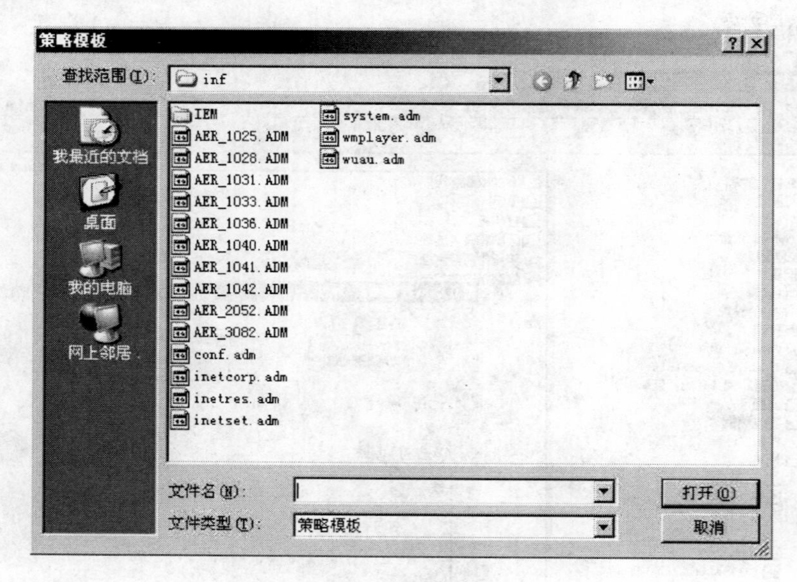

图 10-11　打开【策略模板】

返回到组策略编辑器主界面后，依次打开目录【本地计算机策略】→【计算机配置】(或者【用户配置】，取决于上一步操作中在哪里添加的策略模板)→【管理模板】，再单击相应的目录树，就会看到新添加的管理模板所产生的配置项目了。

第11章 网络管理命令和网络管理工具的使用

11.1 常用网络命令

11.1.1 ping的使用

ping只有在安装了TCP/IP协议以后才可以使用。

ping [-t] [-a] [-n count] [-l length] [-f] [-i ttl] [-v tos] [-r count] [-s count] [[-j computer-list] | [-k computer-list]] [-w timeout] destination-list

下面讲解常用的参数的含义。

• -t:不停地ping地方主机,直到你按下Control-C。此功能没有什么特别的技巧,不过可以配合其他参数使用,将在下面提到。

• -a:解析计算机NetBIOS名,示例如下。

```
C:\>ping -a 192.168.1.21
Pinging iceblood.yofor.com [192.168.1.21] with 32 bytes of data:
Reply from 192.168.1.21: bytes = 32 time<10 ms TTL = 254
Reply from 192.168.1.21: bytes = 32 time<10 ms TTL = 254
Reply from 192.168.1.21: bytes = 32 time<10 ms TTL = 254
Reply from 192.168.1.21: bytes = 32 time<10 ms TTL = 254
Ping statistics for 192.168.1.21:
Packets: Sent = 4, Received = 4, Lost = 0(0% loss),Approximate round trip times
in milli-seconds:
Minimum = 0 ms, Maximum = 0 ms, Average = 0 ms
```

从上面就可以知道IP为192.168.1.21的计算机NetBIOS名为iceblood.yofor.com。

• -n:发送Count指定的Echo数据包数。在默认情况下,一般都只发送4个数据包,通过这个命令可以自己定义发送的个数,对衡量网络速度很有帮助,比如我想测试发送50个数据包的返回的平均时间为多少,最快时间为多少,最慢时间为多少,就可以通过如下命令获知。

```
C:\>ping -n 50 202.103.96.68
Pinging 202.103.96.68 with 32 bytes of data:
Reply from 202.103.96.68: bytes = 32 time = 50 ms TTL = 241
```

```
Reply from 202.103.96.68: bytes = 32 time = 50 ms TTL = 241
Reply from 202.103.96.68: bytes = 32 time = 50 ms TTL = 241
Request timed out.
………………
Reply from 202.103.96.68: bytes = 32 time = 50 ms TTL = 241
Reply from 202.103.96.68: bytes = 32 time = 50 ms TTL = 241
Ping statistics for 202.103.96.68:
Packets: Sent = 50, Received = 48, Lost = 2 (4% loss),Approximate round trip times in milli-seconds:
Minimum = 40 ms, Maximum = 51 ms, Average = 46 ms
```

从上面就可以知道在给 202.103.96.68 发送 50 个数据包的过程当中，返回了 48 个，其中有 2 个由于未知原因丢失，这 48 个数据包当中返回速度最快为 40 ms，最慢为 51 ms，平均速度为 46 ms。

• -l：定义 Echo 数据包大小。在默认的情况下 Windows 的 ping 发送的数据包大小为 32 bit，也可以自己定义它的大小，但有一个大小的限制，就是最大只能发送 65 500 bit，也许有人会问为什么要限制到 65 500 bit，因为 Windows 系列的系统都有一个安全漏洞(目前系统补丁和新的 Windows 版本中已经修补了此漏洞)，就是当向对方一次发送的数据包大于或等于 65 532 bit 时，对方就很有可能死机，所以微软公司为了解决这一安全漏洞于是限制了 ping 的数据包大小。虽然微软公司已经作了此限制，但这个参数配合其他参数以后危害依然非常强大，比如我们就可以通过配合-t 参数来实现一个带有攻击性的命令如下(以下介绍带有危险性，仅用于试验，请勿轻易施于别人机器上，否则后果自负)。

```
C:\>ping -l 65 500 -t 192.168.1.21
Pinging 192.168.1.21 with 65 500 bytes of data:
Reply from 192.168.1.21: bytes = 65 500 time<10 ms TTL = 254
Reply from 192.168.1.21: bytes = 65 500 time<10 ms TTL = 254
………………
```

这样它就会不停地向 192.168.1.21 计算机发送大小为 65 500 bit 的数据包，如果只有 1 台计算机也许没有什么效果，但如果有很多计算机那么就可以使对方完全瘫痪，当同时使用 10 台以上计算机 ping 1 台 Windows 2003 系统的计算机时，不到 10 分钟，对方的网络就已经完全瘫痪，网络严重堵塞，HTTP 和 FTP 服务完全停止，这就是前面讲过的拒绝服务攻击。

• -f：在数据包中发送【不要分段】标志。在一般你所发送的数据包都会通过路由分段再发送给对方，加上此参数以后路由就不会再分段处理。

• -i：指定 TTL 值在对方的系统里停留的时间。此参数同样是帮助你检查网络运转情况的。

• -r：在【记录路由】字段中记录传出和返回数据包的路由。在一般情况下，发送的数据包是通过一个个路由才到达对方的，但到底是经过了哪些路由呢，通过此参数就可以设定经过的路由个数，不过限制在 9 个，也就是说只能跟踪到 9 个路由，如果想探测更多，可以通过其他命令实现，将在以后的章节中给大家讲解，示例如下。

```
C:\>ping -n 1 -r 9 202.96.105.101(发送 1 个数据包,最多记录 9 个路由)
Pinging 202.96.105.101 with 32 bytes of data:
Reply from 202.96.105.101: bytes = 32 time = 10 ms TTL = 249
Route: 202.107.208.187 ->
202.107.210.214 ->
61.153.112.70 ->
61.153.112.89 ->
202.96.105.149 ->
202.96.105.97 ->
202.96.105.101 ->
202.96.105.150 ->
61.153.112.90
Ping statistics for 202.96.105.101:
Packets: Sent = 1, Received = 1, Lost = 0 (0 % loss),
Approximate round trip times in milli-seconds:
Minimum = 10 ms, Maximum = 10 ms, Average = 10 ms
```

从上面就可以知道从我的计算机到 202.96.105.101 一共通过了 202.107.208.187,202.107.210.214,61.153.112.70,61.153.112.89,202.96.105.149,202.96.105.97 这几个路由。

11.1.2　ipconfig 的使用

IPConfig 用于显示当前的 TCP/IP 配置的设置值。这些信息一般用来检验人工配置的 TCP/IP 设置是否正确。但是,如果计算机和所在的局域网使用了动态主机配置协议(DHCP),这个命令所显示的信息也许更加实用。这时,通过 IPConfig 可以了解到计算机是否成功地分配到一个 IP 地址,如果分配到则可以显示当前的 IP 地址、子网掩码、默认网关和域名服务器等信息。

下面对该命令及其常用选项进行简单的讲解。

• IPConfig,当使用 IPConfig 时不带任何参数选项,那么它为每个已经配置了的接口显示 IP 地址、子网掩码和默认网关值。

• IPConfig/all,当使用 all 选项时,IPConfig 能为 DNS 和 WINS 服务器显示它已配置且所要使用的附加信息(如 IP 地址等),并且显示内置于本地网卡中的物理地址(MAC)。如果 IP 地址是从 DHCP 服务器分配的,将显示 DHCP 服务器的 IP 地址和分配地址预计失效的日期。

• IPConfig/release 和 IPConfig/renew,这是两个附加选项,只能在向 DHCP 服务器申请其 IP 地址的计算机上起作用,这两个附加选项一般在局域网中使用。如果输入 IPConfig/release,那么所有接口分配的 IP 地址便重新交付给 DHCP 服务器(归还 IP 地址)。如果输入 IPConfig/renew,那么本地计算机便设法与 DHCP 服务器取得联系,并申请一个 IP 地址。请注意,大多数情况下网卡将被重新赋予和以前所赋予的相同的 IP 地址。

11.1.3　netstat 的使用

netstat 命令的用法在本书第 6 章已经讲过,这里不再赘述。

11.1.4 ARP(地址转换协议)的使用

ARP是一个重要的TCP/IP协议,并且用于确定对应IP地址的网卡物理地址。使用arp命令,能够查看本地计算机或另一台计算机的ARP高速缓存中的当前内容。此外,使用arp命令,也可以用人工方式输入静态的网卡物理/IP地址对,如果对默认网关和本地服务器等常用主机进行这项操作,有助于减少网络上的信息量。

按照默认设置,ARP高速缓存中的项目是动态的,每当发送一个指定地点的数据包且高速缓存中不存在当前项目时,ARP便会自动添加该项目。一旦高速缓存的项目被输入,它们就已经开始走向失效状态。例如,在Windows 2003网络中,如果输入项目后不进一步使用,物理/IP地址对就会在2～10分钟内失效。因此,如果ARP高速缓存中项目很少或根本没有时,不要奇怪,通过另一台计算机或路由器的ping命令即可添加。所以,需要通过arp命令查看高速缓存中的内容时,请最好先ping此台计算机(不能是本机发送ping命令)。

下面讲解ARP常用命令选项。

• arp -a或arp -g,用于查看高速缓存中的所有项目。-a和-g参数的结果是一样的,多年来-g一直是UNIX平台上用来显示ARP高速缓存中所有项目的选项,而Windows用的是arp -a。

• arp -a IP地址,如arp -a 202.207.122.193。如果计算机上有多个网卡,那么使用arp -a加上接口的IP地址,就可以只显示与该接口相关的ARP缓存项目。

• arp -s IP地址　物理地址,如arp -a 202.207.122.193　00-14-2A-50-06-B7。这个命令选项可以向ARP高速缓存中人工输入一个静态项目。该项目在计算机引导过程中将保持有效状态,或者在出现错误时,人工配置的物理地址将自动更新该项目。

• arp -d IP地址,如arp -d202.207.122.193。使用本命令能够人工删除一个静态项目。

11.1.5 route的使用

大多数主机一般都是驻留在只连接一台路由器的网段上。由于只有一台路由器,因此不存在使用哪一台路由器将数据包发送到远程计算机上去的问题,该路由器的IP地址可作为该网段上所有计算机的默认网关来输入。但是,当网络上拥有两个或多个路由器时,就不一定想只依赖默认网关了。实际上某些情况下,可以使用某些远程IP地址通过某个特定的路由器来传递,而其他的远程IP则通过另一个路由器来传递。在这种情况下,需要相应的路由信息,这些信息储存在路由表中,每个主机和每个路由器都配有自己独一无二的路由表。大多数路由器使用专门的路由协议来交换和动态更新路由器之间的路由表。但在有些情况下,必须人工将项目添加到路由器和主机上的路由表中。route就是用来显示、人工添加和修改路由表项目的命令。

下面讲解route命令的一般使用选项。

• route print,本命令用于显示路由表中的当前项目,在单路由器网段上的输出。由于用IP地址配置了网卡,因此所有的这些项目都是自动添加的。

• route add,本命令可以将路由项目添加给路由表。例如,如果要设定一个到目的网络209.98.32.33的路由,其间要经过5个路由器网段,首先要经过本地网络上的一个路由器,IP为202.96.123.5,子网掩码为255.255.255.224,那么应该输入命令如下。

```
route add 209.98.32.33 mask 255.255.255.224 202.96.123.5 metric 5
```

- route change,可以使用本命令来修改数据的传输路由。不过,不能使用本命令来改变数据的目的地。下面这个例子可以将数据的路由改到另一个路由器,它采用一条包含 3 个网段的更直的路径。

```
route change 209.98.32.33 mask 255.255.255.224 202.96.123.250 metric 3
```

- route delete,使用本命令可以从路由表中删除路由,示例如下。

```
route delete 209.98.32.33
```

以上的常用网络管理命令就介绍这么多,要想达到熟练使用,读者要多练习。

11.2　网络管理工具的使用

网络管理软件平台提供网络系统的配置、故障、性能、安全及记账方面的基本管理,是支持大量的网络管理、网络设备管理、操作系统管理的软件包。

典型的网络管理软件平台有 IBM NetView,HP OpenView 和 SUN Net Manager,它们在支持本公司网络管理方案的同时,都可以通过 SNMP 对网络设备进行管理。

网络管理支撑软件是运行于网络管理软件平台之上,支持面向特定网络功能、网络设备、操作系统管理的支撑软件系统。每种网络管理支撑软件都有明确的网络管理功能和所支持的网络管理软件平台、操作系统,比如 IBM Network Manager for Aix 加载于 IBM NetView for Aix/1600 之上,负责管理 Toking Ring,FDDI,SNMP Toking Ring 和 SNMP 网桥等多种网络协议环境中的网络物理资源。

近年来,基于 Web 的各种网络应用开始广泛普及,网络管理软件也开始出现了许多基于 Web 的产品,SUN 公司提供了一组 Java 编程接口 Jmapi,供用户开发基于 Web 浏览器的网络管理应用。

随着我国网络技术生产和研究水平的提高,我国的许多公司也开发了许多适合中国人使用习惯、全中文的网络管理软件平台,如华为、实达等公司的产品都得到了广泛的应用。

11.2.1　SiteView 简介

SiteView 是一个开放式的网络监测管理平台,可提供开放式 API 接口,让网络管理人员十分方便地添加自身系统独有的特殊监测器,从而满足用户特有的监测需求。SiteView 更可十分方便地与用户自行开发的网络管理系统或 HP,IBM 和 CA 等公司的网络管理系统无缝集成到一起。SiteView 适用于各种规模的企业,具有极佳的可扩展性,可满足企业网络规模增加的需求。

SiteView 专注对局域网、广域网和互联网上的系统应用、服务器和网络设备的故障监测和性能管理,是集中式、跨平台的系统管理软件。SiteView 通过持续监控企业 Internet,WAN,LAN 上的服务器,网络设备和应用系统的运行状况,可以对中间件、数据库、邮件系统、DNS 系统、FTP 系统、OA 系统、ERP 系统等进行全面深入的监测,从而确保企业信息平台 7×24 地稳定运行。

SiteView 比较全面,不仅方便系统管理人员随时了解整个 IT 系统的运行状况,而且能从应用层面对企业 IT 系统的关键应用进行实时监测。一旦系统出现异常,警报系统将通过声音、Email、手机短信息、Post和脚本等方式及时通知相关人员。对于一些常见问题，SiteView 还可以自动进行故障处理。SiteView 完善的性能分析报告，更能帮助系统管理人员及时预测、发现性能瓶颈，同时为企业系统的战略规划提供依据。

11.2.2 SiteView 的使用

这里以 SiteView v5.6 版本为例简单介绍该软件的使用方法。SiteView 一共分成了主页、监测、拓扑、报警、报表、设置 6 大模块，这里只介绍部分功能的使用，对于其详细的用法，读者可以通过网络获得软件的技术手册。

1. 主页

单击首页面下方的【主页】，进入主页管理页面，如图 11-1 所示。

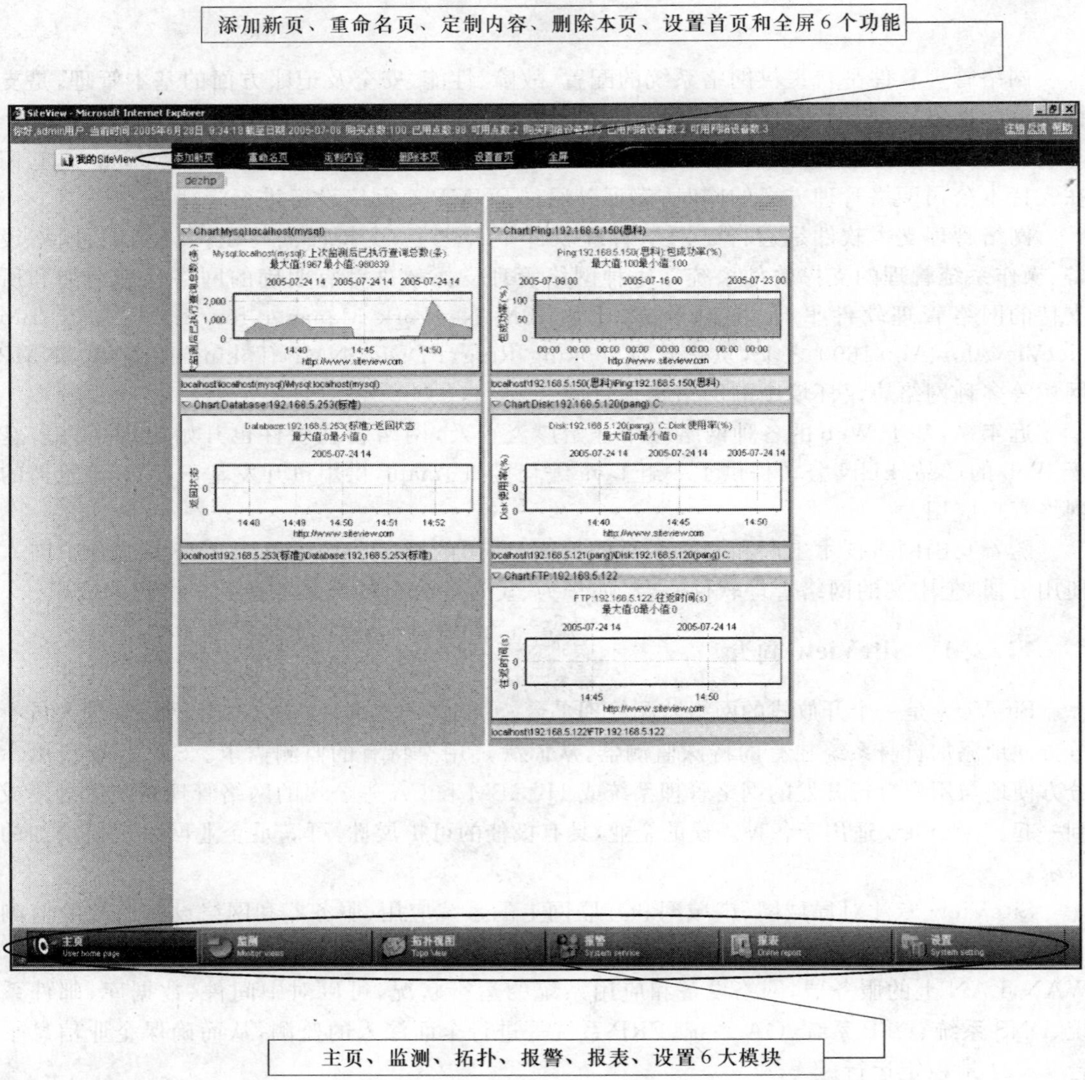
添加新页、重命名页、定制内容、删除本页、设置首页和全屏 6 个功能
添加新页
重命名页
定制内容
删除本页
设置首页
全屏
主页
监测
拓扑视图
报警
报表
设置
主页、监测、拓扑、报警、报表、设置 6 大模块

图 11-1 【主页】

主页可一目了然地显示最关心的监测页面信息,如某些监测器报告、拓扑图页面等,这里提供了页面添加、删除、重命名页、定制内容、设置首页等操作。此页面包括两部分,图11-1是SiteView主页面,页面上方是菜单项,其中包括添加新页、重命名页、定制内容、删除本页、设置首页和全屏6个功能,页面下方是状态栏,也就是SiteView的6大模块。

2. 监测的添加与管理

单击主页面下方的【监测】,进入如图11-2所示的监测主页面。根据网络的实际情况,有选择地添加相应的设备或监测,以方便对网络系统的监测和管理。图11-2显示了监测的主页面,左侧显示的是服务器和设备的树型目录,第1个是整个监测设备和监测器的服务器,这里是localhost,它的下方是为该服务器添加的网络设备,右侧显示的是所有当前的监测设备,包括它的状态、报警、描述、名称编辑、测试、最新日期,以及删除选项。

图11-2 【监测】主页面

SiteView监测设备指的是被监测网络纳入SiteView系统监测范围内的设备,包括服务器、路由器、交换机、防火墙等。在监测设备之前,必须在添加监测设备中选择相应设备类型,并在页面中添加该设备。设备添加后,可以批量添加对该设备的监测。SiteView软件可以设置上千个监测,很有必要对它们进行区分管理,通过添加设备功能实现,可以把同一类的监测器放在相对应的设备里面,这样可以更加直观、方便地了解各监测的状态和系统性能。选择左侧树形结构中的服务器localhost,右键选择添加设备,可供选择的设备包括服务器、网络设备、防火墙、数据库、Web服务器、中间件、邮件服务器、负载均衡设备、DNS域名解析服务器、News新闻讨论组等。

此处以添加服务器里的 Windows 服务器为例，选择 localhost，右击【添加设备】，选择服务器里的 Windows 选项，输入完成后选择【确定】按钮，再单击【完成】按钮，就完成了对设备的设置工作，如图 11-3 所示。

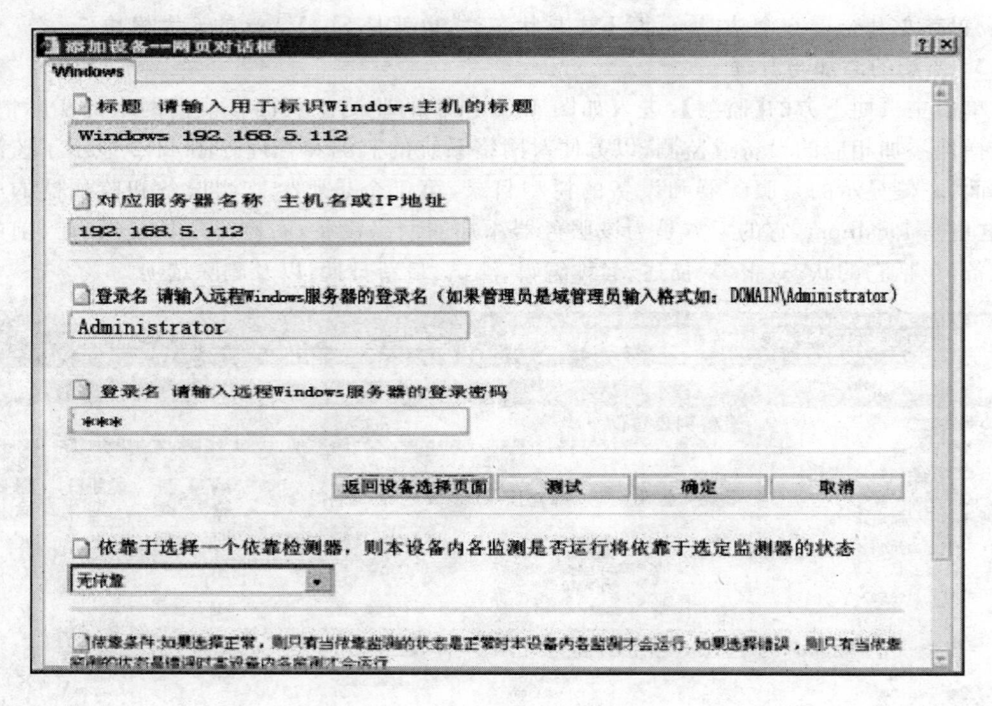

图 11-3 【添加 Windows 设备】

完成后，新添加的设备将会出现在树形结构的最下方，上面的红色和绿色按钮表示已经添加过的监测器的设备，红色表示错误，绿色表示正常，刚添加的设备因为没有监测，颜色为灰色。

通过删除监测设备操作，可以把不需要的监测设备删除，有两种方式可以删除，一种是右击设备中的【删除监测设备】来对设备进行删除，另一种是通过监测器列表页面下方的【删除】来对设备删除，删除之前系统提示是否要删除，确定删除后即删除成功。

3. 拓扑视图

SiteView 的系统应用拓扑管理模块可以对中间件、数据库、电子邮件、Web 系统、DNS 系统、FTP 系统、商务应用等进行全面深入的监测管理。系统管理人员可根据需要制作并发布逻辑拓扑图，通过基于浏览器的可视化图形和动态直观视图实时了解整个系统的运行状况，迅速定位系统故障。

SiteView 网络应用拓扑模块具有以下独特的优势：SiteView 提供了模仿实际环境的直观视图，网络应用拓扑功能使繁杂的网络信息平台运营、维护管理工作变得直观和方便，管理员能及时了解网络情况的变化并跟踪性能问题，随时显示整个网络的最新信息；SiteView 自带超大图库，能逼真地标识不同厂家、不同型号的服务器和网络设备，利用 Microsoft Visio 等绘图工具，经过简单的拖曳就能生成各种反映网络设备关联状况的网络拓扑图，也可直接导入现有拓扑图或网络示意图，从而使复杂的网络环境变得直观和清晰。

4. 报警管理

SiteView 提供了方便的报警功能。当某个监测的状态超过事先设定的阈值时，系统将自动作出相应的响应，包括电子邮件、手机短信等。进入报警模块后，报警页面由两部分组成，如图 11-4 所示报警模块，左侧包括报警规则和报警日志两大功能，报警规则包括新增报警、删除报警、禁止全部报警、启用全部报警、单个禁止、单个启用、编辑报警 7 大功能组成。

此处主要讲解新增报警的操作。选择左侧的【报警规则】，进入报警规则页面，再选择报警规则页面右侧的【新增报警】。

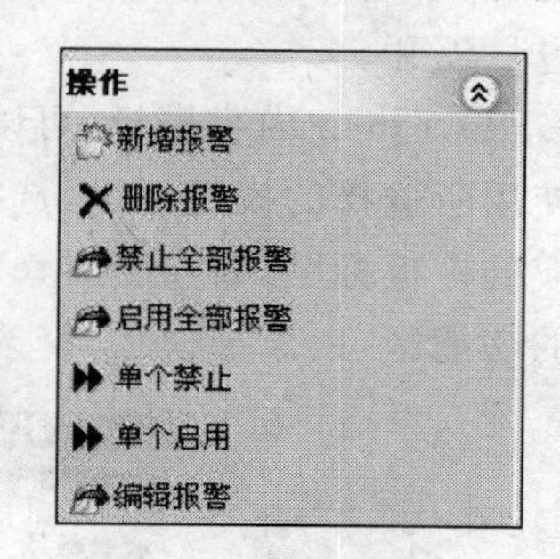

图 11-4　【新增报警】

进入新增报警页面，新增报警的页面也是由两个部分组成，左侧是报警所监测的对象，能看到在这些设备和监测器旁都有复选框，注意：对哪个监测设备及其监测器进行报警时，一定要选旁边的小方框（复选框），如图 11-5 所示，选择的是 test-hcy 下面的所有监测器，右侧是选择用什么样方式来进行报警，包括 Email，SmS 和 Sound，下面是选择用 Email 方式来进行报警的设置，如图 11-5 所示。

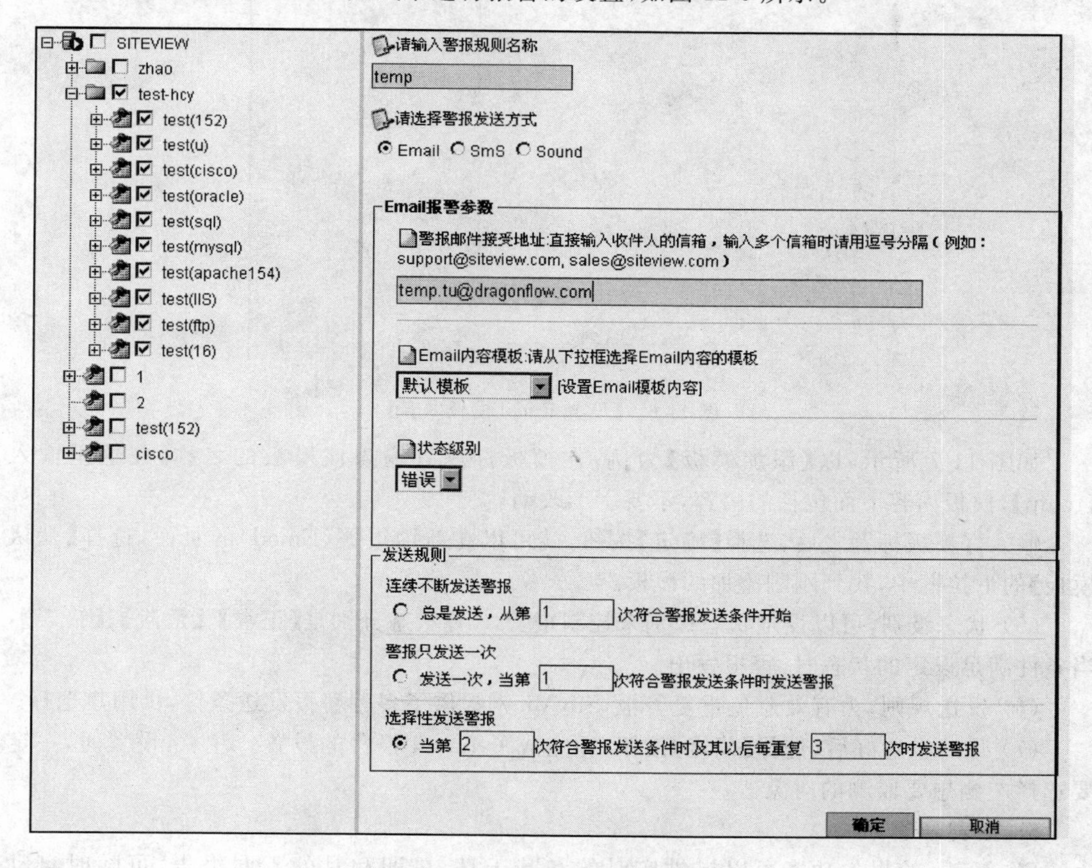

图 11-5　【新增报警】(Email 报警)

(1) 请输入报警规则名称，以下面的 temp 为例。

(2) 请选择警报发送方式，因为使用的是 Email 的发送方式，所以在此选择 Email

选项。

(3) Email 报警参数,需要填写用于接收警报的邮箱地址,如果想多个用户的设置,可以用逗号隔开。

(4) Email 内容模板,可以从下拉列表框中选择一个合适的模板,收到的警报邮件内容将使用所选择的模板显示,选择右侧的【设置 Email 模板内容】,可以看到右侧是 Email 模板对应的模板标题,新安装 SiteView 的用户会在下方只显示默认模板,在它的右侧是模板设置的功能区,由添加模板、修改模板、删除模板和关闭窗口组成,如图 11-6 所示。

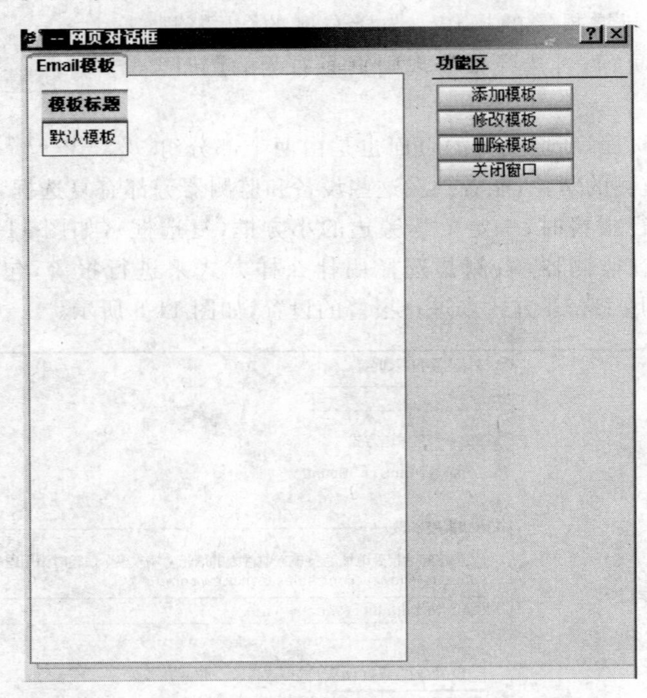

图 11-6 【设置 Email 模板内容】

如图 11-7 所示,以【添加模板】为例,在模板标题处输入该模板的名称,在这里输入【temp】,模板内容下面包括的内容,不要手工改动。

输入好模板标题之后,选择【确定】按钮,就可以在新增报警(Email)的页面,选择【默认模板】的下拉框中,找到刚刚添加的模板。

(5) 状态级别,可以设定状态级别来控制报警,3 种状态分别是【正常】、【危险】、【错误】,当条件满足设定的状态时,警报发出。

(6) 发送规则,为有效避免重复警报,SiteView 提供了多种警报发送条件,供用户选择。

(7) 最后设置好后,选择【确定】按钮,即完成了 Email 报警的设置。注意:设置时,一定要选择左侧想要监测的对象。

5. 报表管理

SiteView 的报告功能可以提供实时的和基于日、星期和月的不同报告,可随时自动生成,供分析诊断系统状况。同时,报告还可以定时自动发送到指定邮箱。SiteView 定时自动生成不同监测参数组合的报告,可以看到报告列表、趋势报告和监测报告。这些操作都不作讲解，请读者参看软件技术手册。

-- 网页对话框

Email模板设置

模板标题

temp

模板内容

警报来自SiteView。
监测器：　%entity% : %monitor%
报警规则：　%rule%
状态：　%status%
时间：　%time%
描述：　%content%

确定　关闭

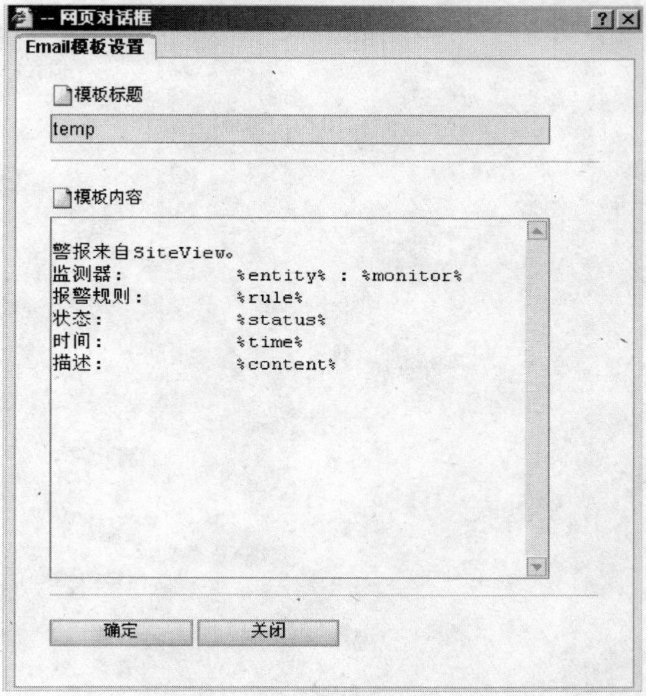

图 11-7　【添加 Email 模板】

6. 设置管理

该模块提供 SiteView 管理和配置相关功能，包括用户管理、权限设置、邮件设置、短信设置、日志删除设置等。在这里管理员还可以添加用户、修改密码、删除用户等，这些操作都不作讲解，请读者参看软件技术手册。

第4篇

网站维护

在网站维护篇的内容中，我们主要从以下4个方面进行介绍：系统恢复与性能监视、数据备份与恢复、文件系统与磁盘管理、系统更新。这里需要说明的是，本部分内容没有设计网站内容的更新，请读者根据网站的具体程序，设计内容更新的方法和操作。

第12章 系统恢复与性能监视

12.1 系统恢复

计算机故障就是任何导致计算机无法启动或继续运行的事件。计算机故障可以包括恶性病毒侵入、错误地添加了硬件驱动、安装了不合适的应用程序或者系统设置失误等,这些因素都有可能导致系统的瘫痪,无法正常进入 Windows 图形界面。这时候就需要对故障进行恢复,Windows Server 2003 提供以下选项,可帮助用户识别计算机故障并进行恢复。

1. 安全模式

用户可以使用安全模式启动选项来启动系统,在该模式下只启动最少的必要的服务。安全模式选项包括最后一次的正确配置,如果新安装的设备驱动程序在启动系统时出现问题,该选项尤其有用。

2. 故障恢复控制台

如果安全模式不起作用,用户可以考虑使用故障恢复控制台选项。建议只有高级用户和管理员才使用该选项,使用安装光盘或从光盘创建的软盘来启动系统。然后,就可以访问【故障恢复控制台】,这是一个命令行界面,可从该处执行诸如启动或停止服务、访问本地驱动器(包括格式化成 NTFS 文件系统的驱动器)等任务。

3. 紧急修复盘

如果安全模式和故障恢复控制台不起作用,而且事先已作了适当的高级准备,则可以试着用紧急修复磁盘来修复系统。紧急修复磁盘可以帮助修复内核系统文件。

12.1.1 安全模式

安全模式允许用最少的设备驱动程序和服务设置启动系统。安全模式选项包括【最后一次的正确配置】,如果新安装的设备驱动程序在启动系统时出现问题,该选项尤其有用。以安全模式启动 Windows 的操作比较简单,只需要在系统引导时按下 F8 功能键,进入【启动选项】菜单,然后选择合适的方式引导系统,这里选择【安全模式】,如图 12-1 所示。

下面介绍几个常用启动选项的功能。

【安全模式】选项,Windows 只使用基本文件和驱动程序(鼠标、监视器、键盘、大容量存储器、基本视频、默认系统服务,并且不连接网络)。

Windows高级选项菜单
请选定一种选项:

安全模式
带网络连接的安全模式
带命令行提示的安全模式

启用启动日志
启用VGA模式
最后一次正确的配置(您的起作用的最近设置)
目录服务还原模式(只用于Windows域控制器)
调试模式

正常启动Windows
重启动

使用上移和下移箭头键来移动高亮显示条到所要的操作系统,

图 12-1 【Windows 高级选项菜单】

【网络安全模式】选项,该选项加载上面所有的文件和驱动程序,加上启动网络所必要的服务和驱动程序。

【命令提示符安全模式】选项,在【安全模式】的基础上只是增加启动了【命令提示符】,登录后,屏幕出现【命令提示符】,而不是 Windows 桌面、开始菜单和任务栏。

【启用 VGA 模式】选项,使用基本 VGA 驱动程序启动 Windows。当安装了使 Windows 不能正常启动的新视频卡驱动程序时,这种模式十分有用。当用户在安全模式、网络安全模式或【命令提示符】安全模式下启动 Windows 时,总是使用基本的视频驱动程序。

【最近一次的正确配置】选项,它使用 Windows 在上次关闭时保存的注册表信息启动计算机。

【目录服务恢复模式】选项,针对 Windows Server 2003 操作系统的用于还原域控制器上的 Sysvol 目录和 Active Directory 目录服务。

【调试模式】选项,它是启动操作系统的同时,将调试信息通过串行电缆发送到其他计算机。

安全模式可帮助用户诊断问题。如果以安全模式启动时没有再出现故障现象,用户可以将默认设置和最小设备驱动程序排除在可能的原因之外。如果新添加的设备或已更改的驱动程序产生了问题,用户可以使用安全模式删除该设备或还原更改。

某些情况下安全模式和其他启动选项不能帮助用户解决问题,这时可以考虑使用【故障恢复控制台】,借助于一些基本命令识别和定位有问题的驱动程序和文件。

12.1.2 故障恢复控制台

要使用【恢复控制台】,用户需要以 Administrator 账户登录。使用【恢复控制台】,可以启动和停止服务,在本地驱动器(包括用 NTFS 文件系统格式化的驱动器)上读、写数据,从软盘或 CD 上复制数据,修复启动扇区或主引导记录,并执行其他管理任务。如果需要通过从软盘或 CD-ROM 上复制文件来修复系统,或需要重新配置使计算机无法正常启动的服务,则【恢复控制台】特别有用。例如,可以使用【恢复控制台】用软盘中的正确副本替换被覆盖或损坏的驱动程序文件。

1. 启动计算机并使用【恢复控制台】

(1) 通过系统安装光盘或该光盘创建的软盘来启动计算机,接下来系统会进入安装引导程序，当开始基于文本部分的安装时，根据提示，按【R】键选择【修复或恢复】选项，当系统提示时，按【C】键选择【修复控制台】；

（2）按照系统提示，键入 Administrator 的密码；

（3）在光标处，键入【help】可获得一系列命令的帮助信息，或者键入【help commandname】获得特定命令的帮助信息；

（4）要退出【恢复控制台】并重新启动计算机，键入【exit】。

2. 从运行 Windows 的计算机上使用【恢复控制台】

（1）将操作系统光盘插入到光盘驱动器中；

（2）在【开始】→【运行】中键入命令【D:\I386\Winnt32/Cmdcons】(D 是指 CD-ROM 驱动器的驱动器号)；

（3）重新启动计算机，并从可用操作系统列表中选择【故障恢复控制台】选项；

接下来的使用与通过系统光盘直接启动控制台的用法相同。

12.1.3　紧急修复磁盘

如果安全模式和故障恢复控制台不起作用，而且事先已作了适当的准备，则可以试着用紧急修复磁盘来修复系统。紧急修复磁盘可以帮助修复内核系统文件，相关操作如下。

（1）准备一张空白的、已格式化的 1.44 MB 的软盘；

（2）通过【ntbackup】命令，打开【备份工具】，在【欢迎】选项卡上，单击【自动恢复向导】；

（3）根据屏幕上显示的说明进行操作。

当完成安装之后，将原始系统设置的信息保存在系统分区的 Windows\Repair 文件夹中。如果使用【紧急修复磁盘】来修复 Windows 系统，那么可以访问该文件夹中的信息，一定不要更改或删除该文件夹。

12.2　系统性能监视

系统性能监视是维护和管理操作系统的重要组成部分，Windows 提供了 3 个工具：系统监视器、性能日志和警报及任务管理器。

12.2.1　系统监视器

系统监视器通过对服务器主要性能参数(处理器利用情况、硬盘 I/O 传输率、内存利用率和页面文件的活动)的监测，及时采取相应的措施，有效地避免由于负荷过重而导致系统瘫痪或者响应时间过长问题。

使用系统监视器，可以收集和查看大量有关硬件资源使用及所管理的计算机上系统服务活动的数据。

下面简要讲解关于系统监视器的基本操作。

（1）通过【管理工具】→【性能】，便可以进入系统监视器的主界面，如图 12-2 所示。

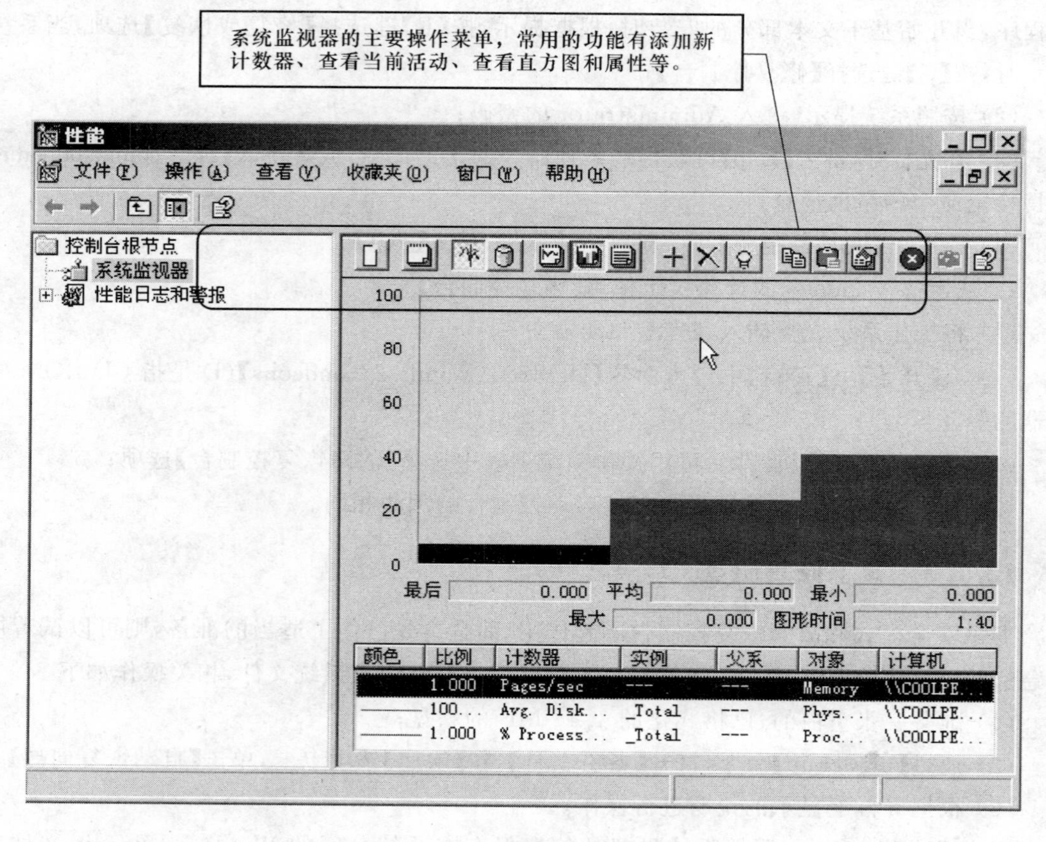

图 12-2 【系统监视器】主界面

(2) 单击操作菜单中的【属性】按钮，打开【系统监视器属性】对话框，在这里可以设置数据来源等。在【常规】选项卡中设置默认视图与采样方式，如图 12-3 所示。

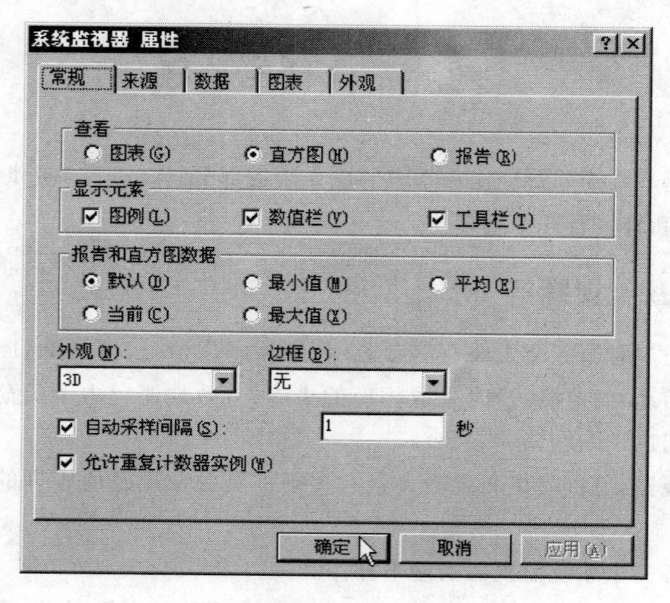

图 12-3 【常规】选项卡

在【来源】选项卡中设置数据来源，如图 12-4 所示。

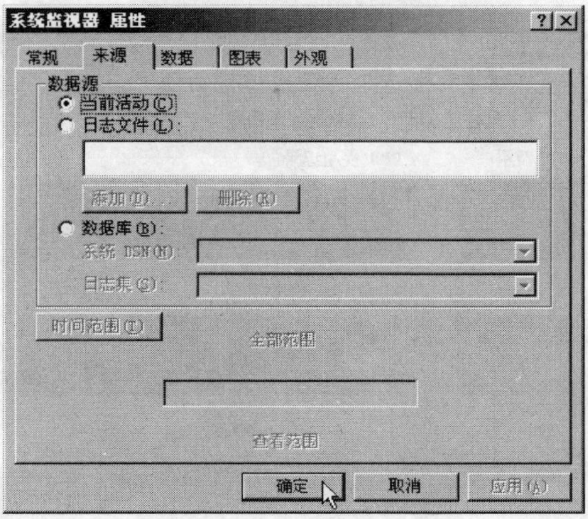

图 12-4　【来源】选项卡

在图 12-2 中还包括一个名为性能日志和警报的管理工具，日志提供了对这些数据进行记录的能力。当计数器值到达、高于或低于所定义的阈值时，警报将向用户发送通告，从而在系统性能达到极限时，及时通知系统管理员采取必要的措施，有效地避免可能的系统瘫痪。

12.2.2　任务管理器

任务管理器提供有关运行在计算机上的程序和进程的信息，以及它的处理器和内存使用情况的摘要。使用任务管理器可以监视计算机性能的关键数据，可以查看正在运行的程序的状态，并终止已停止响应的程序，还可以使用多达 15 个参数，评估正在运行的进程的活动，查看反映 CPU 和内存使用情况的图形和数据，还可以查看网络状态，了解网络的运行情况。

任务管理器【进程】选项卡，如图 12-5 所示。

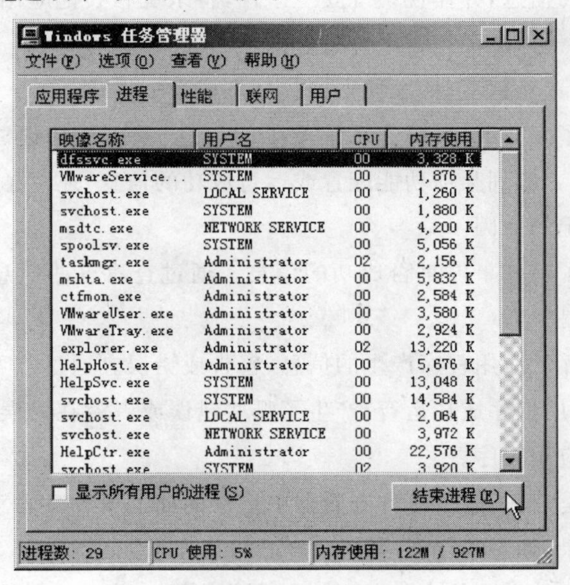

图 12-5　【进程】选项卡

任务管理器【性能】选项卡，如图 12-6 所示。

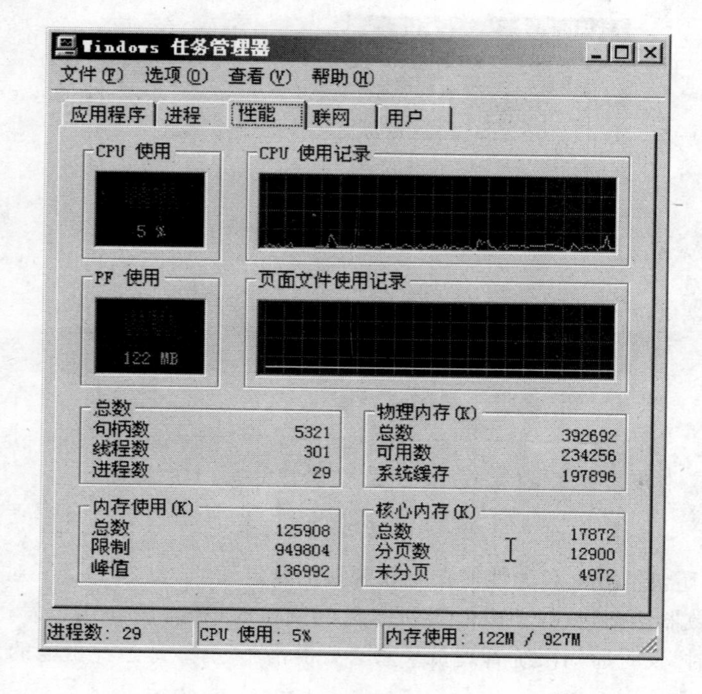

图 12-6 【性能】选项卡

12.2.3 事件查看器

在 Windows 系统中有一位系统运行状况的忠实记录者，从开机、运行到关机过程中发生的每一个事件都将被记录下来，它就是【事件查看器】。利用这个工具可以收集有关硬件、软件和系统问题方面的信息，并监视系统安全事件，将系统和其他应用程序运行中的错误或警告事件记录下来，便于诊断和纠正系统发生的错误和问题。

Windows【事件查看器】中包括 3 种类型的日志记录事件。

系统日志中存放了 Windows 操作系统产生的信息、警告或错误。通过查看这些信息、警告或错误，不但可以了解到某项功能配置或运行成功的信息，还可了解到系统的某些功能运行失败或变得不稳定的原因。

安全日志中存放了审核事件是否成功的信息。通过查看这些信息，可以了解到这些安全审核结果是成功还是失败。

应用程序日志中存放应用程序产生的信息、警告或错误。通过查看这些信息、警告或错误，可以了解到哪些应用程序成功运行，产生了哪些错误或者潜在错误。程序开发人员可以利用这些资源来改善应用程序。

这里需要注意的是，日志除了事件查看器中记录的如上 3 种日志意外，还包括各种服务器组件自带的日志记录，如 IIS，DNS 等都有自己的日志。

事件查看器显示 5 种类型的事件，即错误、警告、信息、成功审核和失败审核，不同事件类型及其意义如表 12-1 所示。

表 12-1　事件查看器的事件类型及其意义

事件类型	描　述
错　误	重要的问题，如数据丢失或功能丧失。例如，如果在启动过程中某个服务加载失败，将会记录【错误】。
警　告	虽然不一定很重要，但是将来有可能导致问题的事件。例如，当磁盘空间不足时，将会记录【警告】。
信　息	描述了应用程序、驱动程序或服务的成功操作的事件。例如，当网络驱动程序加载成功时，将会记录一个【信息】事件。
成功审核	成功的任何已审核的安全事件。例如，用户试图登录系统成功会被作为【成功审核】事件记录下来。
失败审核	失败的任何已审核的安全事件。例如，如果用户试图访问网络驱动器并失败了，则该尝试将会作为【失败审核】事件记录下来。

通过【管理工具】→【事件查看器】进入事件查看器的主界面，如图 12-7 所示。

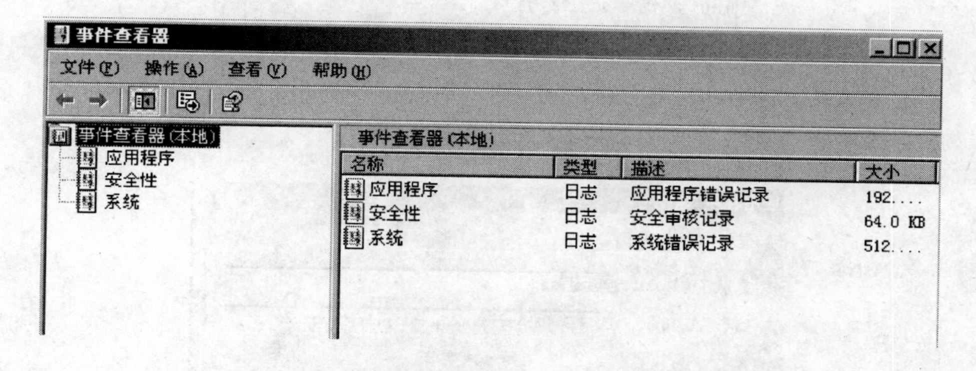

图 12-7　【事件查看器】

单击相应的事件记录类型，进入事件列表，如果要查看某事件的详细内容，可先选中该事件，双击打开【事件属性】对话框，在其中的【事件详细信息】选项组中列出了事件发生的时间及来源、类型等详细资料，如图 12-8 所示。

在事件查看器中，用户可以利用菜单栏中的菜单项方便地进行本地事件的查看，下面介绍其中简单实用的几项操作，以【应用程序】为例。

(1) 在【操作】菜单中，用户可以根据需要进行工作日志文件的打开和保存，以及事件的清除等操作。

(2) 选择【操作】→【属性】或者【查看】→【筛选】命令，出现【应用程序属性】对话框，在【常规】选项卡中详细显示了【应用程序】的名称，创建、修改和访问时间，用户可以对最大日志及达到极限后的处理方法进行设定，如图 12-9 所示。

(3) 选择【筛选器】选项卡，用户可以对日志中的事件进行筛选，用户可在【事件类型】选项组中进行复选框的选择，在【事件来源】、【类别】下拉列表框中可设置筛选具体条件，还可进行时间限定。需要指出的是，筛选并不会对日志的具体内容产生影响，它只是改变了事件的显示方式，如图 12-10 所示。

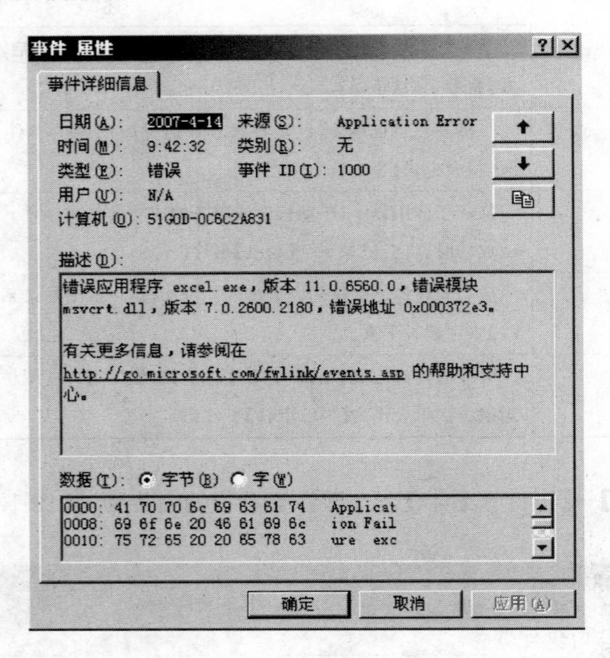

图 12-8 【事件详细信息】

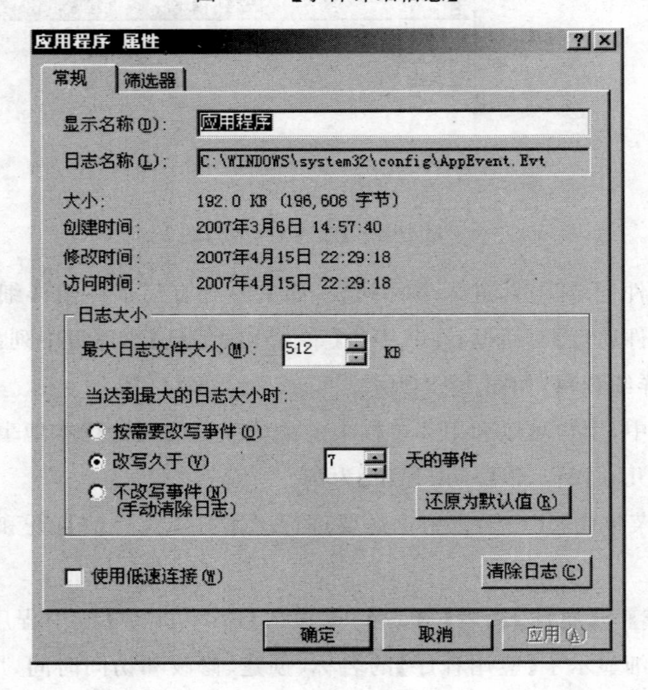

图 12-9 【常规】选项卡

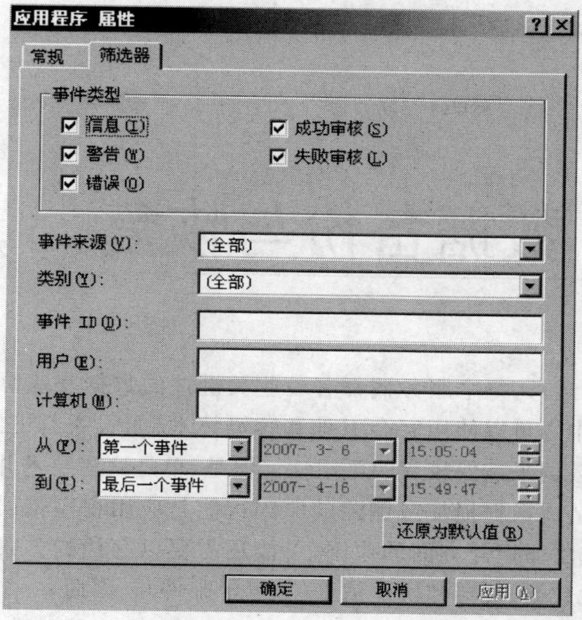

应用程序 属性

常规　筛选器

事件类型

信息(I)　成功审核(S)

警告(W)　失败审核(L)

错误(O)

事件来源(V):　(全部)

类别(Y):　(全部)

事件 ID(D):

用户(E):

计算机(M):

从(F):　第一个事件　2007- 3- 6　15:05:04

到(T):　最后一个事件　2007- 4-16　15:49:47

还原为默认值(R)

确定　取消　应用(A)

图 12-10 【筛选器】选项卡

(4) 在【查看】菜单中选择【查找】命令，出现【在本地应用程序上查找】对话框，在此可设置好要查找的条件，可自行选择查找方向，连续查找多个符合要求的事件，如图 12-11 所示。

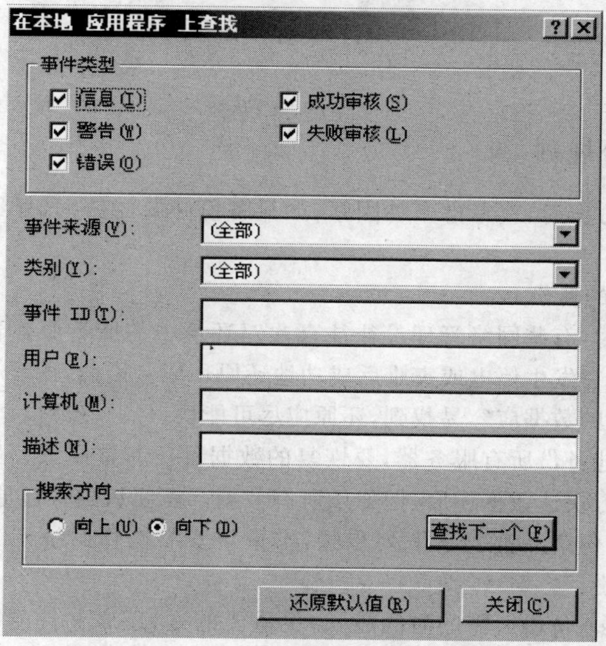

在本地 应用程序 上查找

事件类型

信息(I)　成功审核(S)

警告(W)　失败审核(L)

错误(O)

事件来源(V):　(全部)

类别(Y):　(全部)

事件 ID(T):

用户(E):

计算机(M):

描述(N):

搜索方向

向上(U)　向下(D)　查找下一个(F)

还原默认值(R)　关闭(C)

图 12-11 【在本地应用程序上查找】对话框

对于事件查看器本书就介绍这么多，对于更多的操作请读者在实践中多练习、多探索。

第13章 数据备份与恢复

为了网站的正常运行，每个服务器都有一些关键性的数据。备份和恢复技术是数据保护策略的基础，数据中心可以使用冗余组件和容错技术（如服务器集群、软件镜像或者硬件镜像）通过复制重要数据来确保较高的可用性。但是，单是这些技术并不能解决由数据损坏或删除导致的问题，造成数据损坏或删除的原因可能是应用程序错误、病毒、安全漏洞或用户错误。出于行业或法律审计方面的原因，可能还需要以存档的方式保存信息。这一要求也可能适用于事务性数据、文档和协作信息（如电子邮件）。因此，一个正规的电子商务网站必须具备一个包含综合性备份和恢复机制的数据保护策略，以防止数据因意外停电、硬件损坏、人为灾难或遭受攻击而丢失，并达到数据保存的相关行业要求。本章将讲解如何初步创建企业级备份和恢复的解决方案。

13.1 备份策略的设计

13.1.1 备份规划

规划备份解决方案时，应考虑多种因素，如只备份必要的数据，仔细安排备份时间及选择执行适当的备份类型。

1. 避免不必要的备份

设计备份策略时，有些网络管理员往往喜欢对环境中的所有服务器执行完全备份。但是请记住，其目的是在发生停电或灾难后成功地还原环境。因此，所设计的备份策略应专注于下列目标，要还原的数据应容易找到，还原应尽可能快。

如果不加选择地备份所有服务器，要恢复的数据量便非常庞大。虽然当前的磁带存储和备份产品能够进行快速数据还原，但如果所有数据都需要从磁带还原，就可能会增加停工期。例如，大多数备份产品都要求下列步骤：①重新安装操作系统；②重新安装备份软件；③从磁带中还原备份。

备份的文件越多，备份所需的时间越长，更重要的是，还原文件的时间就越长。发生灾难时，时间非常重要，因此恢复过程应尽可能地短。此外，经常性地执行大型备份会降低网络性能，除非建立专门的备份网络。

针对特定的环境情况确定了最佳备份策略之后，一定要对整个测试网络执行一次试验性还原。通过这种测试，可以发现存在的问题，并提供在环境中恢复系统的有用经验，而无须承受使生产系统回到联机状态的压力。

2. 选择适当的备份时间

对于执行有效备份并同时对用户造成最小的影响，各种类型的环境分别有不同的特点。例如，备份电子商务环境与备份企业局域网(LAN)基础架构是不同的。在企业局域网中，网络使用率在基本工作时间之外通常会下降。在电子商务环境中，网络使用率通常在傍晚增加，而且这一水平将一直持续到凌晨，尤其是客户群跨越多个时区时。因此，确定环境备份的最佳时间不大可能。但是，如果遵照下列指导方针，将可以减少对用户的影响：计划备份时间以避免峰值使用期；不备份不必要的数据；定期在测试网络中执行试验性还原，确认备份配置准确无误。

3. 选择适当的存储媒体

除了确定备份的类型和执行时间外，还应当评估可用的存储媒体类型，从而正确选择。选择存储媒体时，应考虑下列因素：要备份的数据量；要备份的数据类型；备份窗口；环境；正在备份的系统和存储设备之间的距离；组织预算；数据恢复的服务级别协议。

如表13-1所示，汇总了常见备份媒体类型的优、缺点。

表13-1　常见备份媒体类型的优、缺点

备份媒体类型	优　点	缺　点
磁　带	备份速度快，保留时间长； 存储容量大； 比磁盘和光盘便宜	磨损快，比磁盘和光磁盘易于出错； 不易配置和维护，特别是SAN配置中； 需要定期清洁驱动器
磁　盘	易于配置和维护； 可用于临时存放数据	是最昂贵的原始存储媒体
光　盘	寿命最长，媒体不老化	备份和还原速度最慢； 对硬件选择有一定限制

13.1.2　备份模式

备份模式取决于要备份的数据，如何进行备份。有下列两种方法可用来执行数据备份：联机备份和脱机备份。

联机备份，联机备份在系统处于联机状态时进行，因此该策略造成的中断最小。联机备份通常用于必须保持全天可用的应用程序，如Microsoft Exchange Server和Microsoft SQL Server，这两种应用程序都支持联机备份。

联机备份的优点：没有服务中断，在备份过程中用户可以照常使用应用程序和数据；不需要在加班时间进行备份，联机备份可以安排在正常工作时间进行；完全或部分备份，备份可以是完全备份或部分备份。

联机备份的缺点：在备份过程中，生产服务器的性能可能会下降；打开的文件视备份过程中打开的应用程序而定，有些打开的数据文件可能无法备份。

脱机备份是在系统和服务处于脱机状态下进行。此种备份在需要系统快照或者应用程序不支持联机备份时使用。

脱机备份的优点：完全或部分备份，脱机备份可以是完全备份或部分备份；性能，脱机备份的备份性能较好，这是因为服务器可以专用于备份任务；全部文件备份，可以备份所有数据，这是因为在备份过程中没有正在运行的应用程序，也就没有打开的文件。

脱机备份的缺点：脱机备份的缺点是备份过程中用户将无法访问数据。

13.1.3 备份类型

联机备份和脱机备份可以使用多种备份类型。环境的SLA、备份窗口和恢复时间要求决定了对于该环境，哪种备份方法或哪几种备份方法的组合最合适。

1. 完全备份

完全备份会备份所有数据，包括所有硬盘上的文件。每个文件都被标记为已备份，也就是说，会清除或重置存档属性。一个最新的完全备份磁带可以用来完全还原某一时刻的服务器。

完全备份的优点：完整复制数据，完全备份意味着，如果需要恢复系统，将拥有所有数据的完整副本；快速访问备份数据，不必在多个磁带中查找要还原的文件，这是因为完全备份包括某一时刻硬盘上的所有数据。

完全备份的缺点：冗余数据，完全备份包含冗余数据，这是因为执行完全备份时会将发生更改和未发生更改的数据都复制到磁带；时间，执行完全备份需要较长时间，有时会非常长。

2. 增量备份

增量备份复制自上次完全备份或增量备份以来发生更改的所有数据。必须使用完全备份磁带（无论有多旧）和所有的后续增量备份来还原服务器。增量备份会将文件标记为已备份，即会清除或重置存档属性。

增量备份的优点：节省时间，备份过程较短，这是因为只有自上次完全备份或增量备份以来被修改或创建的数据才会被复制到磁带；节省备份媒体，增量备份使用的磁带空间少，这是因为只有自上次完全备份或增量备份以来被修改或创建的数据才会被复制到磁带。

增量备份的缺点：完全还原过程复杂，要还原整个系统，可能需要使用一套递增的多个磁带中的数据；部分还原时间长，对于部分还原，可能需要在多个磁带中查找所需的数据。

3. 差异备份

差异备份备份自上次完全备份以来发生更改的数据。要还原整个系统，需要一个完全备份磁带和最新的差异磁带。差异备份不将文件标记为已备份（即不清除存档属性）。

差异备份的优点：快速还原，差异备份的优点是比增量备份速度快，因为差异备份所需的磁带少；完全还原，最多需要两套磁带，上次完全备份和最新的差异备份磁带。

差异备份的缺点：备份时间长且数据多，差异备份比增量备份需要更多的磁带空间和更长的时间，这是因为距离上次完全备份时间越长，复制到差异磁带上的数据就越多；备份时间增加，执行完全备份后，备份的数据量逐日增加。

13.2 备份与恢复的实现

最初，唯一一种要求备份的存储技术采用的形式是硬盘直接连接到服务器上的存储适配器。现在，此种存储技术称为直接连接存储或 DAS，另外还有 NAS 和 SAN 等备份技术。网络附属存储(Network Attached Storage，NAS)是一种将分布、独立的数据整合为大型、集中化管理的数据中心，以便于对不同主机和应用服务器进行访问的技术；存储区域网络(Storage Area Network，SAN)是一种高速网络或子网络，提供在计算机与存储系统之间的数据传输。备份和恢复拓扑可以按照需要备份的存储技术进行分类。涵盖各个存储类型的拓扑分别是本地服务器备份、局域网连接 NAS 备份和基于 SAN 的系统。

13.2.1　本地服务器备份和恢复

在本地服务器备份配置中，每个服务器连接到自己的备份设备，通常是通过 SCSI 总线。这种情况下，不占用局域网带宽，但必须在本地服务器上手动管理存储媒体。

如图 13-1 所示为典型的本地服务器备份和恢复机制。

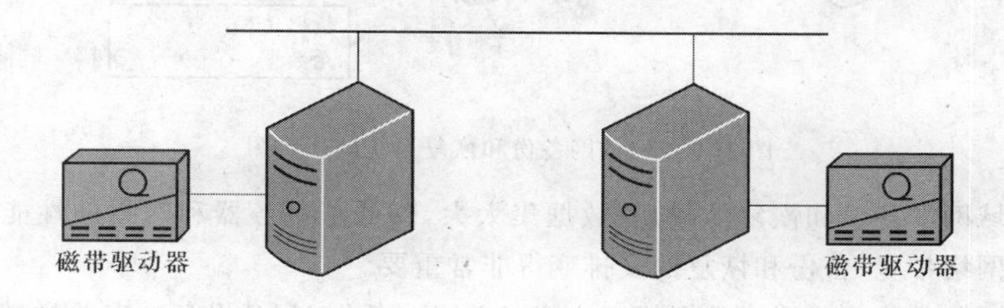

图 13-1　本地服务器备份和恢复机制

本地服务器备份和恢复的优点：不占用网络资源，本地服务器备份和恢复配置不使用网络带宽，这是因为服务器所连接的磁带设备通常通过 SCSI 接口进行连接；备份和恢复速度快，这些备份比其他备份配置相对快一些，原因是数据不需要通过网络传输。

本地服务器备份和恢复的缺点：集中管理和伸缩能力不强，本地服务器备份和恢复配置不具有伸缩性和集中管理能力，因为需要在本地管理每台服务器上的媒体；备份软件和磁带硬件的费用高，这种配置会显著增加备份软件许可和磁带设备的费用，这是因为必须为每个服务器配置各个备份并分别管理这些备份。

13.2.2　基于局域网的备份和恢复

基于局域网的备份方案是企业中常用的解决方案，并已为人们使用了一段时间。企业局域网备份软件使用一种多层架构，其中一些备份服务器启动作业并收集有关已备份数据的元数据(又称控制数据)，而其他服务器(指定为媒体服务器)则执行管理传输到磁带设备中的数据的实际作业。

企业局域网备份技术通常包含 3 个组件：中央备份服务器，此服务器承载控制备份环境的备份引擎；媒体服务器，此服务器处理数据移动并管理媒体资源；客户端代理，这些是特定于应用程序的代理，如文件系统数据、Exchange 数据和 SQL Server 数据的代理。如图 13-2 所示为局域网备份和恢复系统的逻辑图。

基于局域网的备份和恢复的优点：磁带设备不再需要直接连接到服务器以进行备份；备份应用程序运行在专门的备份服务器上；客户端代理通过局域网将数据发送到备份服务器；

伸缩性好，且只需共享一个磁带设备。

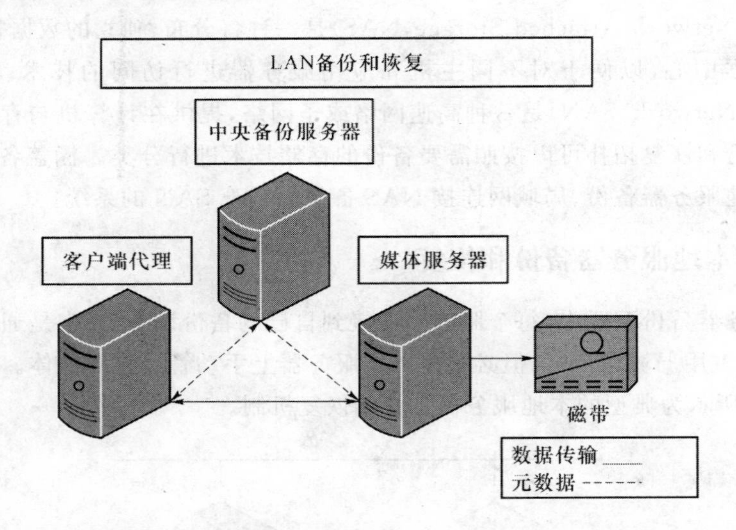

图 13-2　局域网备份和恢复系统的逻辑图

基于局域网的备份和恢复的缺点：数据集太大，降低了服务器和网络的性能；额外的备份流量占用网络带宽；备份和恢复的安排变得非常重要。

可以使用备份代理或网络数据管理协议（NDMP）备份 NAS 设备。有关详细信息，请参阅模块备份和恢复服务设计中的【NAS 设备服务设计】部分。

13.2.3　基于 SAN 的备份和恢复

能够将磁盘空间子系统与备份和恢复集成在一起，就有了多个在基于 SAN 的环境中部署数据保护解决方案的选项。底层的 SAN 技术为存储在 SAN 存储中的数据提供了数种备份和恢复选项。如图 13-3 所示为一种基于 SAN 的备份方案。

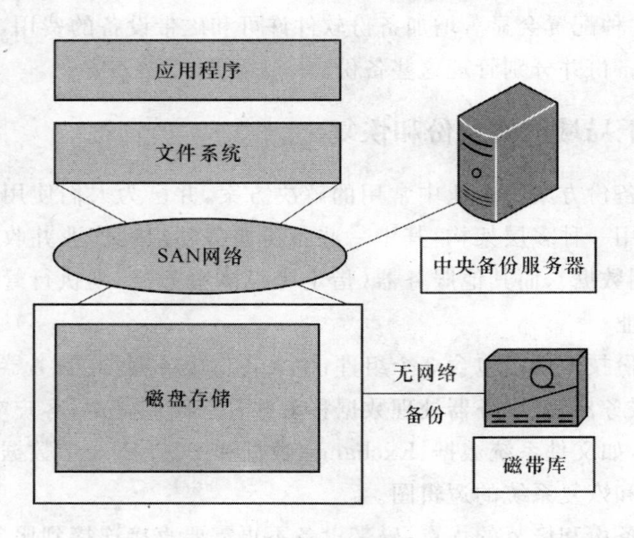

图 13-3　一种基于 SAN 的备份方案

基于 SAN 的备份和恢复的优点：服务器负载低，存储设备和备份设备间的路径不涉及服务器，这意味着减少了服务器上的负载；局域网的负载低，无须通过局域网传输数据即可进行备份；存储优化解决方案，SAN 的设计可以优化数据传输效率，从而可加快备份和恢复过程。

基于 SAN 的备份和恢复的缺点：费用，基于 SAN 的备份需要具有 SAN，而 SAN 的设计和部署费用昂贵；设备兼容性，备份和恢复设备必须与 SAN 兼容。

13.2.4 使用快照技术进行备份和恢复

快照是一种提供特定时刻的给定文件系统或数据卷的一致图像的机制。如果与备份和恢复集成在一起，快照可以提供功能强大的数据保护和高可用性的解决方案，对生产服务器或网络资源的影响很小，甚至没有影响。可以使用快照图像作为备份操作的参考点，完成快照后，可以继续修改主数据，而不会影响备份操作。此方法能够进行无窗口备份和接近即时的还原。

快照技术可大致分为两类：基于硬件的快照，这些快照依赖于磁盘子系统，在磁盘空间子系统一级执行；基于软件的快照，这些快照使用写时复制功能，并且在主机系统一级执行。

选择其中哪一种取决于主机系统的数量和需要快照的产品数据。由于快照本身不包含备份和恢复功能，因此要在备份媒体上得到一致和可靠的数据版本，必须将快照和备份操作与管理数据的应用程序集成在一起并协调好其关系。如图 13-4 所示为使用写时复制的基于软件的快照。

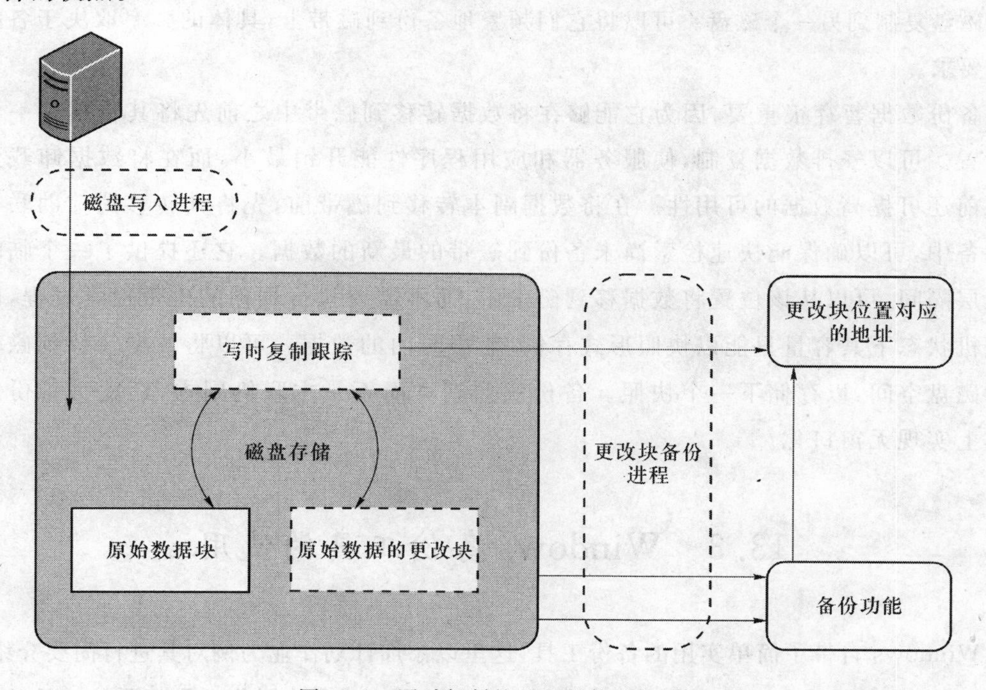

图 13-4 写时复制的基于软件的快照

在图13-4中，对磁盘写操作进行监控，以便能够使用写时复制功能复制磁盘写操作。拍完快照后，更改的数据块被用做备份的图像，方法是使用写时复制确定的更改块地址。

在企业备份和恢复解决方案中使用快照技术时可采用多种方法。卷影复制是Windows Server 2003的一个功能，它提供了一个用以创建单个或多个卷的基于快照的时间点副本。

由于多厂商、跨平台软件(可执行复杂的任务且易于管理)缺乏，因而限制了充分利用SAN在备份方面的优点的能力。为了解决兼容性和互操作性问题，Windows Server 2003提供了卷影复制服务。卷影复制是一种快速创建数据副本和管理备份和快照的机制。它提供了Windows应用程序与时间点复制能力(基于硬件或基于软件)交互的标准方法，从而使得独立软件供应商能够方便地利用存储硬件提供的能力。Windows Server 2003的企业版和数据中心版支持硬件传输快照，前提是硬件供应商为卷影复制服务提供一个供应程序。

13.2.5 使用磁盘进行暂存备份

磁盘是用于存储短期数据的一种可行的低成本替代方案。它们还允许快速检索重要数据的另一个副本。虽然可以使用系统容错和独立磁盘冗余阵列(RAID)技术在一定程度上减少系统停机时间，但此方法备份很少使用，而且不重要的数据成本很高。因此，可行的一种策略是将备份和快照图像暂存在本地磁盘或基于SAN的磁盘上。数据可以经常性地从一个磁盘复制到另一个磁盘。可以将它们频繁地备份到磁带上，具体的频率取决于各种实施的要求。

备份数据暂存很重要，因为它能够在将数据转移到磁带中之前先将其转移到一个辅助位置。可以安排数据复制，使服务器和应用程序性能开销最小，而在将数据卸载到磁带之前还可提高数据的可用性。在将数据副本转移到磁带前，先将其转移到辅助联机存储设备中，可以确保能快速检索尚未备份到磁带的最新的数据。它还提供了一个临时的第2层隔间，可以从该位置将数据移到磁带中，而不需要执行烦琐的磁带检索过程，即使在联机状态下其容量只能以快照形式存储24小时内的数据。可以将数据转移到磁带并清除磁盘空间，以存储下一个快照。备份快照副本而不是主联机副本，还使得备份过程基本上实现无窗口化。

13.3 Windows备份工具的使用

Windows自带了简单实用的备份工具，这里以添加计划作业为例对其进行简要介绍。

(1) 通过运行【ntbackup】命令，打开备份工具，并进入【计划作业】选项卡。通过此备份工具可以进行备份和恢复操作，并且可以设计计划作业，实现计划备份。这里主要讲解计划备份的操作,如图 13-5 所示。

备份工具 - [计划作业]

作业(J)　编辑(E)　查看(V)　工具(T)　帮助(H)

欢迎　备份　还原和管理媒体　计划作业

今天(O)　2008年8月

星期日	星期一	星期二	星期三	星期四	星期五	星期六
27	28	29	30	31	1	2
3	4	5	6	7	8	9
10	11	12	13	14	15	16
17	18	19	20	21	22	23
24	25	26	27	28	29	30
31	1	2	3	4	5	系统事件

添加作业(A)

图 13-5 【计划作业】选项卡

(2) 选中计划执行备份操作的日期,单击【添加作业】,这时会弹出【备份向导】,如图 13-6 所示。

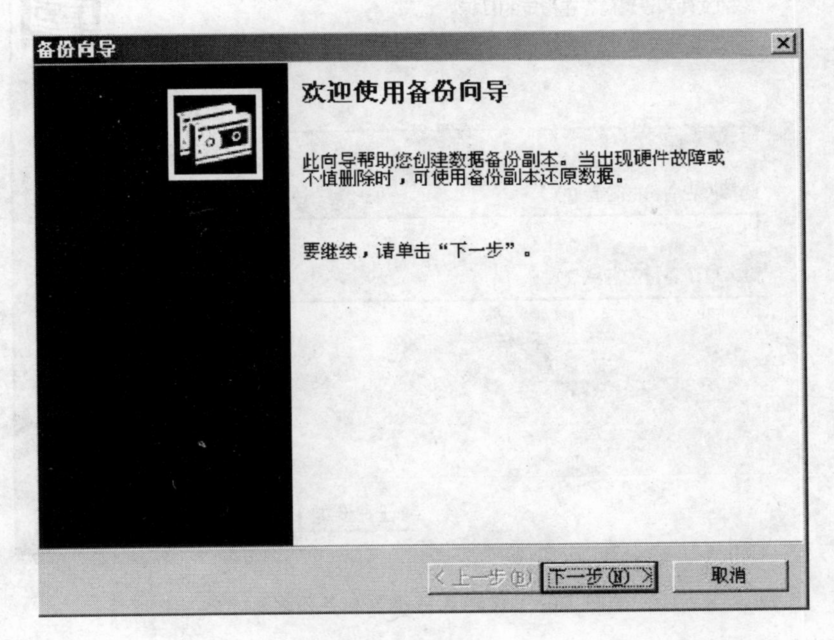

图 13-6 【备份向导】

(3) 进入【备份向导】,依次设置备份内容,如图 13-7 所示。

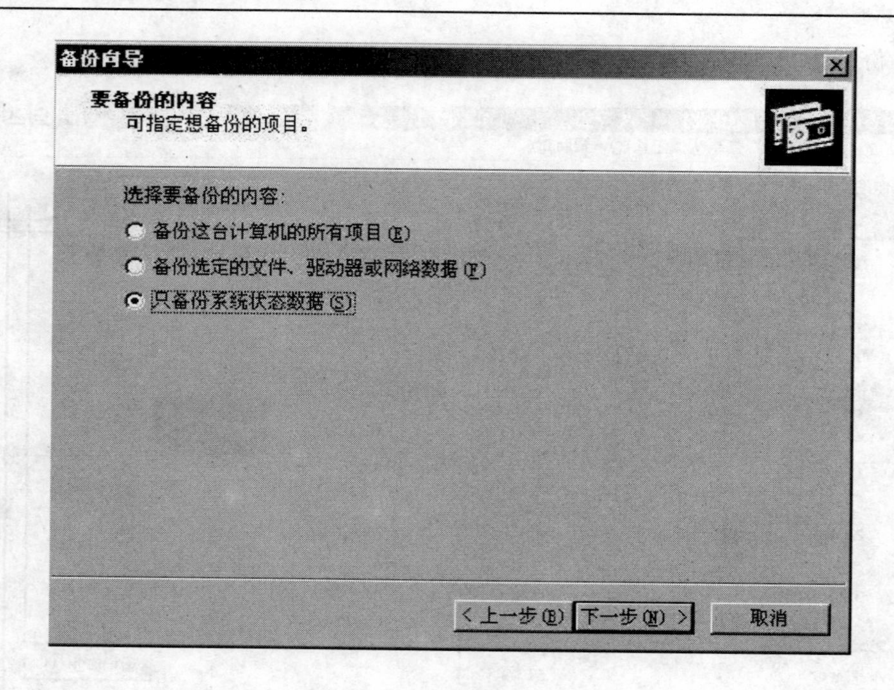

图 13-7　设置备份内容

(4) 通过【浏览】设置备份位置，填写备份名称，如图 13-8 所示。

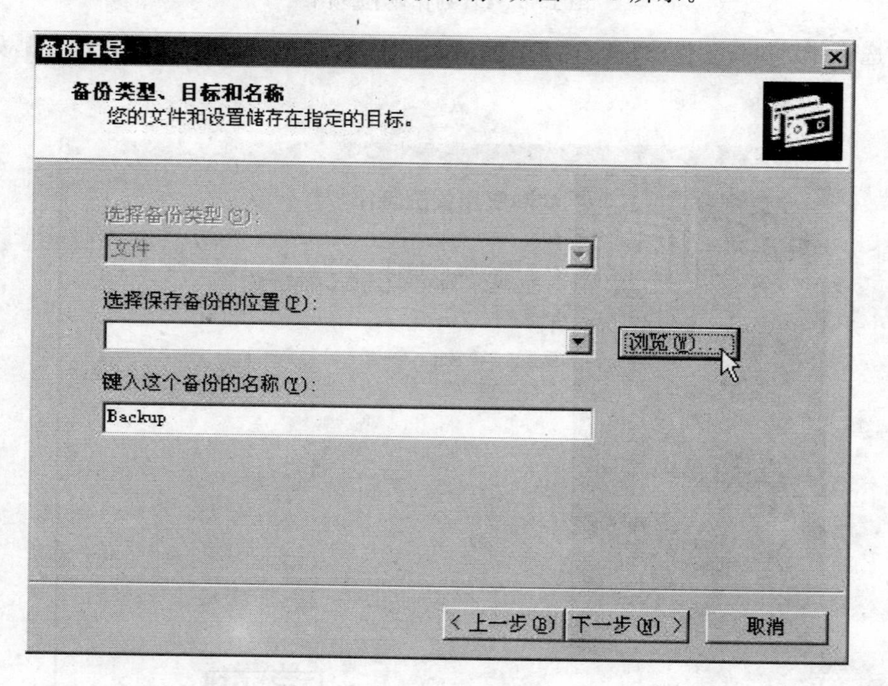

图 13-8　设置备份位置和备份名称

(5) 按照向导完成备份时间等的设置，系统就可以实现计划备份了。

第14章

文件系统与磁盘管理

14.1 文件系统

文件系统是在操作系统中命名、存储、组织文件的综合结构。FAT,FAT32 和 NTFS 都是 Windows Server 2003 支持的文件系统的类型。

14.1.1 FAT

FAT 也称 FAT16,是 File Allocation Table(文件分配表)的缩写,用来跟踪硬盘上每个文件的数据库,而 FAT 存储关于族的信息。这样,它就可以在以后检索文件。FAT 文件系统可以在 DOS、所有版本的 Windows 和 OS/2 等众多的操作系统中被正确识别。

14.1.2 FAT32

FAT32 是 Windows 98,Windows 2000/XP 和 Windows Server 2003 可以识别的文件系统。FAT32 是 FAT 系统的增强版本,支持 32 位体系结构,允许单个分区的容量高达 2 TB。由于 FAT32 使用的族较小,在使用大硬盘的空间时要比其他文件分配系统更有效。据统计,使用 FAT32 可使硬盘的可用空间增加 25%。FAT32 所用族的大小也取决于硬盘或逻辑分区大小。

14.1.3 NTFS 文件系统

NTFS 即 NT File System,是 Windows NT/2000/XP 和 Windows Server 2003 推荐使用的文件系统。NTFS 文件系统的核心结构叫做主文件表(Master File Table)。NTFS 会对主文件表的关键部分作出数份复制,以防止数据的残缺或丢失。NTFS 中族的大小并不依赖于磁盘或分区的大小。不管磁盘的大小是 800 MB 还是 8 GB,都可以指定 NTFS 中的族为 512 B。族尺寸的缩小不但降低了磁盘空间的浪费,还减少了产生所谓磁盘碎片(即大量不连续的族,会使磁盘操作变慢)的可能。由于可以使用小尺寸的族,在大尺寸的硬盘上,NTFS 表现出较高的性能。

14.1.4 族与文件系统

操作系统对数据区的存储空间是按族进行划分和管理的,族是磁盘空间分配和回收的基本单位,也就是说一个文件总是占用一个或多个族。文件所占用的最后一个族在多数情况下会有剩余空间,这些剩余空间无法被利用,只能浪费掉。所以,族的大小直接影响到磁盘空间的利用效率。

族的大小和文件系统及磁盘容量都有关系,在相同容量的硬盘分区里,采用 NTFS 文件系统的族比采用 FAT32 和 FAT16 文件系统的族要小得多,大大减少了磁盘空间的浪费。而采用同一种文件系统的硬盘分区,则在一定范围内,磁盘容量越大,族也越大,造成的浪费也越多。

14.1.5 将 FAT32 转换为 NTFS

若欲将 FAT 或 FAT32 文件系统转换为 NTFS 文件系统,可以使用 Windows 2000/XP 的转换工具 Convert。如果 Convert 不能锁定驱动器,则将在下一次重新启动计算机时转换该驱动器。

14.2 RAID 管理

14.2.1 RAID 简介

RAID 是英文 Redundant Array of Inexpensive Disks 的缩写,翻译成中文即为廉价磁盘冗余阵列,或简称磁盘阵列。简单地说,RAID 是一种把多块独立的硬盘(物理硬盘)按不同方式组合起来形成一个硬盘组(逻辑硬盘),从而提供比单个硬盘更高的存储性能和提供数据冗余的技术。组成磁盘阵列的不同方式成为 RAID 级别(RAID Levels)。数据冗余的功能是在数据一旦发生损坏后,利用冗余信息可以使损坏数据得以恢复。

1. RAID 标准

RAID 技术作为一种标准,可以分成很多的等级,常见的有 RAID-0,RAID-1 和 RAID-5。

(1) RAID-0

RAID-0 是无冗余阵列,通过条带化存储来实现其快速存取数据的目标。它将数据分割存储到多块硬盘上,磁盘读写时负载平均分配到多块硬盘,由于多块硬盘均可同时读写,所以速度显著提升。从严格意义上说,RAID-0 不是 RAID,因为它没有数据冗余和校验的 RAID。同时,由于数据块保存在不同的磁盘上,数据同时在多个硬盘上存取,因此能成倍地提高磁盘的性能和吞吐量。所以,RAID-0 可靠性虽差,但性能非常好。另外,由于所有空间都可以用来保存数据,所以存储空间利用率也是最高的。

(2) RAID-1

RAID-1 和 RAID-0 截然不同,其技术重点全部放在如何能够在不影响性能的情况下最大限度地保证系统的可靠性和可修复性。RAID-1 又称 Mirror 阵列,它将同样的数据写入 2 块硬盘,在 2 个硬盘上存储完全相同的数据,2 块硬盘互为镜像盘,当一块硬盘中的数据受损或磁盘故障时,另一块硬盘可继续工作,并可在需要时重建。

(3) RAID-5

类似于 RAID-0,但它将数据的每个字节按比特拆分到硬盘,在数据出错时可以按奇偶校验码重建数据,容错能力强于 RAID-0,但它需要至少 3 块硬盘来容纳额外的奇偶校验信息。奇偶校验通过在传输后对所有数据进行冗余校验,可以确保数据的有效性。利用奇偶校验,当 RAID 系统的一个磁盘发生故障时,其他磁盘能够重建该故障磁盘。如果一个用户具有由 5 个磁盘组成的阵列，其中 4 个用于存储数据，而 1 个用于奇偶校验。它的开销仅为 20%，当需要考虑成本时，这是一个很大的优势。

不同 RAID 特性一览表，如表 14-1 所示。

表 14-1　不同 RAID 特性一览表

RAID 级别	RAID-0	RAID-1	RAID-5
别　名	条带	镜像	分布奇偶位条带
容 错 性	没有	有	有
冗余类型	没有	复制	奇偶位
热备盘选项	没有	有	有
需要的磁盘数	1 个或多个	只需 2 个	3 个或更多
可用容量	总的磁盘的容量	只能用磁盘容量的 50%	$(n-1)/n$ 的总磁盘容量，其中 n 为磁盘数

2. 软件 RAID 和硬件 RAID

（1）软件 RAID

软件 RAID 是指包含在操作系统中，RAID 功能完全用软件方式由系统的核心磁盘代码来实现。这种方式提供了最便宜的可行方案：不需要昂贵的磁盘控制器卡和热插拔机架。由于 RAID 功能完全依靠 CPU 执行，对 CPU 占用相当严重，因此系统性能会大大下降。因为是由操作系统实现的，所以 RAID 依赖于操作系统。

（2）硬件 RAID

硬件 RAID 独立于主机对 RAID 存储子系统进行控制。RAID 系统的控制卡本身集成了 CPU，能够操纵磁盘控制器和保持运作。在这样一种方式下，通常会有一个标准 SCSI 控制器将整个存储子系统连接到主机，整个 RAID 阵列作为一个单独的 SCSI 磁盘。RAID 控制器作为一个 SCSI 控制器的形式出现在操作系统里，但是自己处理所有的实际磁盘通信。由于脱离了操作系统，硬件 RAID 在容错性和性能上都优于软件 RAID。

14.2.2　卷的简介

所谓卷，其实就是 Windows Server 2003 的数据存储单元。Windows Server 2003 支持 5 种类型的动态卷，即简单卷、带区卷、跨区卷、镜像卷和 RAID-5 卷。其中，镜像卷和 RAID-5 卷是容错卷。

1. 简单卷

简单卷由单个物理磁盘上的磁盘空间组成，如图 14-1 所示。它可以由磁盘上的单个区域或者连接在一起的相同磁盘上的多个区域组成。可以在同一磁盘中扩展简单卷或把简单卷扩展到其他磁盘。如果跨多个磁盘扩展简单卷，则该卷就是跨区卷。

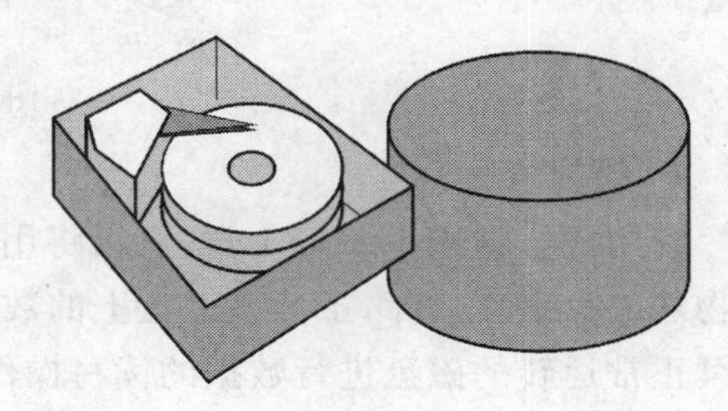

图 14-1　简单卷

2. 带区卷

带区卷是通过将 2 个或更多磁盘上的可用空间区域合并到一个逻辑卷而创建的，如图 14-2 所示。带区卷使用 RAID-0，从而可以在多个磁盘上分布数据。带区卷不能被扩展或镜像，并且不提供容错。如果包含带区卷的其中一个磁盘出现故障，则整个卷无法工作。当创建带区卷时，最好使用相同大小、型号和制造商的磁盘。

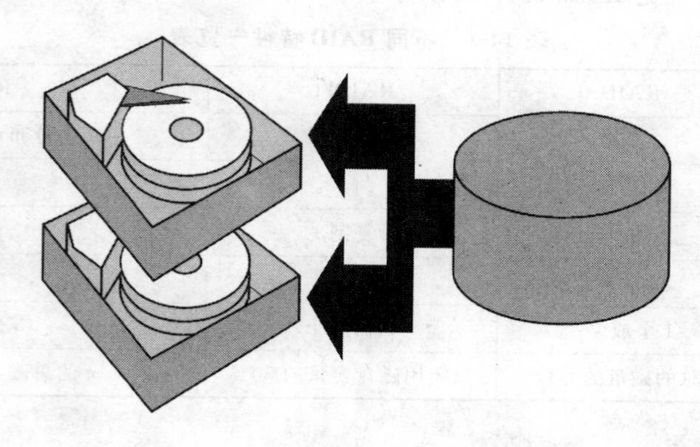

图 14-2　带区卷

3. 跨区卷

跨区卷将来自多个磁盘的未分配空间合并到一个逻辑卷中，这样可以更有效地使用多个磁盘系统上的所有空间和所有驱动器号，如图 14-3 所示。如果需要创建卷，但又没有足够的未分配空间分配给单个磁盘上的卷，则可通过将来自多个磁盘的未分配空间的扇区合并到一个跨区卷来创建足够大的卷。用于创建跨区卷的未分配空间区域的大小可以不同。跨区卷先将一个磁盘上的为卷分配的空间充满，然后从下一个磁盘开始，再将该磁盘上的为卷分配的空间充满，依次类推。虽然利用跨区卷可以快速增加卷的空间，但是跨区卷既不能提高对磁盘数据的读取性能，又不提供容错功能，当跨区卷中的某个磁盘出现故障，那么存储在该磁盘上的所有数据将全部丢失。

图 14-3　跨区卷

4. 镜像卷

利用镜像卷即 RAID-1 卷，可以将用户的相同数据同时复制到两个物理磁盘中，如果一个物理磁盘出现故障，虽然该磁盘上的数据将无法使用，但系统能够继续使用尚未损坏而仍继续正常运转的磁盘进行数据的读写操作，从而通过另一磁盘上保留完全冗余的副本，保护磁盘上的数据免受介质故障的影响，如图 14-4 所示。镜像卷的磁盘空间利用率只有 50%（每组数据有两个成员），所以镜像卷的花费相对较高。不过，对于系统和引导分区而言，稳定是压倒一切的，所以镜像卷被大量应用于系统和引导分区。

图 14-4　镜像卷

5. RAID-5 卷

在 RAID-5 卷中，Windows Server 2003 通过给该卷的每个硬盘分区中添加奇偶校验信息带区，实现容错，如图 14-5 所示。如果某个硬盘出现故障，Windows Server 2003 便可以用其余硬盘上的数据和奇偶校验信息重建发生故障的硬盘上的数据。

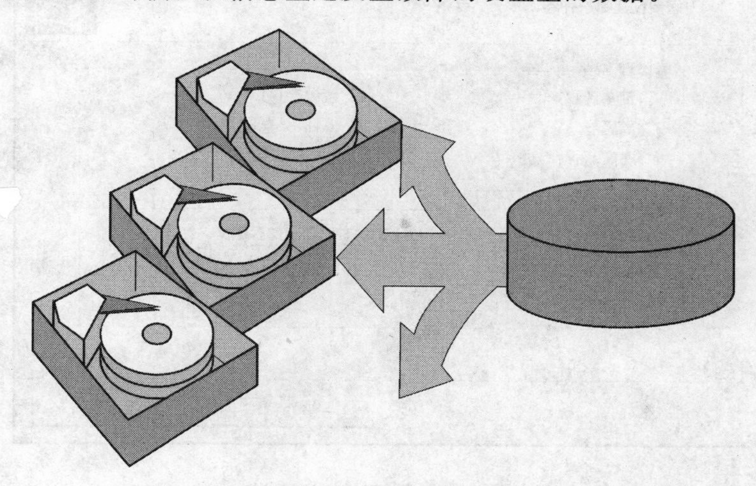

图 14-5　RAID-5 卷

RAID-1 卷与 RAID-5 卷的比较，如表 14-2 所示。

表 14-2　RAID-1 卷与 RAID-5 卷的比较

镜像卷 RAID-1	带奇偶校验的带区卷 RAID-5
可保护系统或启动分区	不能保护系统或启动分区
需要 2 个硬盘	至少需要 3 个硬盘，最多允许 32 个硬盘
每兆字节的成本较高	每兆字节的成本较低
50% 的利用率	至少 33% 的利用率(3 块硬盘)
有较好的写性能	有适中的写性能
有较好的读性能	有优异的读性能
使用较少的系统内存	需要较多的系统内存

14.2.3 RAID的创建

RAID是一个磁盘阵列或称其为磁盘组，磁盘阵列管理起来就像是一个硬盘，可以对它进行分区、格式化等。对磁盘阵列的操作与单个硬盘是相同的，不同的是，磁盘阵列的存储性能要比单个硬盘高很多，而且可以提供数据冗余。Windows Server 2003提供了内嵌的软件RAID，实现了RAID-0，RAID-1和RAID-5。软件RAID也必须在多磁盘系统中才能实现。实现RAID-1最少要拥有2块硬盘，实现RAID-5最少要拥有3块硬盘。通常情况下，操作系统所在磁盘采用RAID-1，而数据所在磁盘采用RAID-5。

在Windows Server 2003下，可以通过创建卷向导创建RAID-5卷，如图14-6所示。创建或修复镜像卷或RAID-5卷时，最好使用型号、大小和制造商都相同的磁盘。这确保了磁盘相同，而且简化了创建新的镜像卷或RAID-5卷，以及替换出现故障的磁盘的过程。另外，还建议具有可用的备用磁盘和磁盘控制器。这样，当磁盘或磁盘控制器出现故障时，可快速使用同一类型的磁盘或磁盘控制器替换出现故障的磁盘或磁盘控制器。

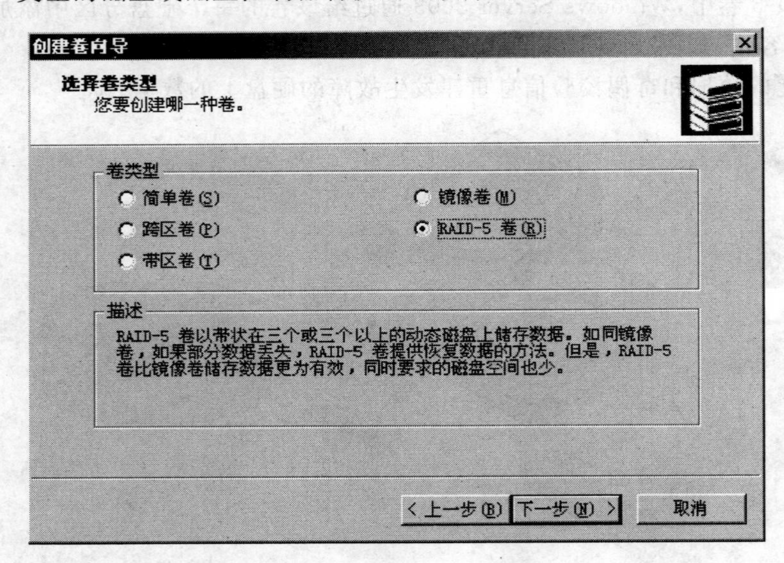

图14-6 创建RAID-5卷

14.3 磁 盘 管 理

14.3.1 设置磁盘配额

Windows Server 2003提供了卷的磁盘配额跟踪及控制磁盘空间的使用。磁盘配额是以文件所有权为基础的，只应用于卷，且不受卷的文件夹结构及物理磁盘上的布局影响。它监视个人用户卷的使用情况。因此，每个用户对磁盘空间的利用都不会影响同一卷上其他用户的磁盘配额。

1. 磁盘配额概述

在集中式存储、FTP 服务或 Email 服务等网络服务中，都要求用户有对服务器磁盘的写入权限。服务器硬盘的价格无疑是非常昂贵，因此磁盘空间也就非常的珍贵。为了避免个别用户滥用磁盘空间，Windows Server 2003 提供了磁盘配额功能，使得系统管理员可以限制用户使用磁盘空间，并拒绝超过指定数额的数据存储，从而既满足了用户的写入需要，又有效地避免了对磁盘空间无限制的使用。

2. 磁盘配额管理

如果要在已经使用的磁盘中启用磁盘配额，Windows Server 2003 将计算到启动时间点为止，在该卷中复制文件、保存文件或取得文件所有权的所有用户使用过的磁盘空间。然后，根据计算机的结果，自动为每个用户配额限度和警告级别。管理员可以为某个或多个用户设置不同的配额或禁用配额。另外，也可以为还没有在卷上复制文件、保存文件和取得文件所有权的用户设置配额，或者在一个新创建的卷上启用磁盘配额。

(1) 启用磁盘配额

启用磁盘配额，选择【启用配额管理】，如图 14-7 所示。

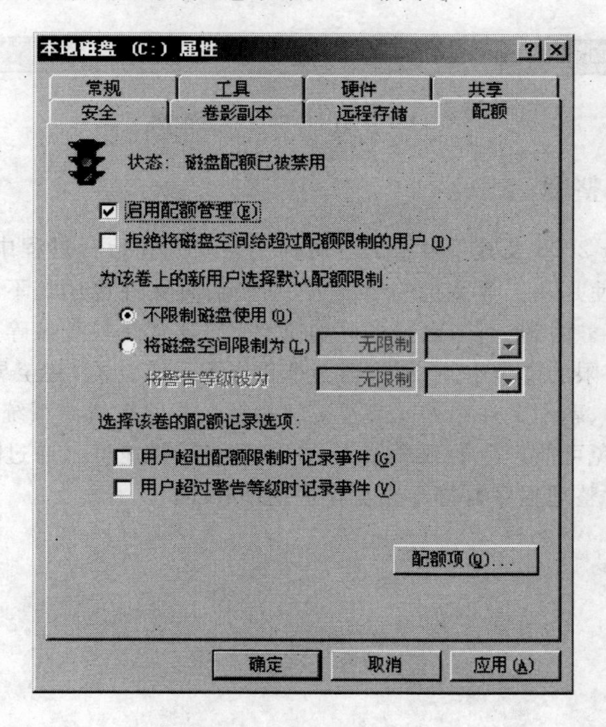

图 14-7　【启用配额管理】选项卡

(2) 为特定的用户指定配额

网络中的用户级别、任务和权限是不同的，因此往往需要不同的磁盘空间。除了可以为不同的磁盘设置不同的配额，以使用户拥有各自的访问权限外，也可以在同一磁盘上指定不同的磁盘份额。也就是说，若欲让某些特殊用户享有不同于一般用户的磁盘容量，从而使其拥有更多或更少的空间，可以分别为这些用户或用户组单独指定不同的磁盘配额，如图 14-8 所示。

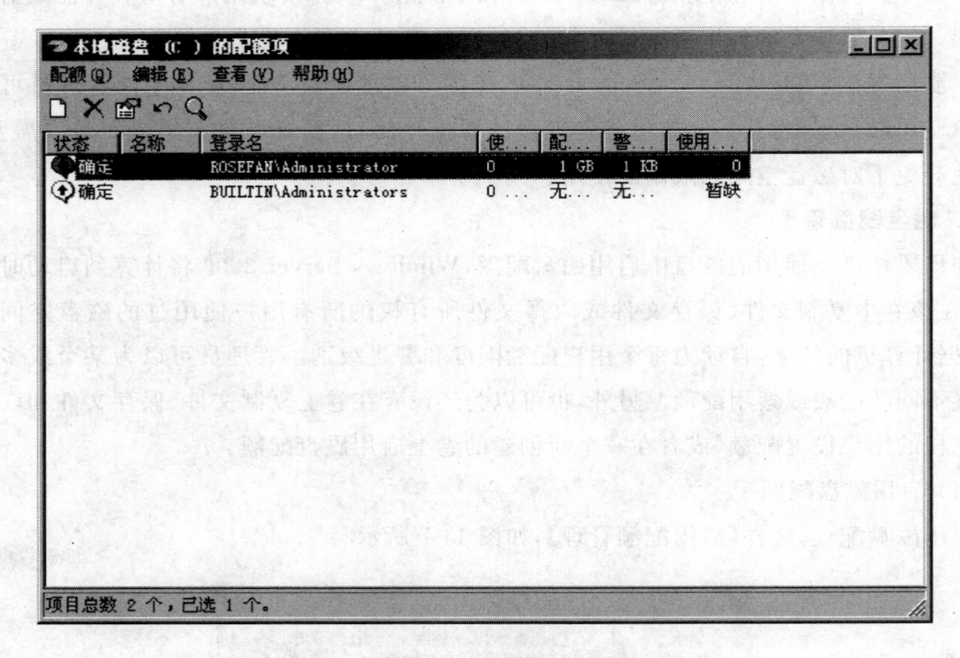

图 14-8　为用户指定磁盘配额

14.3.2　碎片整理

Windows Server 2003 及其平台下的应用程序在安装和运行过程中会产生大量的临时文件和备份文件，即使是在正常关机的情况下，某些临时文件也还是不能被自动删除，非正常关机就更不用说了。时间一长，大量的临时文件、备份文件和磁盘碎片充斥于硬盘之中，不仅极大地浪费了有限的硬盘空间，而且还会严重影响系统性能，甚至导致系统瘫痪。通过扫描并清除临时文件、副本文件和其他浪费空间的垃圾文件来清洁系统，将文件存储在相邻的族，可以有效地避免可能产生的致命错误，提高系统运行速度。通过【管理工具】→【计算机管理】→【磁盘碎片整理程序】，打开磁盘碎片整理程序。

第15章 系统更新

15.1 SUS概述

15.1.1 SUS的组成及功能

SUS由服务器和客户端两部分组成。SUS服务端可以穿过防火墙连接到Windows Update站点，下载紧急更新、安全更新和服务包（Service Pack），并将其发布到网络内部的服务器和工作站，从而实现在整个网络的快速发布。无论是对于安装有防火墙的内部网络，还是对于按流量计费的校园网络，均可实现廉价快捷的Windows紧急更新和安全更新。

SUS服务端的功能主要有全面更新、内置安全、内容选择、内容同步、多语言支持、远程管理和更新情况日志。

SUS客户端是基于Windows XP的Windows自动更新（Windows Automatic Updates）技术，并进行了重要的易用化改良。自动更新采用一种"推（Pull）"服务，用于自动发现、下载和安装一些必需的Windows更新。SUS客户端的功能主要有自动安装、安装选择、内置安全、后台下载、锁定安装、易管理、多语言支持等。

15.1.2 SUS的获得与软件需求

SUS是由微软发布的自由软件，可以从微软官方网站（http://www.microsoft.com）免费下载。SUS由服务器和客户端两部分组成，因此应当分别为服务器和客户端下载安装程序。

15.2 SUS服务器的安装与配置

由于SUS服务也需要借助于Web服务，并且在安装SUS时，会修改IIS的很多安全设置，因此建议SUS服务器单独使用一个IIS服务。

15.2.1 SUS服务器的安装

SUS服务器不一定必须安装在Windows Server 2003操作系统下，也可以安装在Windows Server 2000＋SP4环境中。因此，完全可以将Windows Server 2003作为SUS客户端，从而在网络内部实现自动更新，如图15-1所示。

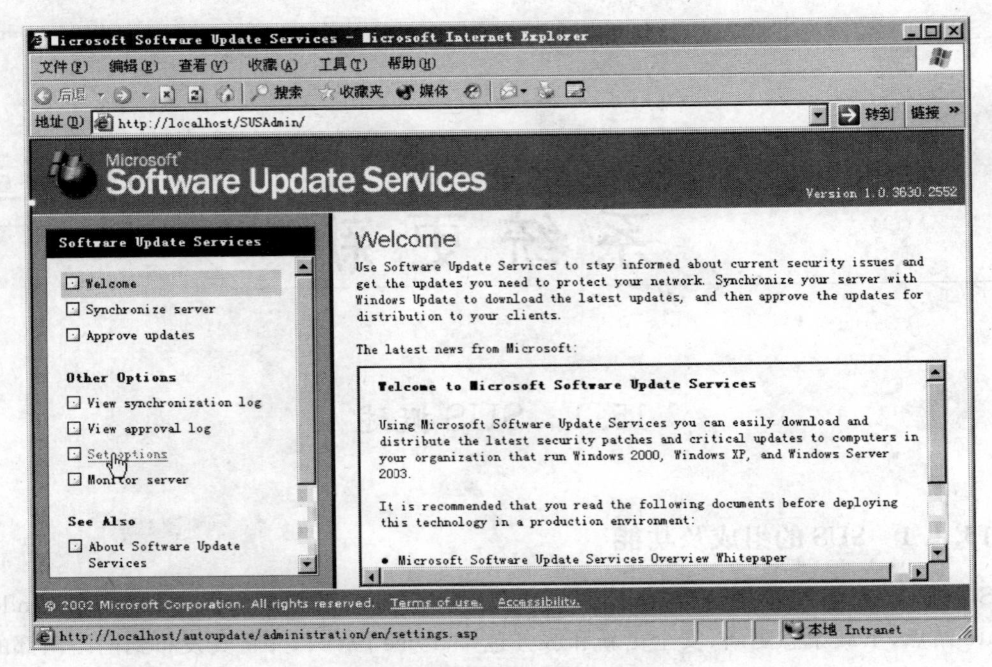

图 15-1 SUS 服务管理页面

15.2.2 SUS 服务器的配置

SUS 服务器需要对 Internet 连接、SUS 服务器的访问方式、更新下载位置、更新补丁的确认方式，以及补丁下载方式等参数作必要的设置，以实现与 Internet 中 Windows Update 服务器的连接，并实现对局域网中 SUS 客户端的更新发布。

SUS 服务器的配置主要包括代理服务器设置、设置 SUS 服务器名称、设置获取更新的位置、设置补丁更新的确认方式、设置补丁下载方式等几方面的设置。

15.2.3 SUS 服务器的同步与发布

SUS 服务器既可直接与 Internet 中的 Windows Update 服务器同步，又可与网络中其他 SUS 服务器同步，既可手动同步，又可在指定的时间自动同步，如图 15-2 所示。

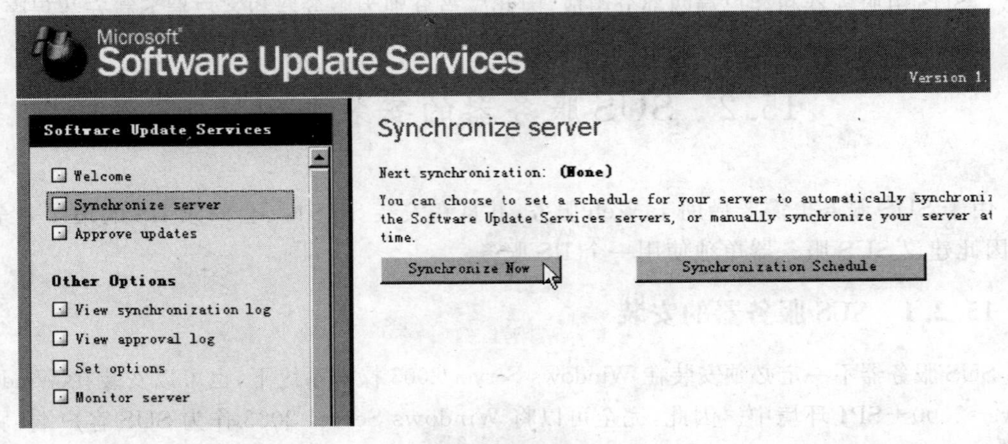

图 15-2 同步服务器页面

15.3 SUS 客户端的设置

Windows Server 2003 内置有 SUS 客户端，因此无须再安装客户端，只需作简单的设置即可实现自动更新。

15.3.1 设置自动更新

设置自动更新，选择【自动下载更新，并按我指定的计划安装】，如图 15-3 所示。

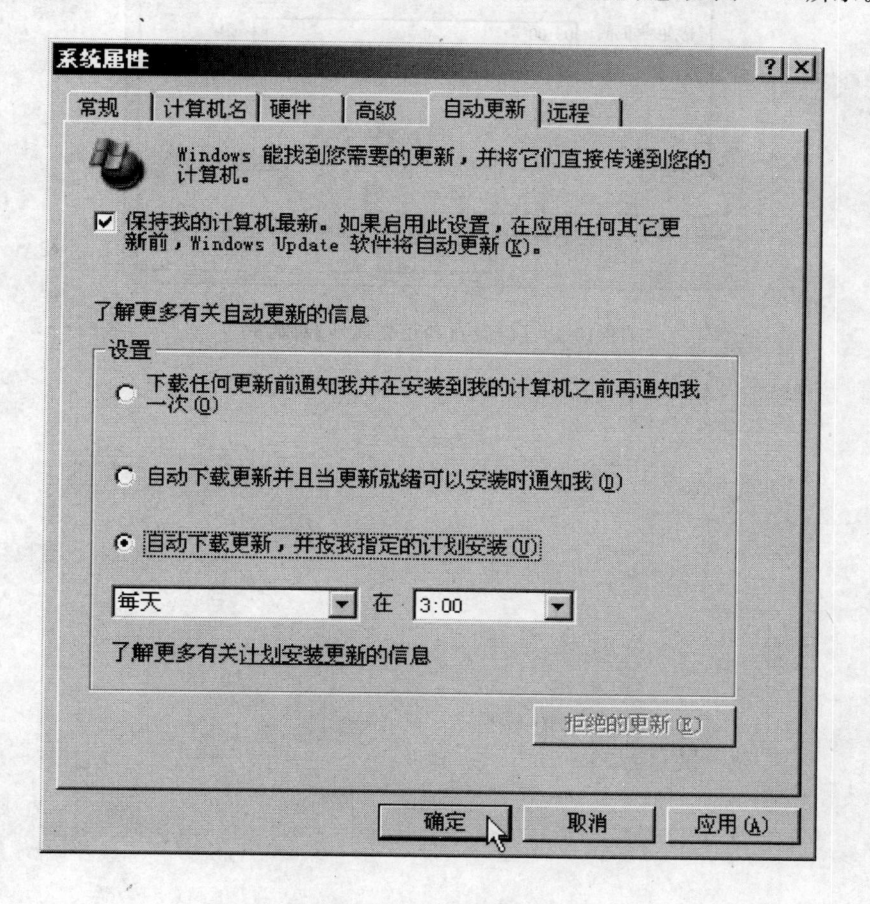

图 15-3 【自动更新】选项卡

15.3.2 利用组策略实现自动更新

计算机将自动从 Internet 的 Windows Update 获取更新补丁，并且在下载完成后通知用户手动安装更新，并重新启动计算机。因此，若欲实现局域网的更新，并且实现自动更新的安装和重新启动，就必须进行必要的设置，如图 15-4 所示。

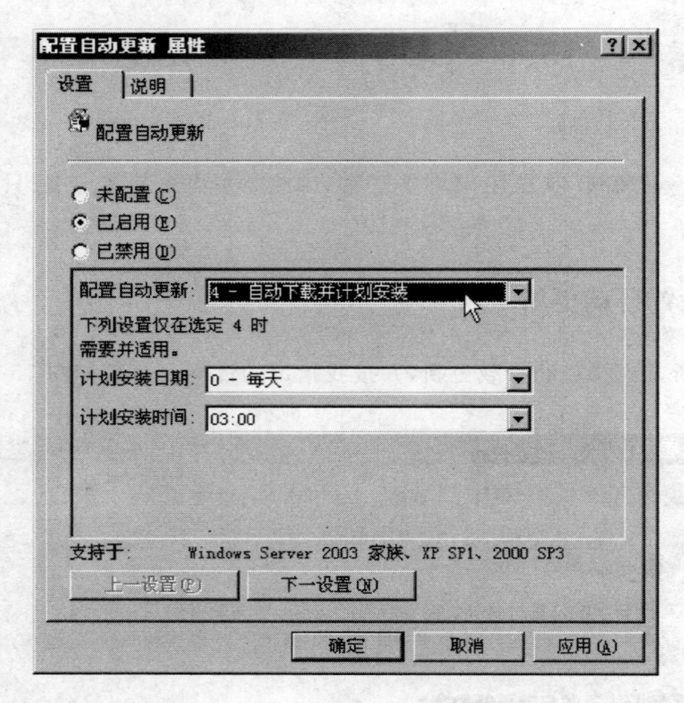

图 15-4 【配置自动更新属性】对话框

附录

常用端口表

端口:0

服务:Reserved

说明:通常用于分析操作系统。这一方法能够工作是因为在一些系统中 0 是无效端口,当你试图使用通常的闭合端口连接它时将产生不同的结果。一种典型的扫描,使用 IP 地址为 0.0.0.0,设置 ACK 位,并在以太网层广播。

端口:1

服务:Tcpmux

说明:这显示有人在寻找 SGI Irix 机器。Irix 是实现 Tcpmux 的主要提供者,默认情况下 Tcpmux 在这种系统中被打开。Irix 机器发布含有几个默认的无密码的账户,如 IP, Guest Uucp,Nuucp,Demos,Tutor,Diag,OutofBox 等。许多管理员在安装后忘记删除这些账户。因此,Hacker 在 Internet 上搜索 Tcpmux,并利用这些账户。

端口:7

服务:Echo

说明:能看到许多人搜索 Fraggle 放大器时,发送到×.×.×.0 和×.×.×.255 的信息。

端口:19

服务:Character Generator

说明:这是一种仅发送字符的服务。UDP 版本将会在收到 UDP 包后回应含有垃圾字符的包。TCP 连接时会发送含有垃圾字符的数据流直到连接关闭。Hacker 利用 IP 欺骗可以发动 DoS 攻击。伪造两个 Chargen 服务器之间的 UDP 包。同样,Fraggle DoS 攻击向目标地址的这个端口广播一个带有伪造受害者 IP 的数据包,受害者为了回应这些数据而过载。

端口:21

服务:FTP

说明:FTP 服务器所开放的端口,用于上传、下载。最常见的攻击者用于寻找打开 Anonymous的 FTP 服务器的方法。这些服务器带有可读写的目录。木马 Doly Trojan, Fore,Invisible FTP,WebEx,WinCrash 和 Blade Runner 所开放的端口。

端口:22

服务:Ssh

说明:pcAnywhere 建立的 TCP 和这一端口的连接可能是为了寻找 Ssh。这一服务有许多弱点,如果配置成特定的模式,许多使用 Rsaref 库的版本就会有不少的漏洞存在。

端口:23
服务:Telnet
说明:远程登录,入侵者在搜索远程登录 UNIX 的服务。大多数情况下扫描这一端口是为了找到机器运行的操作系统。还有使用其他技术,入侵者也会找到密码。木马 Tiny Telnet Server 就开放这个端口。

端口:25
服务:SMTP
说明:SMTP 服务器所开放的端口,用于发送邮件。入侵者寻找 SMTP 服务器是为了传递他们的 SPAM。入侵者的账户被关闭,他们需要连接到高带宽的 Email 服务器上,将简单的信息传递到不同的地址。木马 Antigen,Email Password Sender,Haebu Coceda,Shtrilitz Stealth,WinPC,WinSpy 都开放这个端口。

端口:31
服务:MSG Authentication
说明:木马 Master Paradise,Hackers Paradise 开放此端口。

端口:42
服务:Wins Replication
说明:Wins 复制。

端口:53
服务:Domain Name Server(DNS)
说明:DNS 服务器所开放的端口,入侵者可能是试图进行区域传递(TCP),欺骗 DNS (UDP)或隐藏其他的通信。因此,防火墙常常过滤或记录此端口。

端口:67
服务:BootStrap Protocol Server
说明:通过 DSL 和 Cable Modem 的防火墙常会看见大量发送到广播地址 255.255.255.255 的数据。这些机器在向 DHCP 服务器请求一个地址。Hacker 常进入它们,分配一个地址把自己作为局部路由器而发起大量中间人(Man-in-Middle)攻击。客户端向 68 端口广播请求配置,服务器向 67 端口广播回应请求。这种回应使用广播是因为客户端还不知道可以发送的 IP 地址。

端口:69
服务:Trival File Transfer
说明:许多服务器与 Bootp 一起提供这项服务,便于从系统下载启动代码。但是它们常常由于错误配置而使入侵者能从系统中窃取任何文件。它们也可用于系统写入文件。

端口:79
服务:Finger Server

说明:入侵者用于获得用户信息,查询操作系统,探测已知的缓冲区溢出错误,回应从自己机器到其他机器 Finger 扫描。

端口:80

服务:HTTP

说明:用于网页浏览。木马 ExeCutor 开放此端口。

端口:99

服务:Metagram Relay

说明:后门程序 Ncx99 开放此端口。

端口:102

服务:Message Transfer Agent (MTA)-X. 400 over TCP/IP

说明:消息传输代理。

端口:109

服务:Post Office Protocol-Version 3

说明:POP3 服务器开放此端口,用于接收邮件,客户端访问服务器端的邮件服务。POP3 服务有许多公认的弱点。关于用户名和密码交换缓冲区溢出的弱点至少有 20 个,这意味着入侵者可以在真正登录前进入系统。成功登录后还有其他缓冲区溢出错误。

端口:110

服务:SUN 公司的 RPC 服务所有端口

说明:常见 RPC 服务有 Rpc. mountd,NFS,Rpc. statd,Rpc. csmd,Rpc. ttybd,Amd 等。

端口:113

服务:Authentication Service

说明:这是一个许多计算机上运行的协议,用于鉴别 TCP 连接的用户。使用标准的这种服务可以获得许多计算机的信息。但是它可作为许多服务的记录器,尤其是 FTP,POP,IMAP,SMTP 和 IRC 等服务。通常如果有许多客户通过防火墙访问这些服务,将会看到许多这个端口的连接请求。记住,如果阻断这个端口,客户端会感觉到在防火墙另一边与 Email 服务器的缓慢连接。许多防火墙支持 TCP 连接的阻断过程中发回 RST。这将会停止缓慢的连接。

端口:119

服务:Network News Transfer Protocol

说明:News 新闻组传输协议,承载 UseNet 通信。这个端口的连接通常是人们在寻找 UseNet 服务器。多数 ISP 限制,只有他们的客户才能访问他们的新闻组服务器。打开新闻组服务器将允许发/读任何人的帖子、访问被限制的新闻组服务器、匿名发帖或发送 SPAM。

端口:135

服务:Location Service

说明:Microsoft 在这个端口运行 Dce Rpc End-Point Mapper 为它的 Dcom 服务。这与 UNIX 111 端口的功能很相似。使用 Dcom 和 Rpc 的服务利用计算机上的 End-Point Mapper

注册它们的位置。远端客户连接到计算机时，它们查找 End-Point Mapper 找到服务的位置。Hacker 扫描计算机的这个端口是为了找到这个计算机上运行的 Exchange Server 吗？什么版本？还有哪些 DoS 攻击直接针对这个端口？

端口：137,138,139

服务：NetBIOS Name Service

说明：其中 137,138 是 UDP 端口，当通过网上邻居传输文件时用这个端口。而通过 139 端口进入的连接试图获得 NetBIOS/SMB 服务。这个协议被用于 Windows 文件、打印机共享和 Samba。还有Wins Regisrtation 也用它。

端口：143

服务：Interim Mail Access Protocol v2

说明：和 POP3 的安全问题一样，许多 IMAP 服务器存在有缓冲区溢出漏洞。记住：一种 Linux 蠕虫(Admvorm)会通过这个端口繁殖，因此许多这个端口的扫描来自不知情的已经被感染的用户。当 RedHat 在他们的 Linux 发布版本中默认允许 IMAP 后，这些漏洞变得很流行。这一端口还被用于 IMAP2，但并不流行。

端口：161

服务：SNMP

说明：SNMP 允许远程管理设备。所有配置和运行信息的储存在数据库中，通过 SNMP 可获得这些信息。许多管理员的错误配置将被暴露在 Internet。Cackers 将试图使用默认的密码 Public，Private 访问系统。他们可能会试验所有可能的组合。SNMP 包可能会被错误地指向用户的网络。

端口：177

服务：X Display Manager Control Protocol

说明：许多入侵者通过它访问 X-Windows 操作台，它同时需要打开 6000 端口。

端口：389

服务：Ldap，ILS

说明：轻型目录访问协议和 NetMeeting Internet Locator Server 共用这一端口。

端口：443

服务：HTTPS

说明：网页浏览端口，能提供加密和通过安全端口传输的另一种 HTTP。

端口：456

服务：[NULL]

说明：木马 Hackers Paradise 开放此端口。

端口：513

服务：Login，Remote Login

说明：是从使用 Cable Modem 或 DSL 登录到子网中的 UNIX 计算机发出的广播。这些人为入侵者进入他们的系统提供了信息。

端口:544
服务:[NULL]
说明:Kerberos Kshell。

端口:548
服务:Macintosh,File Services(AFP/IP)
说明:Macintosh,文件服务。

端口:553
服务:Corba Iiop(UDP)
说明:使用 Cable Modem,DSL 或 Vlan 将会看到这个端口的广播。Corba 是一种面向对象的 RPC 系统。入侵者可以利用这些信息进入系统。

端口:555
服务:DSF
说明:木马 Phase1.0,Stealth Spy,IniKiller 开放此端口。

端口:568
服务:MemberShip DPA
说明:成员资格 DPA。

端口:569
服务:MemberShip MSN
说明:成员资格 MSN。

端口:635
服务:Mountd
说明:Linux 的 Mountd Bug。这是扫描的一个流行 Bug。大多数对这个端口的扫描是基于 UDP 的,但是基于 TCP 的 Mountd 有所增加(Mountd 同时运行于两个端口)。记住 Mountd 可运行于任何端口(到底是哪个端口,需要在端口 111 作 PortMap 查询),只是 Linux 默认端口是 635,就像 NFS 通常运行于 2049 端口。

端口:636
服务:LDAP
说明:SSL(Secure Sockets Layer)。

端口:666
服务:Doom Id Software
说明:木马 Attack FTP,Satanz BackDoor 开放此端口。

端口:993
服务:IMAP
说明:SSL(Secure Sockets Layer)。

端口:1001,1011
服务:[NULL]

说明：木马 Silencer，WebEx 开放 1001 端口。木马 Doly Trojan 开放 1011 端口。

端口：1024

服务：Reserved

说明：它是动态端口的开始，许多程序并不在乎用哪个端口连接网络，它们请求系统为它们分配下一个闲置端口。基于这一点分配从端口 1024 开始。这就是说第 1 个向系统发出请求的会分配到 1024 端口。你可以重启机器，打开 Telnet，再打开一个窗口运行 netstat -a 将会看到 Telnet 被分配 1024 端口。还有 SQL Session 也用此端口和 5000 端口。

端口：1025，1033

服务：1025 Network Blackjack，1033 [NULL]

说明：木马 NetSpy 开放这两个端口。

端口：1080

服务：Socks

说明：这一协议以通道方式穿过防火墙，允许防火墙后面的人通过一个 IP 地址访问 Internet。理论上它应该只允许内部的通信向外到达 Internet。但是由于错误的配置，它会允许位于防火墙外部的攻击穿过防火墙。WinGate 常会发生这种错误，在加入 IRC 聊天室时常会看到这种情况。

端口：1170

服务：[NULL]

说明：木马 Streaming Audio Trojan，Psyber Stream Server，Voice 开放此端口。

端口：1234，1243，6711，6776

服务：[NULL]

说明：木马 SubSeven 2.0，Ultors Trojan 开放 1234，6776 端口。木马 SubSeven 1.0/1.9 开放 1243，6711，6776 端口。

端口：1245

服务：[NULL]

说明：木马 Vodoo 开放此端口。

端口：1433

服务：SQL

说明：Microsoft 的 SQL 服务开放的端口。

端口：1492

服务：Stone-Design-1

说明：木马 FTP 99 CMP 开放此端口。

端口：1500

服务：RPC Client Fixed Port Session Queries

说明：RPC 客户固定端口会话查询。

端口：1503

服务:NetMeeting T.120

说明:NetMeeting T.120。

端口:1524

服务:Ingress

说明:许多攻击脚本将安装一个后门 Shell 于这个端口,尤其是针对 SUN 系统中 SendMail 和 RPC 服务漏洞的脚本。如果刚安装了防火墙就看到在这个端口上的连接企图,很可能是上述原因。可以试试 Telnet 到用户的计算机上的这个端口,看看它是否会给你一个 Shell。连接到 600/PC Server 也存在这个问题。

端口:1600

服务:Issd

说明:木马 Shivka-Burka 开放此端口。

端口:1720

服务:NetMeeting

说明:NetMeeting H.233 Call Setup。

端口:1731

服务:NetMeeting Audio Call Control

说明:NetMeeting 音频调用控制。

端口:1807

服务:[NULL]

说明:木马 SpySender 开放此端口。

端口:1981

服务:[NULL]

说明:木马 ShockRave 开放此端口。

端口:1999

服务:Cisco Identification Port

说明:木马 BackDoor 开放此端口。

端口:2000

服务:[NULL]

说明:木马 GirlFriend 1.3,Millenium 1.0 开放此端口。

端口:2001

服务:[NULL]

说明:木马 Millenium 1.0,Trojan Cow 开放此端口。

端口:2023

服务:XinuExpansion 4

说明:木马 Pass Ripper 开放此端口。

端口:2049

服务:NFS

说明:NFS程序常运行于这个端口。通常需要访问 PortMapper 查询这个服务运行于哪个端口。

端口:2115

服务:[NULL]

说明:木马 Bugs 开放此端口。

端口:2140,3150

服务:[NULL]

说明:木马 Deep Throat 1.0/3.0 开放此端口。

端口:2500

服务:RPC Client Using a Fixed Port Session Replication

说明:应用固定端口会话复制的 RPC 客户。

端口:2583

服务:[NULL]

说明:木马 WinCrash 2.0 开放此端口。

端口:2801

服务:[NULL]

说明:木马 Phineas Phucker 开放此端口。

端口:3024,4092

服务:[NULL]

说明:木马 WinCrash 开放此端口。

端口:3128

服务:Squid

说明:这是 Squid HTTP 代理服务器的默认端口。攻击者扫描这个端口是为了搜寻一个代理服务器而匿名访问 Internet。也会看到查找其他代理服务器的端口 8000,8001,8080,8888。扫描这个端口的另一个原因是用户正在进入聊天室。其他用户也会检验这个端口,以确定用户的机器是否支持代理。

端口:3129

服务:[NULL]

说明:木马 Master Paradise 开放此端口。

端口:3150

服务:[NULL]

说明:木马 The Invasor 开放此端口。

端口:3210,4321

服务:[NULL]

说明:木马 SchoolBus 开放此端口。

端口:3333
服务:DEC-Notes
说明:木马 Prosiak 开放此端口。

端口:3389
服务:超级终端
说明:Windows 2000 终端开放此端口。

端口:3700
服务:[NULL]
说明:木马 Portal of Doom 开放此端口。

端口:3996,4060
服务:[NULL]
说明:木马 Remote Anything 开放此端口。

端口:4000
服务:QQ 客户端
说明:腾讯 QQ 客户端开放此端口。

端口:4092
服务:[NULL]
说明:木马 WinCrash 开放此端口。

端口:4590
服务:[NULL]
说明:木马 IcqTrojan 开放此端口。

端口:5000,5001,5321,50505
服务:[NULL]
说明:木马 Blazer 5 开放 5000 端口。木马 Sockets De Troie 开放 5000,5001,5321,50505 端口。

端口:5400,5401,5402
服务:[NULL]
说明:木马 Blade Runner 开放此端口。

端口:5550
服务:[NULL]
说明:木马 Xtcp 开放此端口。

端口:5569
服务:[NULL]
说明:木马 Robo-Hack 开放此端口。

端口:5632

服务:pcAnywere

说明:有时会看到很多这个端口的扫描,这依赖于用户所在的位置。当用户打开pcAnywere时,它会自动扫描局域网C类网以寻找可能的代理(这里的代理是指Agent而不是Proxy)。入侵者也会寻找开放这种服务的计算机,所以应该查看这种扫描的源地址。一些搜寻pcAnywere的扫描包常含端口22的UDP数据包。

端口:5742

服务:[NULL]

说明:木马WinCrash 1.03开放此端口。

端口:6267

服务:[NULL]

说明:木马"广外女生"开放此端口。

端口:6400

服务:[NULL]

说明:木马The Thing开放此端口。

端口:6670,6671

服务:[NULL]

说明:木马Deep Throat开放6670端口。而Deep Throat 3.0开放6671端口。

端口:6883

服务:[NULL]

说明:木马DeltaSource开放此端口。

端口:6969

服务:[NULL]

说明:木马GateCrasher,Priority开放此端口。

端口:6970

服务:RealAudio

说明:RealAudio客户将从服务器的6970～7170的UDP端口接收音频数据流。这是由TCP-7070端口外向控制连接设置的。

端口:7000

服务:[NULL]

说明:木马Remote Grab开放此端口。

端口:7300,7301,7306,7307,7308

服务:[NULL]

说明:木马NetMonitor开放此端口。另外,NetSpy 1.0也开放7306端口。

端口:7323

服务:[NULL]

说明:SyGate 服务器端。

端口:7626
服务:[NULL]
说明:木马 Giscier 开放此端口。

端口:7789
服务:[NULL]
说明:木马 IcKiller 开放此端口。

端口:8000
服务:OICQ
说明:腾讯 QQ 服务器端开放此端口。

端口:8010
服务:WinGate
说明:WinGate 代理开放此端口。

端口:8080
服务:代理端口
说明:WWW 代理开放此端口。

端口:9400,9401,9402
服务:[NULL]
说明:木马 InCommand 1.0 开放此端口。

端口:9872,9873,9874,9875,10067,10167
服务:[NULL]
说明:木马 Portal of Doom 开放此端口。

端口:9989
服务:[NULL]
说明:木马 IniKiller 开放此端口。

端口:11000
服务:[NULL]
说明:木马 SennaSpy 开放此端口。

端口:11223
服务:[NULL]
说明:木马 Progenic Trojan 开放此端口。

端口:12076,61466
服务:[NULL]
说明:木马 TeleCommando 开放此端口。

端口:12223

服务:[NULL]
说明:木马 Hack'99 KeyLogger 开放此端口。

端口:12345,12346
服务:[NULL]
说明:木马 NetBus 1.60/1.70,GabanBus 开放此端口。

端口:12361
服务:[NULL]
说明:木马 Whack-a-Mole 开放此端口。

端口:13223
服务:PowWow
说明:PowWow 是 Tribal Voice 的聊天程序,它允许用户在此端口打开私人聊天的连接。这一程序对于建立连接非常具有攻击性,它会驻扎在这个 TCP 端口等待回应,造成类似心跳间隔的连接请求。如果一个拨号用户从另一个聊天者手中继承了 IP 地址,就会发生好像有很多不同的人在测试这个端口的情况。这一协议使用 Opng 作为其连接请求的前 4 个字节。

端口:16969
服务:[NULL]
说明:木马 Priority 开放此端口。

端口:17027
服务:Conducent
说明:这是一个外向连接。这是由于公司内部有人安装了带有 Conducent "Adbot"的共享软件。Conducent "Adbot"是为共享软件显示广告服务的。使用这种服务的一种流行的软件是 Pkware。

端口:19191
服务:[NULL]
说明:木马"蓝色火焰"开放此端口。

端口:20000,20001
服务:[NULL]
说明:木马 MillEnnium 开放此端口。

端口:20034
服务:[NULL]
说明:木马 NetBus Pro 开放此端口。

端口:21554
服务:[NULL]
说明:木马 GirlFriend 开放此端口。

端口:22222

服务:[NULL]
说明:木马 ProSiak 开放此端口。

端口:23456
服务:[NULL]
说明:木马 Evil FTP,Ugly FTP 开放此端口。

端口:26274,47262
服务:[NULL]
说明:木马 Delta 开放此端口。

端口:27374
服务:[NULL]
说明:木马 SubSeven 2.1 开放此端口。

端口:30100
服务:[NULL]
说明:木马 NetSphere 开放此端口。

端口:30303
服务:[NULL]
说明:木马 Socket 23 开放此端口。

端口:30999
服务:[NULL]
说明:木马 Kuang 开放此端口。

端口:31337,31338
服务:[NULL]
说明:木马 BO (Back Orifice) 开放此端口。另外,木马 DeepBO 也开放 31338 端口。

端口:31339
服务:[NULL]
说明:木马 NetSpy DK 开放此端口。

端口:31666
服务:[NULL]
说明:木马 BO Whack 开放此端口。

端口:33333
服务:[NULL]
说明:木马 ProSiak 开放此端口。

端口:34324
服务:[NULL]
说明:木马 Tiny Telnet Server,BigGluck,TN 开放此端口。

端口:40412
服务:[NULL]
说明:木马 The Spy 开放此端口。

端口:40421,40422,40423,40426
服务:[NULL]
说明:木马 Masters Paradise 开放此端口。

端口:43210,54321
服务:[NULL]
说明:木马 SchoolBus 1.0/2.0 开放此端口。

端口:44445
服务:[NULL]
说明:木马 HappyPig 开放此端口。

端口:50766
服务:[NULL]
说明:木马 Fore 开放此端口。

端口:53001
服务:[NULL]
说明:木马 Remote Windows Shutdown 开放此端口。

端口:65000
服务:[NULL]
说明:木马 Devil 1.03 开放此端口。